大学计算机

（Windows 10 + Office 2019）

主 编 王 鸣

（微课版）

中国水利水电出版社
www.waterpub.com.cn
·北京·

内 容 提 要

本书依托 Windows 10 操作系统和 Office 2019 办公软件，将计算机基础理论与操作实践相结合，力求较好地兼顾两者，同时注重对学生综合应用能力的培养和提升。

第 1～9 章为计算机基础理论知识，强调计算机核心基础知识的引导和普及，内容包括计算机概述、信息表示、计算机硬件系统、计算机软件系统、多媒体技术、程序设计算法、计算机网络基础、计算机信息安全和前沿知识。第 10～12 章为 Microsoft Office 软件应用操作，分别围绕文字处理软件 Word 2019、电子表格软件 Excel 2019、演示文稿软件 PowerPoint 2019 展开介绍，目的是加强计算机常用操作技能的辅导和培训、培养和提升综合应用能力。第 13 章为办公软件的思政案例。第 14 章为精选的计算机基础理论题。

本书内容组织合理，理论知识取舍得当，语言通俗易懂，适用面广泛，可作为普通高等教育、高等职业教育和成人教育等学生计算机基础课程的教学教材或实践指导教材，也可作为计算机爱好者的自学指导教程。

图书在版编目（CIP）数据

大学计算机：Windows 10+Office 2019 / 王鸣主编.
北京：中国水利水电出版社，2024. 8. -- ISBN 978-7
-5226-2662-8
Ⅰ. TP316.7；TP317.1
中国国家版本馆CIP数据核字第20244UL146号

书　　名	**大学计算机（Windows 10+Office 2019）** DAXUE JISUANJI（Windows 10+Office 2019）
作　　者	主编　王　鸣
出版发行	中国水利水电出版社 （北京市海淀区玉渊潭南路 1 号 D 座　100038） 网址：www.waterpub.com.cn E-mail：sales@mwr.gov.cn 电话：（010）68545888（营销中心）
经　　售	北京科水图书销售有限公司 电话：（010）68545874、63202643 全国各地新华书店和相关出版物销售网点
排　　版	中国水利水电出版社微机排版中心
印　　刷	北京印匠彩色印刷有限公司
规　　格	184mm×260mm　16 开本　20.75 印张　505 千字
版　　次	2024 年 8 月第 1 版　2024 年 8 月第 1 次印刷
印　　数	0001—4000 册
定　　价	69.50 元

前　言

党的二十大主题：高举中国特色社会主义伟大旗帜，全面贯彻新时代中国特色社会主义思想，弘扬伟大建党精神，自信自强、守正创新，踔厉奋发、勇毅前行，为全面建设社会主义现代化国家、全面推进中华民族伟大复兴而团结奋斗。党的二十大报告提出，必须坚持人民至上，必须坚持自信自立，必须坚持守正创新，必须坚持问题导向，必须坚持系统观念，必须坚持胸怀天下。在办公软件领域，我们需要坚持守正创新，坚持自信自立，自信自强，把研究的主动权、使用的主动权、开发的主动权牢牢掌握在自己手中。

"大学计算机"作为普通高等教育中的第一门计算机基础课程，其教学的目标与宗旨不仅侧重引导学生全面了解计算机科学与技术的基础知识，同时注重训练学生熟练掌握计算机的常用操作技能，了解计算机程序设计基础知识，并且重点培养学生初步具备利用计算机分析问题和解决问题的思维方式与应用能力。然而，计算机技术的发展日新月异，软硬件更新换代频繁，如何与时俱进地紧跟计算机技术迅猛发展的步伐，兼顾理论深度的基础知识与有实用价值的操作技能的平衡，是走在教学第一线的广大教师不断思索和探究的永恒课题。

本书依托 Windows 10操作系统和Office 2019办公软件平台，第1～9章为计算机基础理论，强调计算机核心基础知识的引导和普及，内容包括计算机概述、信息表示、计算机硬件系统、计算机软件系统、信息编码与多媒体技术、程序设计算法简介、计算机网络基础、计算机信息安全及人工智能等前沿知识；第10～12章为Microsoft Office软件应用操作，目标是加强计算机常用操作技能的辅导和培训，培养和提升综合应用能力，分别围绕文字处理软件Word2019、电子表格软件Excel2019、演示文稿软件　PowerPoint 2019应用软件展开介绍。第13章为Microsoft Office软件的思政案例制作。第14章为计算机基础理论题的精选。

本书主要特色如下：

1. 理论部分以简练概括的语言对核心的计算机基础理论知识进行讲

解和介绍。

2. 着力将计算机科学与技术发展的最新成果融入到课程内容之中，将"计算思维"的新理念纳入教学并借此提出计算机程序设计普识教育的新观念。

3. 注重计算机基本概念与理论知识的架构建立与铺垫，让学生清楚地了解计算机能解决实际问题。

4. 操作部分以任务的形式展开，并制作相关操作视频以供广大师生观看学习。本书归纳了计算机基础知识的要点；分析了案例的具体解决方案；广泛而深入地剖析和演示了计算机基础应用操作的过程与实现方法；着力将计算机基础应用操作中的最常用、最实用和最通用的方法融入到应用操作实践之中。

5. 为方便学生自主学习以及教师教学备课，配套了丰富的电子资源，内容包括：

（1）对全书各篇章的知识要点进行了延伸性地展开概述并制作了 PowerPoint 演示文稿。

（2）与书完全配套的任务源文件（Office 2019系列)。

（3）与书完全配套的任务操作视频。

本书由王鸣担任主编，负责总体策划和制定编写大纲，并负责编写第1、2、10～14章；张元编写第3、4章；常存编写第5章；苏尔编写第6、8章；莫小梅编写第7章；田振蒙编写第9章。全书由王鸣最后统稿。

在此衷心感谢编写组的所有成员的团队合作和辛苦付出。同时还要特别感谢俞定国教授与章化冰副教授对本书编写过程中的人员组织和指导。感谢浙江传媒学院教学改革项目对本书撰写与出版的大力支持。

由于时间仓促，限于编者水平，加之计算机技术的迅猛发展，书中的疏漏与不妥之处在所难免，恳请读者批评指正，不胜感激。作者邮箱：wangming@cuz.edu.cn。

编者

2024 年 7 月

目　录

第 1 章

信 息 技 术 概 要

信息技术，就是利用科学的原理、方法及先进的工具和手段有效地开发和利用信息资源的所有技术。信息同物质和能源一样，是人们赖以生存与发展的重要资源。人类通过信息认识各种事物、认识世界，借助信息的传递和交流，促进人与人之间的联系，互相协作，从而推动社会的进步。

信息技术（information technology，IT），也常被称为信息和通信技术（information and communications technology，ICT），是主要用于管理和处理信息所采用的各种技术的总称。它主要应用计算机科学和通信技术来设计、开发、安装和实施信息系统及应用软件。

1.1 信息技术的产生与发展

信息是在自然界、人类社会和人类思维活动中普遍存在的一切物质和事物的属性。信息必须依附于载体而存在。信息具有共享性、可处理性、时效性、有价值性。

信息处理过程包括信息获取、信息加工、信息转换、信息反馈及信息输出 5 个阶段。其中，信息获取包括信息发现、信息采集与信息优选；信息加工包括信息的排序与检索、信息的组织与表达。

人类处理信息的历史大致分为 4 个阶段。

（1）原始阶段。最开始，人们是通过语言来传播信息的。由于语言交流受到时间和空间的限制，为了将信息记录下来并进行传递，于是出现了运用石块和贝壳记数、绳结记事或刻画标记、算筹等方法和工具来记事和计算。

（2）手工阶段。文字是记录语言的书面符号。文字的产生和使用扩展了人们大脑的功能，突破了语言在时间和空间上的局限，使得信息可以长久保存和传递。同时信息的加工显示技术也在进一步地发展。中国的造纸术经由阿拉伯-埃及-西班牙这条路径传到欧洲，欧洲大约从 15 世纪起普遍学会了造纸术。造纸术和印刷术的发明与传播，为信息的传递和交流创造了条件，大大地促进了人类文明的传播和发展。

（3）机电阶段。以 1776 年第一台蒸汽机的投产使用为标志，工业革命在物质和能量的使用方面开创了一个全新的时代。在信息的加工与传递上，由于电的使用，人类又发明了电报和电话。这个时期被称为以机械与电子为主要手段的机电时代。

（4）现代阶段。从 20 世纪中叶开始，人类在信息处理方面开启了一个全新的阶段，在短短几十年内迅速发展并普及了一系列技术，正是这些技术构成了现代信息处理的基础。随着计算机技术、网络通信技术的快速发展，多媒体数据的获取、处理、传递和展示技术也得到了迅速发展。这在很大程度上改变了人们的工作和生活方式。

1.2　现代信息技术的基本内容和发展趋势

1.2.1　3C 的概念

信息技术是实现信息化的核心手段。信息技术是一门多学科交叉的技术。现代信息技术的关键是计算机技术、现代通信技术和控制技术，即 computer（计算机）、communication（通信）、control（控制），简称 3C。其中，"计算机"可以是一台普通个人电脑，无论是台式机还是笔记本电脑，无论是 Windows 操作系统还是 Mac OS 操作系统，甚至是 Linux 系统的计算机都是属于计算机的范畴。当然，计算机可以被认为是手机或者 Pad 类平板，也可以被认为只是一个网络终端等，种种设备最终都可以被认为是一台具备计算及输入/输出功能的硬件。"通信"可以理解成单机中程序之间的数据交换，但更普遍地被大家认可的是通过国际互联网，将上述计算机、平板和手机等终端设备互通互联。"控制"可以被理解成操作上述硬件的用户，但是也可以广义地理解成是一段程序代码来控制硬件的运行。具备以上 3C 条件的相关技术即为现代信息技术的关键技术。

1.2.2　计算机发展及趋势

计算机是信息处理的主要工具。在现代计算机问世前，计算机的发展经历了机械式计算机、机电式计算机等几个阶段。1946 年，在美国宾夕法尼亚大学诞生了世界上第一台通用电子数字计算机 ENIAC（electronic numerical integrator and calculator），如图 1.1 所示。ENIAC 的问世是人类信息技术发展史上的一座里程碑。

ENIAC 使用了 18000 个电子管、1500 个继电器，重 30t，耗电 150kW，运算速度为每秒 5000 次加法运算，但它不具备存储功能。当用 ENIAC 计算题目时，首先要根据题目的计算步骤预先编好一条条指令，然后按照指令连接好外部线路，最后计算机才能运行并输出结果。每计算一道题目就要重复执行上述过程，所以只有少数专家才能使用。尽管这是 ENIAC 明显的弱点，但它使

图 1.1　第一台电子计算机 ENIAC

过去借助机械分析机耗时 7~20h 才能计算出一条弹道的工作时间缩短到 30s，将科学家们从繁琐的计算中解放出来。至今，ENIAC 被认为是世界上第一台现代意义上的计算机，ENIAC 的问世标志着计算机时代的到来。

在现代计算机的发展史上，有两位重要的代表人物。一位是英国数学家阿兰·图灵，一位是美籍匈牙利数学家冯·诺依曼。

图灵在 20 世纪 40 年代首次创建了一种自动计算机器的模型。他提出，这是一种非常有力的计算"工具"，一切可能的机械式计算过程都可以由其实现。他还提出，存在着一个"通用"模型，可以实现所有的功能。这种模型后来被人们称为"图灵机"。图灵的主要贡献是建立了图灵机的理论模型，发展了可计算性理论，提出了定义机器智能的图灵测试，奠定了人工智能的基础。

冯·诺依曼提出程序存储的思想，包括采用二进制、在计算机中设置存储器。他认为计算机应具备计算器、逻辑控制装置、存储器、输入设备、输出设备五个部分，并成功设计了世界上第一台具有存储程序功能的计算机 EDVAC。冯·诺依曼的思想奠定了现代计算机的理论基础。

现代计算机主要指通用数字电子计算机，从 1946 年起得到了飞速发展，按如图 1.2 所示电子元件的不同，人们把它的发展分为 5 个时期。

（a）电子管　　　　　　　　　　（b）晶体管　　　　　　　　　（c）集成电路

图 1.2　电子元件

1. 第一代计算机

第一代计算机发展时间大约在 1946—1958 年，其主要特征是采用电子管元件。这一时期的计算机体积大、造价高，主要用于军事和科学研究。第一代计算机主要采用机器语言，用二进制的 0 和 1 表示数据和程序，一些计算机配置了汇编语言和子程序库。它的运算速度大约在 5000~10000 次/s，内存容量仅几千字节。

2. 第二代计算机

第二代计算机发展时间大约在 1958—1964 年，其主要特征是采用晶体管元件。第一台晶体管的计算机是 CDC 公司制造的 1604 机器。此阶段，COBOL 语言、ALGOL 语言等高级语言进入实用阶段，操作系统初步成型。第二代计算机运算速度在 10 万~100 万次/s，内存容量扩大到几万字节。

3. 第三代计算机

第三代计算机发展时间大约在 1964—1970 年，其主要特征是采用中小规模的集成电路（integrated circuits，IC）。第三代计算机体积更小，耗电更少，可靠性更高，速度更快，应用更广泛。IBM 公司推出了著名的 360 系列计算机，计算机中已形成了相当规模的软件子系统，高级语言种类进一步增加，操作系统日益完善。第三代计算机运算速度为 100 万~1000 万次/s。

4. 第四代计算机

第四代计算机发展从 1970 年至今，其主要特征是采用大规模集成电路和超大规模集成电路技术，在硅半导体上集成 1000 到 100 万个以上的电子元器件。随着技术的不断进步，硅晶片越来越小、越来越薄，而集成的晶体管数目和管线却越来越多。此阶段计算机的运算速度、容量、性能等都大幅度提高。

5. 未来的发展

新一代的计算机即第五代计算机，也称为智能计算机。这是一种有知识、会学习、能进行思维推理的计算机，能模拟人的智能行为，理解人类自然语言。智能计算机突破了传统的冯·诺依曼式机器的概念，舍弃了二进制结构，把许多处理机并联起来并行处理信息，速度大大提高。

未来的计算机将会向巨型化、微型化、网络化、智能化、多媒体方向发展。未来还会出现光计算机、生物计算机、超导计算机和模糊计算机等。

2017 年，中国科研团队完成世界首台超越早期经典计算机的光量子计算机。2017 年 10 月 26 日，沙特阿拉伯授予中国香港汉森机器人公司生产的机器人索菲亚公民身份。

新的科技战争、马斯克新科技的脑机结合等，这些大胆的设想及实验，都预示了未来科技的发展不可估量，计算机技术还会有更大的突破。

第 2 章

计算机硬件系统组成

计算机自诞生以来，已经发展成为一个由巨型机、大型机、中型机、小型机、微型机组成的庞大家族。尽管在规模、性能、结构和应用等方面存在着差别，但这些计算机系统的基本组成结构是相同的。计算机硬件是指计算机系统中由电子、机械和光电元件等组成的各种物理装置的总称。这些物理装置按系统结构的要求构成一个有机整体，为计算机软件运行提供物质基础。

简而言之，硬件的功能是输入并存储程序和数据，以及执行程序把数据加工成可以利用的形式。计算机硬件系统可分为主机与外部设备两部分，其中主机由 CPU 和内存储器组成，外部设备由输入、输出设备及外部存储器组成。要特别说明的是，主机不能简单地理解成计算机的主机箱，这是因为外部存储器中的硬盘，虽然是安装在主机箱或者笔记本电脑内的，但是它不属于主机，而属于外部设备。

在硬件支持的情况下，计算机软件才可以发挥出硬件的性能。其中，软件可以被划分为系统软件和应用软件两大类，这部分内容将在后续章节介绍。图 2.1 为计算机硬件系统与软件系统的组成。

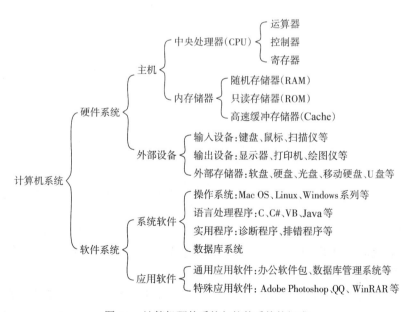

图 2.1　计算机硬件系统与软件系统的组成

根据冯·诺依曼的设计，计算机硬件从逻辑上分为五大部分（图2.2）：运算器、控制器、存储器和输入设备、输出设备。

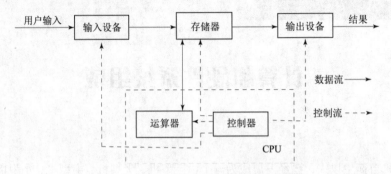

图 2.2 冯·诺依曼提出的计算机五大部件

2.1 算术运算器、控制器和总线

2.1.1 算术运算器

算术逻辑单元（ALU）是指能实现多组算术运算与逻辑运算的组合逻辑电路，它是中央处理器的重要组成部分。ALU 的运算主要是进行二元算术运算，如加法、减法、乘法。在运算过程中，算术逻辑单元主要以计算机指令集中执行算术与逻辑操作，通常来说，ALU 能够发挥直接读入/读出的作用，具体体现在处理器控制器、内存及输入/输出设备等方面，输入/输出是建立在总线的基础上实施的。输入指令包含一个指令字，其中包括操作码、格式码等。

ALU 运算器都有一组通用寄存器。它主要用来保存参加运算的操作数和运算的结果。早期的机器只设计一个寄存器，用来存放操作数、操作结果和执行移位操作。状态寄存器用来记录算术、逻辑运算或测试操作的结果状态。

寄存器的存储容量非常小，仅限参与计算的数据临时存放使用，但它的存取速度是所有存储器中最快的。

2.1.2 控制器

控制器是计算机的神经中枢，主要负责从存储器中取出指令，并对指令进行译码，根据指令的要求，按时间的先后顺序向其他各部件发出控制信号，保证各部件协调一致地工作，逐步有序完成各项任务。控制器主要由指令寄存器、译码器、程序计数器、操作控制器和时序节拍发生器组成，负责指挥整个系统的各个部件自动、协调地工作。

控制器从存储器中逐条取出指令，分析每条指令规定的是什么操作以及所需数据的存放位置等，然后根据分析的结果向计算机其他部件发出控制信号，统一指挥整个计算机完成指令所规定的操作。

控制器协调各个部件的工作主要表现：在整个存储结构中，各个存储器的存取速度具有差异性，而高速运行的 ALU 运算器需要控制器的合理调度，将各个层级中存储器所存储的数据分别调入运算器来计算。

2.1.3 总线

总线（bus）是计算机各种功能部件之间传送信息的公共通信干线，它是由导线组成的传输线束。按照计算机所传输的信息种类，计算机的总线可以划分为数据总线、地址总线和控制总线，分别用来传输数据、数据地址和控制信号。总线是一种内部结构，它是CPU、内存、输入、输出设备传递信息的公用通道，主机的各个部件通过总线相连接，外部设备通过相应的接口电路再与总线相连接，从而形成了计算机硬件系统。在计算机系统中，各个部件之间传送信息的公共通路称为总线，微型计算机是以总线结构来连接各个功能部件的。

2.1.3.1 地址总线（address bus，AB）

地址总线（address bus）是一种计算机总线，它把访问（读取/写入）计算机内存中具体的数据所存放的物理地址在地址总线上进行传输，即地址总线只传输具体数据的地址位置，但不传输具体的数据本身。例如，播放一首 MP3 音乐文件，播放器需要访问存储在外部设备硬盘某个分区的 MP3 音乐文件，首先 CPU 中的控制器需要通过地址总线找到该文件的位置，然后将音乐文件调入内部存储器中，继续在控制器的调度下，将音乐文件在内部存储器的地址信息传递给 CPU，CPU 获取内存地址信息后，通过该地址访问具体的音乐文件数据，从而进行下一步音乐的解码播放。

地址总线的宽度，随可寻址的内存组件大小而变，可决定有多少内存可以被访问。例如，一个 16 个二进制位宽度的地址总线（通常在 1970 年和 1980 年早期的 8 位元处理器中使用）可以管理和访问（读取/写入）2 的 16 次方即 64KB 的内存空间。此时，即便安装上更大容量的内存储器，系统也是无法识别使用的，仅能使用其中的 64KB 作为可使用的内存，而其他剩余的内存空间都将被浪费。同样，一个 32 个二进制位地址总线可以寻址到 2 的 32 次方即 4GB 的位址。例如，有一台 32 位地址总线的计算机，安装了 16GB 内存，开机后发现，实际显示的只有 4GB 内存，这并不是计算机坏了或者其他因素，仅仅是因为地址总线长度决定了最多只能识别 4GB 内存。但现在很多计算机内存已经大于4GB，所以要使用 4GB 以上的内存就要用 64 位系统。所以，主流的计算机采用的都是 64位的处理器，也就是说可以管理 2 的 64 次方字节的空间。目前来看，这足够在未来很多年供用户升级内存空间。

2.1.3.2 数据总线（data bus，DB）

DB 用于传送具体的数据信息。数据总线是双向总线，即它既可以把 CPU 的数据传送到存储器或输入/输出（I/O）接口等其他部件，也可以将其他部件的数据传送到 CPU。数据总线的位数是微型计算机的一个重要指标，通常与 CPU 的字长一致。例如，Intel Core i7微处理器字长为 64 位，其数据总线宽度也是 64 位。需要指出的是，数据的含义是广义的，它可以是真正的数据，也可以是指令代码或状态信息，有时甚至是一条控制信息，因此，在实际工作中，数据总线上传送的并不一定仅仅是真正意义上的数据。

常见的数据总线为 ISA、EISA、VESA、PCI 等。

2.1.3.3　控制总线（Control Bus，CB）

CB 用来传送控制信号和时序信号。控制信号中，有的是微处理器送往存储器和 I/O 接口电路的，如读/写信号、片选信号、中断响应信号等；也有的是其他部件反馈给 CPU 的，如中断申请信号、复位信号、总线请求信号、设备就绪信号等。因此，控制总线的传送方向由具体控制信号而定，信息传递一般是双向的，控制总线的位数要根据系统的实际控制需要而定。实际上，控制总线的具体情况主要取决于 CPU。三大总线结构如图 2.3 所示。

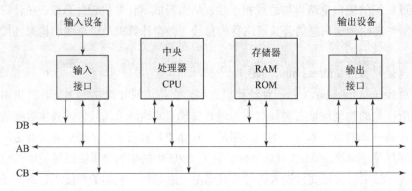

图 2.3　三大总线结构

2.2　存　储　器

2.2.1　寄存器

寄存器是 CPU 内部用来存放数据的一些小型存储区域，用来暂时存放参与运算的数据和运算结果。其实，寄存器就是一种常用的时序逻辑电路，但这种时序逻辑电路只包含存储电路。寄存器的存储电路是由锁存器或触发器构成的。因为一个锁存器或触发器能存储 1 位二进制数，所以 N 个锁存器或触发器可以构成 N 位寄存器。

寄存器是中央处理器的组成部分，是有限存储容量的最高速存储部件，它们可被用来暂存指令、数据和位址。

2.2.2　高速缓冲存储器

高速缓冲存储器（Cache）是存取速度比一般随机存取存储器（RAM）更快的一种 RAM。

在计算机技术发展过程中，主存储器存取速度一直比中央处理器操作速度慢得多，这使得中央处理器的高速处理能力不能得到充分发挥，整个计算机系统的工作效率受到影响。有很多方法可用来缓和中央处理器和主存储器之间速度不匹配的矛盾，如采用多个通用寄存器、多存储体交叉存取等，在存储层次上采用高速缓冲存储器也是常用的方法之一。很多大、中型计算机及新近的一些小型机、微型机也都采用高速缓冲存储器。

高速缓冲存储器一般分为一级缓存（L1 Cache）、二级缓存（L2 Cache）和三级缓存（L3 Cache），它位于 CPU 与内存之间，是一个读写速度比内存更快的存储器。当 CPU 向内存中写入或读出数据时，这个数据也被存储进高速缓冲存储器中。当 CPU 再次需要这些数据时，CPU 就从高速缓冲存储器读取数据，而不是访问存取速度较慢的内存，当然，如需要的数据在高速缓冲存储器中没有，CPU 会再去读取内存中的数据。

高速缓冲存储器的容量一般只有主存储器的几百分之一，但它的存取速度能与中央处理器相匹配。根据程序局部性原理，正在使用的主存储器某一单元邻近的那些单元将被用到的可能性很大。因而，当中央处理器存取主存储器某一单元时，计算机硬件就自动地将包括该单元在内的那一组单元内容调入高速缓冲存储器，中央处理器即将存取的主存储器单元很可能就在刚刚调入到高速缓冲存储器的那一组单元内。于是，中央处理器就可以直接对高速缓冲存储器进行存取。在整个处理过程中，如果中央处理器绝大多数存取主存储器的操作能为存取高速缓冲存储器所代替，计算机系统处理速度就能显著提高。

随着科技日新月异的发展，目前已不仅仅在 CPU 中存在高速缓冲存储器用于协调内存与寄存器之间存取速度的不匹配，而在硬盘中也往往出现了高速缓冲存储器，其作用具有相似性，用于协调内存与外存（如硬盘）之间存取速度的不匹配。

2.2.3 内存

内存是计算机主机重要的组成部分，内存性能的强弱影响计算机整体性能水平的发挥。内存是 CPU 与外存（硬盘或优盘等外部存储设备）进行沟通的桥梁，计算机中所有程序的运行都在内存中进行。内存主要分为 ROM 和 RAM 两大类。

ROM（read only memory）为只读存储器。在制造 ROM 的时候，信息（数据或程序）就被一次性地存入并永久保存。这些信息只能读出，一般不能写入，即使机器停电，这些数据也不会丢失。

RAM（random access memory）为随机存储器。既可以从 RAM 中读取数据，也可以写入数据。当机器电源关闭时，存于其中的数据就会丢失。例如，在办公软件中输入文稿，在没有保存之前，所有文稿信息是暂时存在内存的 RAM 中的，一旦断电，所输入的文稿由于 RAM 特性将无法找回。当单击"保存"按钮时，RAM 中的文稿将备份到外部存储器（硬盘或优盘）中，从而避免丢失文稿。

内存容量和内存的存取时间是内存性能的重要指标。

内存容量的基本单位是字节 Byte，现代计算机一般至少采用 4GB 以上的内存容量，而 8GB 和 16GB 容量的内存也已经是计算机的主流配置。

内存的存取时间是指 CPU 读取内存数据或者将数据写入内存过程所需的时间。以读取为例，从 CPU 发出指令给内存时，便会要求内存取用特定地址的数据，内存响应 CPU 后便会将 CPU 所需要的数据送给 CPU，一直到 CPU 收到数据为止，便成为一个读取的流程。内存存取时间的单位是纳秒（ns），而用存取时间的倒数来表示速度，比如存取时间 6ns 的内存实际频率为 1/6ns=166MHz，即单位时间（1ns）内传输 166MB 的数据。

2.2.4 外存

外存（有时称为外部存储器，外存储器）是指计算机主机以外的储存器，此类储存器断电后仍然能保存数据。外存的特点是容量大、价格低，虽然相比较于寄存器、高速缓存和内存而言，其存取速度较慢，但实际的处理速度却是非常快的。例如，机械式硬盘通常能达到 5400r/min 的转速来处理数据，性能卓越的机械硬盘可以达到 7500r/min、10000r/min

甚至 15000r/min（RPM 即 revolutions per minute）。外存主要用于存放暂时不用的程序和数据，有时也可以通过软件设置将外存的一部分空间设置为虚拟内存，以提高工作效率。

外存通常是磁性介质或光盘，像硬盘、软盘、磁带、CD 等，能长期保存信息，并且不依赖电来保存信息，都是由机械部件带动，速度与 CPU 相比就显得慢得多。近年来 SSD 快速崛起，处理速度更快的固态硬盘已经深入小型 PC 机，也已逐步摆脱 SSD 硬盘容量较机械式硬盘小的缺陷。

1. 常见的外存分类

（1）软盘。软盘存储器又称软驱，由软盘、软盘驱动器和软盘控制卡三部分组成，如图 2.4 所示，目前已基本被淘汰，很少有人使用了。曾经用得最多的是 3 寸盘，每边长 3.5 英寸❶，厚约 2mm，封装在一个硬塑料壳中。双面双密盘容量为 720KB，双面高密盘为 1.44MB。与 5 寸盘相比，3 寸盘强度大、暴露部分小，故寿命长，不易损坏。软盘上还有一个写保护装置，位于磁盘边角，当移动滑动块露出一个小孔（称为写保护孔）时，磁盘即处于写保护状态，此时只能读出数据，不能写入和删除数据，也不会受到计算机病毒的侵袭；当移动滑动块遮住小孔时，磁盘处于非写保护状态，此时既可读出数据也可写入数据。

由于读取速度慢，存储容量小，且容易损坏等缺点，软盘已在常见的 PC 设备中消失。

（2）U 盘。U 盘是 USB（universal serial bus）盘的简称，也称"优盘"。U 盘是闪存的一种，故有时也称作闪盘。U 盘与硬盘的最大不同是，它不需要物理驱动器，即插即用，且其存储容量远超过软盘，便于携带，如图 2.5 所示。

U 盘集磁盘存储技术、闪存技术及通用串行总线技术于一体。USB 的端口连接 PC，是数据输入/输出的通道；主控芯片使计算机将 U 盘识别为可移动磁盘，是 U 盘的"大脑"；U 盘 Flash（闪存）芯片保存数据，与计算机的内存不同，即使在断电后数据也不会丢失；PCB 底板将各部件连接在一起，并提供数据处理的平台。

图 2.4 软盘　　　　　　　　　　　　图 2.5 U 盘

（3）硬盘。英文名为 hard disk drive，简称 HDD。硬盘分为机械式和固态两大类。其中，机械式硬盘如图 2.6 所示，由一个或多个铝制或者玻璃制的碟片组成，而这些碟片外覆盖有铁磁性材料用于记录信息。机械式硬盘在使用过程中因其高速转动的缘故，尤其要注意防震保护，以防硬盘的物理损伤。固态硬盘英文名为 solid state disk 或 solid state drive，简称 SSD，如图 2.7 所示，主要是用固态电子存储芯片阵列制成的硬盘，在使用过程中无须进行防震特别保护。

---

❶　1 英寸≈2.54 厘米。

图 2.6 机械式硬盘

图 2.7 固态硬盘

（4）磁带存储器，也被称为顺序存取存储器。它存储容量很大，但查找速度很慢，一般仅用作数据后备存储。计算机系统使用的磁带机有 3 种类型：盘式磁带机、数据流磁带机及螺旋扫描磁带机。

（5）光盘存储器，是利用光学方式进行信息存储的圆盘。在光盘上存储信息，是通过激光或者其他方法，在记录层上形成凹凸不同的区域，来表示数字信号的 0 和 1，从而记录下数字化的音频或者视频信息。如果记录层的成形是预先完成并且不可修改的，相应的光盘就是只读光盘。如果记录层的材料只允许用户自己一次成形，则此光盘就是只写一次光盘。对于擦写光盘，记录层必须使用特殊的材料，并且要有相应的方法，才可以使得记录层在成形以后还可以恢复原状，并且重新写入新的信息。光盘存储器可分为 CD-ROM、CD-R、CD-RW 和 DVD-ROM 等。

2. 各种存储设备的比较

（1）各种存储设备按读写速度由快至慢的顺序，大致排列为 Cache、RAM、ROM、硬盘、U 盘、光盘、软盘。

（2）各种存储设备按存储容量由大至小的顺序，大致排列为硬盘、U 盘、RAM、光盘、Cache。

（3）光盘容量视盘片类型而定，为 600MB～4.7GB 不等。

2.2.5 存储器的层次关系及其调用流程

为提高存储器的性能，通常把各种不同存储容量、存取速度和价格的存储器按层次结构组成多层存储器，并通过管理软件和辅助硬件有机组合成统一的整体，使所存放的程序和数据按层次分布在各存储器中，如图 2.8 所示。

图 2.8 存储层次关系

存储系统主要由四级层次结构构成，具体指寄存器、高速缓冲存储器（高速缓存）、内部存储器（内存）和外部存储器（外存）。这个四级层次结构自上向下容量逐渐增大，但速度逐级降低，工艺成本逐步减少。

整个结构可看成寄存器和高速缓存之间、高速缓存和内存之间、内存和外存之间三个层次。在辅助硬件和计算机操作系统的管理下，各个层次可以缩小两者之间的速度差距，从整体上提高存储器系统的存取速度。

2.2.6　存储单位

在计算机内部，信息都是采用二进制的形式进行存储、运算、处理和传输的。信息存储单位有位、字节和字等几种。各种存储设备存储容量单位有 bit、B、KB、MB、GB、TB、PB、EB、ZB、YB、BB、NB、DB 等几种。

（1）位（bit，b）。通常用小写字母 b 表示位，是二进制数中的一个数位，可以是 0 或者 1，是计算机中数据的最小单位。在表示宽带网带宽中，通常使用单位 bit/s（bps），即 bit per second。其中 100Mbit/s 带宽，即每秒提供 100Mbit 的网速，而通常计算网速的单位是字节，那么实际下载的最快速度为 12.5MByte。字节与位的换算关系为 1∶8，具体参看下文。

（2）字节（Byte，B）。计算机中数据的基本单位，通常用大写字母 B 表示，称为字节，每 8 位（bit）组成一个字节（Byte）。各种信息在计算机中存储、处理至少需要一个字节。例如，一个 ASCII 码用一个字节表示，一个汉字用两个字节表示。

（3）字（Word）。两个字节称为一个字。汉字的存储单位都是一个字。

在计算机各种存储介质（例如内存、硬盘、光盘等）的存储容量表示中，用户所接触到的存储单位不是位、字节和字，而是 KB、MB、GB 等，但这不是新的存储单位，而是基于字节换算的。

$$1\text{Byte} = 8\ \text{bit}$$
$$1\text{KB} = 2^{10}\ \text{Byte} = 1024\ \text{Byte}$$
$$1\text{MB} = 2^{10}\ \text{KB} = 1024\ \text{KB}$$
$$1\text{GB} = 2^{10}\ \text{MB} = 1024\ \text{MB}$$
$$1\text{TB} = 2^{10}\ \text{GB} = 1024\ \text{GB}$$

2.3　输　入　设　备

2.3.1　键盘鼠标

键盘是用于操作设备运行的一种指令和数据输入装置，也指经过系统安排，操作一台机器或设备的一组功能键。键盘也是组成键盘乐器的一部分，也可以指使用键盘的乐器，如钢琴、数位钢琴或电子琴等。

键盘是最常用也是最主要的输入设备，通过键盘可以将英文字母、数字、标点符号等输入计算机，从而向计算机发出命令、输入数据等。还有一些带有各种快捷键的键盘。随着时间的推移，市场上渐渐地也出现了独立的、具有各种快捷功能的产品单独出售，并带有专用的驱动和设定软件，在兼容机上也能实现个性化的操作。

鼠标是计算机的一种外接输入设备，也是计算机显示系统纵横坐标定位的指示器，鼠标的使用是为了使计算机的操作更加简便快捷，来代替键盘繁琐的指令。

2.3.1.1　有线键盘和鼠标接口

（1）PS/2。PS/2 接口通过一个六针微型 DIN 接口与计算机相连，键盘和鼠标的 PS/2 接口非常相似，使用时要注意区分，通常以紫色和绿色用于鉴别鼠标键盘的接口。USB 及无线技术的发展，PS/2 接口的键鼠目前已逐渐在主流 PC 中消失。

（2）USB。USB 键盘和鼠标通过一个 USB 接口，直接插在计算机的 USB 口上。通过操作系统预制的通用驱动，实现 USB 设备的即插即用。

2.3.1.2　无线键盘和鼠标接口

（1）无线电（2.4G）。利用 DRF 技术把键盘按键及鼠标在 X 轴或 Y 轴上的移动、按键按下或抬起的信息转换成无线信号并发送给主机。其特点是需占用主机的 1 个 USB 接口来放置无线电信号接收端，其主要负责键盘鼠标使用过程中的信息通信。

（2）蓝牙（Bluetooth）。蓝牙技术是一种短距离无线通信技术，是一种可实现多种设备之间无线连接的协议，是一种简便稳定的无线连接手段。蓝牙技术凭借其在使用距离、抗干扰能力、易用性、安全性等方面的优势，同时设备的成本也在不断下降，正逐渐成为无线外设的主流技术。

2.3.2　光驱

光盘驱动器，是计算机用来读写光盘内容的机器，也是在台式机和笔记本电脑里比较常见的一个部件。随着 USB 设备应用越来越广泛，光驱在计算机诸多配件中已经成为要淘汰的配置。

光驱的主要分为 CD-ROM、CD-RW、DVD-ROM 和 DVD-RW 几大类。

2.3.2.1　CD-ROM 和 DVD-ROM

只读存储器，是一种只读的光存储介质。它是利用原本用于音频 CD 及视音频 DVD 的格式发展起来的。由于其 ROM 的特性，只能读取光盘内的信息，而不能进行擦写操作。

2.3.2.2　CD-RW 和 DVD-RW

RW 及 ReWrite 刻录光驱，是可以将文件刻录入光盘的光驱。使用 RW 光盘可以进行反复擦写，就像 U 盘一样能够反复使用，但频繁的擦写操作将对光盘盘片造成损伤，损坏率远大于 U 盘。

2.3.3　麦克风（MIC）

麦克风也称话筒、微音器。麦克风是将声音信号转换为电信号的能量转换器件，可分为动圈式、电容式、驻极体和最近新兴的硅微传声器，此外还有液体传声器和激光传声器。大多数麦克风都是驻极体电容器麦克风。

电容式麦克风是利用导体间的电容充放电原理，以超薄的金属或镀金的塑料薄膜为振动膜感应音压，以改变导体间的静电压直接转换成电能信号，经由电子电路耦合获得实用的输出阻抗及灵敏度设计而成。

2.4 输 出 设 备

2.4.1 显示器

显示器是另一类重要的输出设备，也是人机交互必不可少的设备。显示器用于微机或终端，可显示多种不同的信息。

2.4.1.1 显示器的分类

可用于计算机的显示器有许多种，常用的有阴极射线管显示器（CRT）、液晶显示器（LCD）、发光二极管显示器（LED）和等离子显示器。CRT 显示器在 20 世纪多用于普通台式微机或终端，目前已基本在市场消失，仅在少数特殊环境下存在并使用。LCD、LED 及等离子显示器为平板式，体积小、重量轻、功耗小，目前主要用于家用计算机中。LED 则具有色彩鲜艳、亮度高、工作稳定、功耗小和寿命长等优点，已被广泛应用到家用计算机中。

2.4.1.2 显示器的主要特性

在选择和使用显示器时，应该了解显示器的主要特性，即分辨率、灰度、尺寸和刷新频率。

（1）分辨率。屏幕上图像的分辨率或者说清晰度取决于能在屏幕上独立显示的点的直径，这种独立显示的点称为像素（pixel）。目前，微机上广泛使用的显示器的像素直径为 0.25mm。一般来说，像素的直径越小，相同显示面积中的像素越多，分辨率也就越高，性能越好。

整个屏幕上像素的数目（列×行）也间接反映了分辨率。通常分类如下。

1）低分辨率：300 像素×200 像素左右。

2）中分辨率：600 像素×350 像素左右。

3）高分辨率：有 640 像素×480 像素、1024 像素×768 像素和 1280 像素×1024 像素等几种。

（2）灰度。即光点亮度的深浅变化层次，可以用颜色表示。

灰度和分辨率决定了显示图像的质量。

（3）尺寸。显示器尺寸有 17 英寸、19 英寸和 21 英寸及以上。每屏显示的字数虽然没有成熟的标准，但通常都是每行 80 个字符，每屏最多 25 行，其中第 25 行用于显示机器状态或其他信息而不是数据行。

（4）刷新频率。为了防止图像闪烁，大多数显示器整个图像区域每秒刷新大约 60 次，即 60Hz。显示器刷新频率越高，图像越稳定，使用的系统资源也就越多。通常，高刷新率不仅仅需要显示器的支持，也需要显卡的性能支持。在条件允许的情况下，高刷新率可达 100Hz 及以上。

2.4.2 打印机

输出设备的任务是将信息传送到中央处理机之外的介质上。打印机是计算机目前最常用的输出设备，也是品种、型号最多的输出设备之一。

按打印机印字过程所采用的方式，可将打印机分为击打式打印机和非击打式打印机两种。击打式打印机利用机械动作将印刷活字压向打印纸和色带进行印字。由于击打式打印机依靠机械动作实现印字，因此工作速度不快，并且工作时噪声较大。非击打式打印机种类繁多，有静电式打印机、热敏式打印机、喷墨打印机和激光打印机等，印字过程无机械击打动作，速度快，无噪声，此类打印机将会被越来越广泛地使用。

目前使用较多的是针式打印机、喷墨打印机和激光打印机，如图 2.9 所示。

（a）针式打印机　　　　　　（b）喷墨打印机　　　　　　（c）激光打印机

图 2.9　打印机

（1）针式打印机，又称点阵打印机。针式打印机利用机械传动机构驱动细针阵列打击色带，从而在色带背后的介质上留下打印轨迹，其分辨率不高，噪声大，最大缺陷是不能输出精美的彩色文件。

（2）喷墨打印机。喷墨打印机属非击打式打印机，近年来发展较快。工作时，喷嘴朝着打印纸不断喷出带电的墨水雾点，当它们穿过两个带电的偏转板时受到控制，落在打印纸的指定位置上，形成正确的字符。喷墨打印机可打印高质量的文本和图形，还能进行彩色打印，而且相当安静。但喷墨打印机常要更换墨盒，增加了日常消费。

（3）激光打印机。激光打印机也属非击打式打印机，工作原理与复印机相似，涉及光学、电磁学、化学等。简单来说，它将来自计算机的数据转换成光，射向一个充有正电的旋转的鼓上。鼓被照射的部分便带上负电，并能吸引带色粉末。鼓与纸接触再把粉末印在纸上，接着在一定压力和温度的作用下熔结在纸的表面。激光打印机是一种新型高档打印机，打印速度快，印字质量高，常用来打印正式公文及图表。当然，激光打印机的价格比前两种打印机要贵，而且三者相比，其打印质量最高，但打印成本也最高。

（4）其他在市场上比较热门的还有热敏性打印机，其特点是基本无耗材损失，但打印的成像基于黑白灰度图，而且通常不能长期保存热敏打印的资料。

2.4.3　其他输出设备

2.4.3.1　显卡

显示器是通过"显示器接口"与主机连接的，所以显示器必须与显卡匹配。显卡（又称显示卡）标准有 MDA、CGA、EGA、VGA、AVGA 等，目前常用的是 VGA 标准。

显卡作为独立的计算机板卡由下面几部分构成：显示主芯片、显存、显示 BIOS、数模转换（RAMDAC）部分、总线接口。

顾名思义，显示主芯片自然是显卡的核心。它为整个显卡提供控制功能，其主要任务是处理系统输入的视频信息并对其进行构建、渲染处理等工作。显示主芯片的性能直接决定着显卡性能的高低。

显存是显示内存的简称，其主要功能是暂时存储显示主芯片要处理的数据和处理结果。显存的大小与好坏也直接关系着显卡的性能高低。屏幕上的图像、数据都存放在显存中。显存的容量决定显示器可以达到的最大分辨率和最多的色彩数量。不同类型的显卡采用的显存也不尽相同。目前显卡多采用 GDDR4 或 GDDR5 显存。

2.4.3.2　声卡

多媒体计算机中用来处理声音的接口卡，即声卡。声卡可以把来自话筒、收录音机、激光唱机等设备的语音、音乐等声音变成数字信号传递给计算机处理，并以文件形式存储，还可以把数字信号还原成为真实的声音输出。

声卡主要有两种：内置独立硬声卡和内置集成在主板上的软声卡。软声卡与硬声卡最大的区别就在于软声卡设有数字音频处理单元，数字音频解码工作完全依靠 CPU 用类似软件运算一样的方式完成，所以，使用软声卡在 CPU 占用率方面明显要比独立的硬声卡高。

另外，音箱、耳机等都属于输出设备。

2.5　计算机软件系统组成

2.5.1　计算机系统软件

计算机系统软件是指控制和协调计算机及外部设备，支持应用软件开发和运行的系统，是无须用户干预的各种程序的集合。其主要功能是调度、监控和维护计算机系统；负责管理计算机系统中各种独立的硬件，使得它们可以协调工作。

计算机系统软件主要分为操作系统、语言处理程序、数据库管理系统及通信管理程序等。

2.5.1.1　操作系统

计算机软件中最重要且最基本的就是操作系统（OS）。它是底层的软件，控制所有计算机运行的程序并管理整个计算机的资源，是计算机裸机与应用程序及用户之间的桥梁。没有它，用户也就无法使用某种软件或程序。

操作系统是计算机系统的控制和管理中心，从资源角度来看，它具有处理机、存储器管理、设备管理、文件管理等 4 项功能。

常用的操作系统有 DOS 操作系统、Windows 全系操作系统、UNIX 操作系统和 Linux、Netware、mac OS/iOS、Android 等操作系统。

DOS 操作系统属于单用户、单任务系统，同时只能有一个用户在使用，该用户一次只能提交一个作业，一个用户独自享用系统的全部硬件和软件资源。

Windows 95 是多用户的操作系统，能同时支持多个用户登录并完成多个任务，可多用户分享系统的全部资源。需要说明的是 Windows 3.1 仍然属于单用户操作系统。

UNIX 属于多用户、多任务分时系统，允许多个用户共享使用同一台计算机的资源，即在一台计算机上连接几台甚至几十台终端机，终端机可以没有自己的 CPU 与内存，只有键盘与显示器，每个用户都通过各自的终端机使用这台计算机的资源，计算机按固定的时间片轮流为各个终端服务。由于计算机的处理速度很快，用户感觉不到等待时间，似乎这台计算机专为自己服务一样。

Android（安卓）、iOS 等移动终端操作系统，属于单用户多任务系统，它允许用户一次提交多项任务。例如，用户可以在运行某程序的同时进行另一文档的编辑工作。

2.5.1.2　语言处理程序

语言处理程序是指将不同计算机语言编写的程序源代码转换为计算机可以运行的二进制文件的程序。

语言处理程序大致可分为解释类、编译类及汇编类三大类别。

世界上第一个程序是在 1842 年编写的，恰好在第一台能真正被称为计算机的机器上编写完成的，虽然这台机器从来没有被真正建过。而这段代码的作者是 Ada Augusta，被封为 Lovelace 女伯爵，是英国著名诗人拜伦的女儿 Ada Lovelace。作为世界上第一个计算机程序的作者，她被广泛地认为是有史以来第一位程序员，她甚至提出并建立了程序循环和子程序的概念。

常见的程序设计语言包括以下三种。

（1）机器语言。机器语言是机器能直接识别的程序语言或指令代码，无须经过翻译，每一操作码在计算机内部都有相应的电路来完成，或指不经翻译即可为机器直接理解和接受的程序语言或指令代码。机器语言使用绝对地址和绝对操作码。不同的计算机都有各自的机器语言，即指令系统。从使用的角度看，机器语言是最低级但最高效的语言。

（2）汇编语言。汇编语言（assembly language）是任何一种用于电子计算机、微处理器、微控制器或其他可编程器件的低级语言，亦称为符号语言。在汇编语言中，用助记符代替机器指令的操作码，用地址符号或标号代替指令或操作数的地址。在不同的设备中，汇编语言对应着不同的机器语言指令集，通过汇编过程转换成机器指令。特定的汇编语言和特定的机器语言指令集是一一对应的，不同平台之间不可直接移植。

（3）高级语言。高级语言与计算机的硬件结构及指令系统无关，它有更强的表达能力，可方便地表示数据的运算和程序的控制结构，能更好地描述各种算法，而且容易学习掌握。但高级语言编译生成的程序代码一般比用汇编程序语言设计的程序代码要长，执行的速度也慢。所以汇编语言适合编写一些对速度和代码长度要求高的程序和直接控制硬件的程序。

高级语言并不是特指一种语言，而是很多编程语言，常见的有 Basic、VB、C/C++、VC、Java、Python、C#、Go 等。

2.5.1.3　数据库管理系统

所谓"数据库"是以一定方式储存在一起、能与多个用户共享、具有尽可能小的冗余度、与应用程序彼此独立的数据集合。一个数据库由多个表空间（table space）构成。

而数据库管理系统（data base management system，DBMS）是一种操纵和管理数据库的大型软件，用于建立、使用和维护数据库。它对数据库进行统一的管理和控制，以保证数据库的安全性和完整性。用户通过 DBMS 访问数据库中的数据，数据库管理员也通过 DBMS 进行数据库的维护工作。它可以支持多个应用程序和用户用不同的方法在同时或不同时刻去建立、修改和询问数据库。大部分 DBMS 提供数据定义语言（data definition language，DDL）和数据操作语言（data manipulation language，DML），供用户定义数据库的模式结构与权限约束，实现对数据的追加、删除等操作。

数据库被分为关系数据库和非关系数据库，目前常见的关系数据库有 SQL Server、MySQL、Sybase、Oracle、Access、FoxPro 等。

（1）数据库的基本概念。

1）数据表。描述事物的符号记录称为数据（data）。数据包括数字、文字、图形、图像、声音等。

在数据库中，数据是以"记录"的形式按统一的格式进行存储的，把相同格式和类型的数据统一存放在一起，就形成了一张表（table），如图 2.10 所示。表中每一行称为一条记录，用来描述一个对象的信息；每一列称为一个字段，用来描述一个对象的属性。

2）数据库。数据库（database，DB）可以说就是表的集合，它是以一定组织方式存储的相关数据集合，具有最小冗余度和较高的数据独立性，供各种用户共享。

3）主键与外键。

主键：数据表中的每一行记录都是唯一的，而不允许出现完全相同的记录，通过定义主键（主关键字，primary key）可以保证记录的唯一性。主键由一个或多个字段组成，其值拥有唯一性，不允许取空值（NULL）。一个表只能有一个主键，如图 2.11 所示。

外键：一个数据库通常包括多个表，通过外键（foreign key）可以使这些表关联起来。

图 2.10　数据表　　　　　　　　　　　图 2.11　主键与外键

4）数据库管理系统。数据库管理系统（database management system，DBMS）是实现对数据库资源有效组织、管理和存取的系统软件，在操作系统的支持下，支持用户对数据库的各项操作。

5）数据库系统。数据库系统（database system，DBS）是一个人-机系统，由硬件、操作系统、数据库、DBMS、应用软件和数据库用户（包括数据库管理员）组成。用户可通过 DBMS 或数据库应用软件来操作数据库。

6）数据库管理员。数据库管理员（database administrator，DBA）负责数据库的更新和备份、数据库系统的维护、用户管理等工作，保证数据库系统的正常运行，由业务水平较高、资历较深的人员担任。

（2）数据挖掘与大数据的传承。

1）大数据是指无法在一定时间范围内用常规软件工具进行捕捉、管理和处理的海量数据集合，是需要新处理模式才能具有更强的决策力、洞察发现力和流程优化能力的海量、高增长率和多样化的信息资产。

2）数据挖掘的概念。数据挖掘是指从大量的数据中通过算法搜索隐藏于其中的信息的过程。

数据挖掘是通过分析每个数据，从大量数据中寻找其规律的技术，主要有数据准备、规律寻找和规律表示三个步骤。数据准备是从相关的数据源中选取所需的数据并整合成用于数据挖掘的数据集；规律寻找是用某种方法将数据集所含的规律找出来；规律表示是尽可能以用户可理解的方式（如可视化）将找出的规律表示出来。数据挖掘的任务有关联分析、聚类分析、分类分析、异常分析、特异群组分析和演变分析等。

3）从数据挖掘到大数据的转变。大数据是数据挖掘概念的再升级。相比于兴起只有几年的大数据概念，已有 20 多年发展历史的数据挖掘可称得上大数据的开山鼻祖。因为大数据和数据挖掘的本质是相同的——对数据进行挖掘分析，以发现有价值的信息。而且大数据的兴起，正是在人工智能、机器学习和数据挖掘等技术基础之上发展起来的，而人工智能、机器学习又是在为数据挖掘服务的。从表面上看，大数据与数据挖掘的区别在于"大"。然而，深入分析就会发现：一方面，数据挖掘的对象不仅可以用于少量的数据，而且同样适用于海量数据，只是由于挖掘方法和技术工具的不断升级换代，换了个新的名称而已；另一方面，大数据的本质不在于"大"，而是以崭新的思维和技术去分析海量数据，揭示其中隐藏的人类行为等模式，由此创造新产品和服务，或是预测未来趋势。所以大数据和数据挖掘的概念在一定时期还会并存，但由于使用的时机、场合或使用人的习惯不同，真正的关键点是如何体现出数据的价值。

大数据是数据挖掘产业化的表现。数据的价值在于信息，而技术的价值在于利润，数据挖掘可以看作是专业技术领域的专业名词，到了商业领域就需要进一步地包装与升级。只有这样，一系列的开放式平台、技术解决方案才能迅速"火"起来。显而易见，这种商业的运作模式已经非常成熟和成功。目前，大数据已被视为创新和生产力提升的下一个前沿技术，正成为国家竞争力的要素之一，在世界范围内日益受到重视，多国政府加大了对大数据发展的扶持力度，甚至上升到国家战略的高度。

2.5.1.4　通信管理程序

通信管理软件是通信网络的一个重要部分。通信管理软件控制与支持通信网络上的数据通信活动。数据通信是一个非常复杂的过程，而通信管理程序就是用来控制数据通信过程，提高数据通信的自动化程度的。局域网依靠的通信管理软件称为网络操作系统，例如 Microsoft Windows 2000NT、Linux、Novell NetWare 通信软件包提供多种通信服务，包括存取、传送控制、网络管理、出错控制、安全管理等一些常用服务。

2.5.2　计算机应用软件

应用软件（application）是和系统软件相对应的，是用户可以使用的各种程序设计语言，以及用各种程序设计语言编制的应用程序的集合，分为应用软件包和用户程序。应用软件包是利用计算机解决某类问题而设计的程序的集合，多供用户使用。应用软件是为满足用户不同领域、不同问题的应用需求而提供的软件，它可以拓宽计算机系统的应用领域，放大硬件的功能。

鉴于应用软件所包含的程序过于宽泛，也可以认为除本节所述的系统软件以外的其他软件都可被认定为计算机应用软件。

第3章

数据信息表示

计算机主要的任务是对数据进行运算和加工处理并显示结果。

数据有两类：一类是数值数据，另一类是非数值数据，如符号、图形、声音等。所有这些数据在计算机内部都是以二进制数据的形式表示的（"0"和"1"有序组合）。

计算机处理数据所采用的电子元器件是一种称为触发器的电子器件，它可以输出两种相对稳定的电位状态，一般用高电位代表二进制"1"，低电位表示二进制"0"。存储在计算机中的数据都是用二进制表示的，所以用这种电路设计出来的计算机能处理一切数据。当然，科学家在设计发明计算机时采用二值电路主要也是考虑到了二值电路会使得数据运算简单、构造方便、容易实现且成本低。

计算机在其内部处理的都是二进制数据，而我们日常所面对的数据往往是十进制数据或八进制、十六进制数据，这些不同进制数据之间的关系是怎样的？

首先分析一下常用的十进制。例如，数字 555，同样是数字 5，但它们代表的值并不相同：个位上指 5，十位上指 50，百位上指 500。这就引进了数制的概念。

3.1 数制的基本概念

数制也称计数制，是指计数的方法，即采用一组计数符号（称为数符或数码）的组合来表示任意一个数的方法。在进位计数法中，数码系列中相同的一个数码所表示的数值大小与其在该数码系列中的位置有关。

在任何一种计数制中，所使用的数码个数总是一定的、有限的。将一种计数制中所使用的数码个数称为该计数法的基数。在任意一个数码系列中，每个数位上的数码所表示的数值大小等于该数码自身的值乘以与该数位相应的一个系数。该系数为位值，称为位权，简称为"权"。

3.2 常用的计数制

3.2.1 十进制

十进制（通常用字母 D 表示）：它的基数有 10 个（0、1、2、…、9），位权为 10 的整数次幂,计数规则为"逢十进一,借一当十"。

如 3468.795 这个数中的 4 就表示 $4\times10^2=400$,这里把 10^n 称作位权,简称为"权",十进制数又可以表示成按"权"展开的多项式。例如,$3468.795=3\times10^3+4\times10^2+6\times10^1+8\times10^0+7\times10^{-1}+9\times10^{-2}+5\times10^{-3}$。

3.2.2 二进制

二进制(通常用字母 B 表示):它的基数有两个(0、1),位权 2 的整数次幂,计数规则为"逢二进一,借一当二"。

对于一个二进制数,也可以表示成按权展开的多项式。例如,$10110.101=1\times2^4+0\times2^3+1\times2^2+1\times2^1+0\times2^0+1\times2^{-1}+0\times2^{-2}+1\times2^{-3}$。

3.2.3 八进制和十六进制

(1)八进制(通常用字母 O 表示)。基数有 8 个(0、1、2、…、7),位权为 8 的整数次幂,计数规则为"逢八进一,借一当八"。

(2)十六进制(通常用字母 H 表示)。基数有 16 个(0、1、…、9,A、B、…、F),位权为 16 的整数次幂,计数规则为"逢十六进一,借一当十六"。

在书写时,可用以下 3 种格式:

第 1 种:111 01101 $_{(2)}$,331 $_{(8)}$,35.81 $_{(10)}$,FA5 $_{(16)}$。

第 2 种:(10110.011)$_2$,(755)$_8$,(139)$_{10}$,(AD6)$_{16}$。

第 3 种:10101,001B,789O,3762D,2CE6H。

这里字母 B、O、D、H 分别表示二进制、八进制、十进制、十六进制。

3.3 数 制 间 的 转 换

3.3.1 二进制数、八进制数、十六进制数转换为十进制数

各种进制的数按权展开后求得结果即为十进制数。

例 3.1 将二进制数(1011.101)$_2$ 转换成等值的十进制数。

$$(1011.101)_2=1\times2^3+0\times2^2+1\times2^1+1\times2^0+1\times2^{-1}+0\times2^{-2}+1\times2^{-3}$$
$$=8+0+2+1+1/2+0+1/8$$
$$=(11.625)_{10}$$

八进制数和十六进制数均可按位权展开转换成十进制数。

例 3.2 将(2576)$_8$,(3D)$_{16}$,(F.B)$_{16}$ 分别转换成十进制数。

$$(2576)_8=2\times8^3+5\times8^2+7\times8^1+6\times8^0=(1406)_{10}$$
$$(3D)_{16}=3\times16^1+13\times16^0=(61)_{10}$$
$$(F.B)_{16}=15\times16^0+11\times16^{-1}=15+11/16=(15.6875)_{10}$$

总结:任何一种数制的按权展开式可以用下列公式表达:

$$N_{(P)}=a_{n-1}\times P^{n-1}+a_{n-2}\times P^{n-2}+\cdots+a_1\times P^1+a_0\times P^0+a_{-1}\times P^{-1}+\cdots+a_{-m}\times P^{-m}$$

其中,P 是代表 P 进制,即用 P 个数码,a_{n-1} 代表该数在第 n 位上的数码,P^{n-1} 表示在第 n

位上的位权。

3.3.2 十进制数转换为二进制数

对于十进制数的整数部分和小数部分在转换时需做不同的计算，分别求得后再组合。

3.3.2.1 十进制整数转换为二进制数（除2取余法）

方法1：逐次除以2，每次求得的余数即为二进制数整数部分各位的数码，直到商为0。

方法2：2的倍数凑数法，即从数列2048、1024、512、256、128、64、32、16、8、4、2、1中找到等于或最接近的2的倍数但比倍数小的数字，并在对应位置写1，直到凑数完毕。没有使用的2的倍数相应位置写0，则凑出二进制数。

3.3.2.2 十进制纯小数转换为二进制数（乘2取整法）

方法：逐次乘以2，每次乘积的整数部分即为二进制数小数各位的数码。

例3.3 把十进制数69.8125转换为二进制数。

对整数部分69转换：

余数

2	69		
2	34	1 ……	b_0
2	17	0 ……	b_1
2	8	1 ……	b_2
2	4	0 ……	b_3
2	2	0 ……	b_4
2	1	0 ……	b_5
	0	1 ……	b_6

整数部分：$(69)_{10}=(1000101)_2$

凑数法对69的转换，见表3.1。

表3.1 十进制转二进制的凑数法

轮数	2048	1024	512	256	128	64	32	16	8	4	2	1
第一轮						1						
第二轮						1				1		
第三轮						1				1		1
第四轮						1	0	0	0	1	0	1

首先在表3.1中找到最接近69但比69小的2的倍数，即64，在64下方写1；由于69=64+5，用同样方法找到5对应的数字4，数字4下方写1；69=64+4+1；数字1下方写入1，其余空白位置填入0，那么十进制数69对应的二进制数为1000101。

小数部分（0.8125）的乘2取整操作：

$$
\begin{array}{cccc}
0.8125 & & & \\
\underline{\times\quad 2} & 0.625 & & \\
1.6250 & \underline{\times\quad 2} & 0.25 & \\
\cdot & 1.250 & \underline{\times\quad 2} & 0.5 \\
\cdot & \cdot & 0.50 & \underline{\times\quad 2} \\
\cdot & \cdot & \cdot & 1.0 \\
\end{array}
$$

取整数部分　　1　　　　1　　　　0　　　　1

b_{-1}　　　　b_{-2}　　　　b_{-3}　　　　b_{-4}

小数部分可得：$(0.8125)_{10}=(0.1101)_2$

因此 69.8125D=1000101.1101B

十进制数转换成八进制数和十六进制数也可用上述方法进行。

3.3.3　二进制数与八进制数的互相转换

3.3.3.1　二进制数转换成八进制数

二进制数转换成八进制数的方法：将二进制数从小数点开始分别向左（整数部分）和向右（小数部分）每 3 位二进制分成一组，转换成八进制数码中的一个数字，再连接起来。不足 3 位时，对原数值用 0 补足 3 位。

例 3.4　把二进制数（11110010.1110011）$_2$ 转换为八进制数。

二进制 3 位分组	011	110	010	.	111	001	100
转换成八进制	3	6	2	.	7	1	4

（11110010.1110011）$_2$=（362.714）$_8$

3.3.3.2　八进制数转换成二进制数

八进制数转换成二进制数方法：将每一位八进制数写成相应的 3 位二进制数，再按顺序排列好。

例 3.5　把八进制数（2376.14）$_8$ 转换为二进制数。

八进制 1 位	2	3	7	6	.	1	4
二进制 3 位	010	011	111	110	.	001	100

（2376.14）$_8$=（10011111110.0011）$_2$

3.3.4　二进制数与十六进制数的互相转换

二进制数与十六进制数的转换方法和二进制数与八进制数的转换方法类似，将十六进制数的 1 位与二进制数的 4 位数相对应，再按顺序排列好。十六进制数与二进制数的转换，是将 4 位二进制数码为一组对应成 1 位十六进制数。

例 3.6　把二进制数（110101011101001.011）$_2$ 转换为十六进制数。

二进制 4 位分组	0110	1010	1110	1001	.	0110
转换成十六进制	6	A	E	9	.	6

（110101011101001.011）$_2$=（6AE9.6）$_{16}$

由前文可知，二进制和八进制、十六进制之间的转换非常直观，因此，要把一个十进制数转换成二进制数可以先转换为八进制数或十六进制数，然后再快速地转换成二进制数。

同样，在转换中若要将十进制数转换为八进制数和十六进制数时，也可以先把十进制数转换成二进制数，然后再转换为八进制数或十六进制数。常用计数制对照见表 3.2。

表 3.2   常用计数制对照表

十进制数	二进制数	八进制数	十六进制数
0	0	0	0
1	1	1	1
2	10	2	2
3	11	3	3
4	100	4	4
5	101	5	5
6	110	6	6
7	111	7	7
8	1000	10	8
9	1001	11	9
10	1010	12	A
11	1011	13	B
12	1100	14	C
13	1101	15	D
14	1110	16	E
15	1111	17	F
16	10000	20	10
...	...	...	...

例如，将十进制数 673 转换为二进制数，可以先转换成八进制数（除以 8 求余法）得 $(1241)_8$，再按每位八进制数转为 3 位二进制数，求得 $(1010100001B)_2$，如还要转换成十六进制数，用 4 位一组很快就能得到 $(2A1H)_{16}$。

3.4   二 进 制 数 的 运 算

在计算机中，二进制数可做算术运算和逻辑运算。

3.4.1   算术运算

加法：0+0=0、1+0=0+1=1、1+1=10。

减法：0-0=0、0-1=1、1-0=1、1-1=0。

乘法：0×0=0、0×1=1×0=0、1×1=1。

除法：0/1=0、1/1=1。

3.4.2 逻辑运算

3.4.2.1 或："∨""+"

$$0∨0=0、0∨1=1、1∨0=1、1∨1=1$$

或运算中，当两个逻辑值只要有一个为 1 时，结果为 1，否则为 0，其中可以将 1 看作是真假命题中的真，而 0 为假，以下逻辑操作符中的 1 或 0 都可以如此假设。

例 3.7 要判断成绩 X 是否处在小于 60 或者成绩 Y 是否处在大于 95 的分数段中，可这样表示：$(X<60)∨(Y>95)$。

若 $X=70$、$Y=88$，这时 $X<60$ 和 $Y>95$ 条件都不满足，两表达式结果均为 0，"∨"运算结果为 0。

若 $X<60$，则 $X<60$ 的表达式满足为 1，而无论 Y 取何值，"∨"运算结果都为 1。

同样只要 $Y>95$，而无论 X 取何值，"∨"运算结果都为 1。

如果 $X=50$、$Y=98$，这时 $X<60$ 满足为 1，$Y>95$ 亦满足为 1，则"∨"运算结果为 1。

3.4.2.2 与："∧"

$$0∧0=0、0∧1=0、1∧0=0、1∧1=1$$

与运算中，当两个逻辑值都为 1 时，结果为 1，否则为 0。

例 3.8 一批合格产品的标准需控制在 205～380，要判断某一产品质量参数 X 是否合格，可这样表示：$(X>205)∧(X<380)$。

当 X 的值不在 205～380 区间内时，$X>205$ 与 $X<380$ 条件中至少有一个条件不满足（"∧"运算规则中的前 3 种情况），"∧"运算结果为 0，产品为不合格。

当 X 的值在 205～380 区间内时，$X>205$ 与 $X<380$ 条件同时满足都为 1，"∧"运算结果为 1。

3.4.2.3 非："‾"

非运算中，对每位的逻辑值取反。

规则：$\bar{0}=1$，$\bar{1}=0$。

3.4.2.4 异或："⊕"

$$0⊕0=0、0⊕1=1、1⊕0=1、1⊕1=0$$

异或运算中，当两个逻辑值不相同时，结果为 1，否则为 0。

3.5 计算机中数的表示

3.5.1 二进制数的原码、补码和反码表示

计算机中只有二进制数值，所有的符号都是用二进制数值代码表示的，数的正、负号也用二进制代码表示。在数值的最高位用"0""1"分别表示数的正、负号。一个数（连同符号）在计算机中的表示形式称为机器数，以下引进机器数的 3 种表示法：原码、补码和反码，是将符号位和数值位一起编码，机器数对应的原来数值称为真值。

3.5.1.1 原码表示法

原码表示方法中，数值用绝对值表示，在数值的最左边用"0"和"1"分别表示正数

和负数，书写成[X]_原表示 X 的原码。

例如，在 8 位二进制数中，十进制数+23 和-23 的原码表示为

$$[+23]_原=00010111$$

$$[-23]_原=10010111$$

应该注意的是，0 的原码有两种表示，分别是"00……0"和"10……0"，都做 0 处理。

3.5.1.2 补码表示法

一般在做两个异号的原码加法时，实际上是做减法，然后根据两数的绝对值的大小来决定符号。能否统一用加法来实现呢？对一个钟表，将指针从 6 拨到 2，可以顺拨 8，也可以倒拨 4，用式子表示就是：6+8-12=2 和 6-4=2。

这里，12 称为它的"模"。8 与-4 对于模 12 来说是互为补数。计算机中是以 2 为模对数值做加法运算的，因此可以引入补码，把减法运算转换为加法运算。

求一个二进制数补码的方法是，正数的补码与其原码相同；负数的补码是把其原码除符号位外的各位先求其反码，然后在最低位加 1。通常用[X]_补表示 X 的补码，+4 和-4 的补码表示为

$$[+4]_补=00000100$$

$$[-4]_补=11111100$$

例 3.9 求 6 和-4 的补码。

因为[6]_补=00000110，[-4]_补=11111100

```
   00000110
  +11111100
 ——————————
  000000010        最高 0 丢失，取 8 位有效位
```

所以 00000110-00000100=00000110+11111100=00000010。

3.5.1.3 反码表示法

正数的反码等于这个数本身，负数的反码等于其绝对值各位求反。例如：

$$[+12]_反=00001100$$

$$[-12]_反=11110011$$

总结以上规律，可得到如下公式：$X-Y=X+（Y 的补码）=X+（Y 的反码+1）$。

3.5.1.4 引进原码、反码和补码的原因

乘法运算可以用加法运算替代，除法运算可以用减法替代，而减法又可以用加法替代，最后所有的运算都归结为加法运算。

例 3.10 减法运算可以用加法运算来替代。

5-3=5+（-3）

5 的补码=0 000 0101

-3 的原码=1 000 0011

-3 的反码=1 111 1100

-3 的补码=1 111 1100+1=1 111 1101

5+（−3）=5 的补码+（−3）的补码

例 3.11 除法运算可以用减法运算来替代：88÷8。

乘法运算可以用减法运算来替代：11×3。

8 位二进制数的各种表示方法见表 3.3。

表 3.3　　　　　　　　　　8 位二进制数码的各种表示方法

二进制数码	无符号二进制数	原码	反码	补码
00000000	0	+0	+0	+0
00000001	1	+1	+1	+1
00000010	2	+2	+2	+2
...	...	...	...	...
...	...	...	...	...
01111110	126	+126	+126	+126
01111111	127	+127	+127	+127
10000000	128	−0	−127	−128
10000001	129	−1	−126	−127
10000010	130	−2	−125	−126
...	...	...	...	...
...	...	...	...	...
11111101	253	−125	−2	−3
11111110	254	−126	−1	−2
11111111	255	−127	−0	−1

3.5.2　定点数和浮点数

在计算机中，一个数如果小数点的位置是固定的，这样的数称为定点数，否则称为浮点数。

3.5.2.1　定点数

定点数通常把小数点固定在数值部分的最高位之前，即在符号位与数值部分之间，或把小数点固定在数值部分的最后面。前者将数表示成纯小数，后者把数表示成整数。

纯小数表示法：

符号位	. 数值部分

整数表示法：

符号位	数值部分 .

定点数表示法简单直观，但是表示的数值范围受表示数据的字长限制，运算时容易产生溢出。例如，表示十进制小数 125.25，假定使用 32 个二进制位来表示定点数，其中隐形的小数点固定在第 23 位，那么可以表示为

27

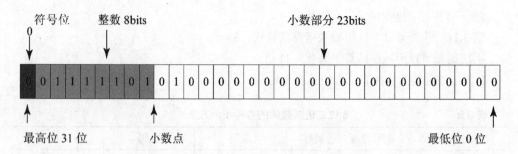

符号位 0　整数 8bits　小数部分 23bits

最高位 31 位　小数点　最低位 0 位

其中使用 1 个二进制位代表符号位，其值为 0 代表此小数是一个正数，使用 8 个二进制位代表整数部分，其值为 01111101，转换为十进制数为 125，剩余的 23 个二进制位代表小数，其值为 01000000000000000000000，转换为十进制数为 0.25。

通过上述例子可知，32 位二进制数，小数点设置为 23 位处的数值，整数部分最多只能表示 8 位，假设这 8 个二进制位全部为 1，转换为十进制数为 255，即使用该规范的定点数整数部分最大不能超过 255，而小数部分有 23 位，说明可以表示非常精确的小数值。当然，定点数的小数点位置是可以自定义的，同样用 32 位来表示定点数，如果把隐形的小数点位置设置在第 8 位，即使用末尾 8 个二进制位表达小数部分的精度，而整数部分是 23 位的，即 8388607 是最大可以表示整数部分的数值。小数点具体定在哪里，由操作者通过程序来决定。

3.5.2.2　浮点数

浮点数是指在数的表示中，其小数点的位置是浮动的。任一个二进制数 N 可以表示成

$$N=S \times M \times 2^e$$

式中：S 为符号位，仅占用 1 个二进制位，通常 S 为 1 代表负数，为 0 代表正数；e 为一个二进制整数；M 为二进制小数。

这里称 e 为数的阶码，M 称为数的尾数，表示了数的全部有效数字，阶码 e 指明了小数点的位置。

在计算机中，一个浮点数的表示分为阶码和尾数两个部分，如下格式：

符号位 S	阶码 e	尾数 M

其中，阶码确定了小数点的位置，表示数的范围；尾数则表示数的精度，尾符也称数符。浮点数的表示方法，数的表示范围比定点数大得多，精度也高。

在实际计算中，阶码使用的是指数的移码，或者简单理解为十进制+127 后的二进制数值。例如，阶码为 8，则先计算 8+127=135，转为二进制后，阶码即为 10000111。尾数一般设置为 ≥1 且 <2 的一个小数数字，其中整数部分一定为 1，在实际计算中，这个整数部分的 1 是被隐藏的，假设尾数为 1.001011，那么实际存储的是 001011 这个数字。

例 3.12　一个十进制数 23.25 用浮点数表示。（阶码和尾数都用原码表示）

$$23.75=(100101.01)_2=(1.0010101 \times 25)_2$$

指数为 5，则阶码为 132 的二进制 10000100，尾数为默认隐藏整数 1 的小数部分数值 0010101，符号位 0 代表此数为正数。

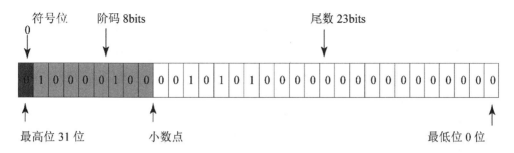

例 3.13 二进制数 1001110110.101011 可以写成：

1. 001110110101011×2⁹ — $1.001110110101011 \times 2^9$

指数为 9，则阶码为 10001000。

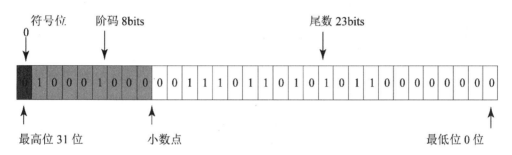

由以上可知，计算机是采用二进制数存储数据和进行计算的，引入补码可以把减法转化为加法，简化了运算；使用浮点数扩大了数的表示范围，提高了数的精度。

3.6 计算机中字符的表示

字符包括字母、符号和汉字等。

3.6.1 ASCII 码

ASCII 码（american standard code for information interchange）是美国信息交换标准代码的简称。ASCII 码占一个字节，有 7 位 ASCII 码和 8 位 ASCII 码两种，7 位 ASCII 码称为标准 ASCII 码，8 位 ASCII 码称为扩充 ASCII 码。7 位二进制数给出了 128 个不同的组合，表示了 128 个不同的字符。其中 95 个字符可以显示，包括大小写英文字母、数字、运算符号、标点符号等。另外的 33 个字符，是不可显示的，它们是控制码，编码值为 0～31 和 127，如回车符（CR）编码为 13。ASCII 码字符编码表见表 3.4。

表 3.4 ASCII 码字符编码表

$b_3 b_2 b_1 b_0$	$b_6 b_5 b_4$							
	000	001	010	011	100	101	110	111
0 0 0 0	NUL	DLE	SP	0	@	P	、	p
0 0 0 1	SOH	DC1	!	1	A	Q	a	q

续表

$b_3 b_2 b_1 b_0$	$b_6 b_5 b_4$							
	000	001	010	011	100	101	110	111
0010	STX	DC2	"	2	B	R	b	r
0011	ETX	DC3	#	3	C	S	c	s
0100	EOT	DC4	$	4	D	T	d	t
0101	ENQ	NAK	%	5	E	U	e	u
0110	ACK	SYN	&	6	F	V	f	v
0111	BEL	ETB	'	7	G	W	g	w
1000	BS	CAN	(	8	H	X	h	x
1001	HT	EM	)	9	I	Y	i	y
1010	LF	SUB	*	:	J	Z	j	z
1011	VT	ESC	+	;	K	[	k	{
1100	FF	FS	,	<	L	\	l	|
1101	CR	GS	−	=	M	]	m	}
1110	SO	RS	.	>	N	↑	m	~
1111	SI	US	/	?	O	−	o	DEL

3.6.2　BCD 码

BCD 码用 4 位二进制数表示一位十进制数。例如，BCD 码 1000 0010 0110 1001 按 4 位二进制一组分别转换，结果是十进制数 8269，一位 BCD 码中的 4 位二进制代码都是有权的，从左到右按高位到低位依次权是 8、4、2、1，这种二进制-十进制进制编码是一种有权码。1 位 BCD 码最小数是 0000（十进制 0），最大数是 1001（十进制 9）。

3.6.3　汉字编码

在计算机中，不仅数值和字符是用二进制数表示的，汉字也是用二进制数进行编码的。在计算机中处理汉字，主要解决三个问题，即汉字的输入、汉字的存储及处理、汉字的输出。

图 3.1 是计算机处理汉字的过程。

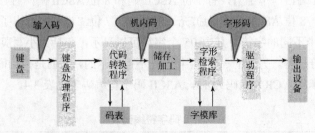

图 3.1　计算机处理汉字的过程

3.6.3.1　输入码（外码）

输入码可以分为顺序码、音码、形码、音形码。

顺序码为无重码的编码。音码常用的有智能 ABC、微软拼音、全拼、简拼、双拼。形码有五笔字型、五笔画等。音形码常用的有自然码。

3.6.3.2 国标码

我国 1980 年公布的《信息交换用汉字编码字符集》（GB/T 2312—1980），以 94 个可显示的 ASCII 码字符区为基集，由两个字节构成（汉字两个字节的最高位均为 1），共收录了一级汉字 3755 个（最常用汉字，用汉语拼音排序）、二级汉字 3008 个（次常用汉字，用偏旁部首排序）、各种符号 682 个，合计 7445 个。

3.6.3.3 区位码

《信息交换用汉字编码字符集》（GB/T 2312—1980）规定：所有的国标汉字与符号组成一个 94×94 的矩阵。在此矩阵中，每一行称为一个"区"，每一列称为一个"位"。一个汉字所在的区号和位号简单地组合在一起就构成了该汉字的"国标区位码"，简称"区位码"。区位码的范围是 0101～9494。

3.6.3.4 机内码

汉字机内码是计算机系统中汉字的一种运行代码，系统内部的存储、传输都是对机内码进行的。它也和汉字存在着一一对应的关系。机内码也占两个字节，且最高位为 1。同一个汉字在同一种汉字操作系统中，机内码是相同的，在不同的汉字操作系统（简体与繁体中文的操作系统）中，机内码不同。

国标码、区位码、机内码三者的关系如下：

$$国标码=区位码（十六进制）+2020H$$
$$机内码=国标码（十六进制）+8080H$$
$$=区位码（十六进制）+A0A0H$$

例 3.14 已知汉字"保"的区位码为 1703D，求它的国标码和机内码。

首先将区号和位号分别转为十六进制：区号为十进制数 17，转为十六进制数 11，位号为十进制数 03，转为十六进制数 03，将区位合并为 1103H。

那么，该汉字的国标码为：1103H+2020H=3123H；机内码为：3123H+8080H=B1A3H。

1703D 中的 D 是 Dec 的缩写，代表十进制。

1103H 中的 H 是 Hex 的缩写，代表十六进制。

类似的还有：

1101B 中的 B 是 Bin 的缩写，代表二进制。

627O 中的 O 是 Oct 的缩写，代表八进制。

3.6.3.5 GBK 及其他

GBK 汉字集（称大字符集）包括国标码和中国台湾 BIG5 码 13000 多个，共 20900 个，后扩充到 21001 个汉字。

《信息技术和信息交换用汉字字符集 基本集的扩充》（GB 18030—2000）于 2001 年 1 月 1 日执行，共收录了 27000 多汉字，采用单/双/四字节混合编码，并与现系统兼容。2005 年《信息技术 中文编码字符集》（GB 1830—2005）发布，替代了 GB 18030—2000。

3.6.3.6 汉字的字形编码及地址编码

汉字信息采用机内码存储在计算机内，但输出时必须转换成字形码，以人们熟悉的汉字形式输出才有意义。因此，对每一个汉字，都要有对应的字的模型（简称字模）储存在计算机内，字模的集合就构成了字模库，简称字库。汉字输出时，需要先根据机内码找到字库中对应的字模，再根据字模输出汉字。

构造汉字字形有两种方法：向量（矢量）法和点阵法。

向量法是将汉字分解成笔画，每种笔画使用一段的直线（向量）近似地表示，这样每个字形都可以变成一连串的向量。

点阵法又称"字模点阵码"。每一个汉字以点阵形式存储在记录介质上，有点的地方为"1"，空白的地方为"0"。例如，可以将"大"字画在如图 3.2 所示的 16×16 的方格上，每一行为 16 位（2 个字节），共 16 行组成一个汉字的字形码，即共需要 2（字节）×16=32 字节。

常用的点阵有 16×16、24×24、32×32、48×48。点阵规模越大，每个汉字存储的字节数就越多，字库也就越庞大，但字形分辨率越好，字形也越美观。

每个汉字字形码在汉字字库中的相对位移地址码和机内码要有简明的对应转换关系，这就是汉字的地址码。

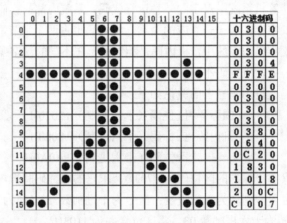

图 3.2　点阵汉字

3.6.4　Unicode 统一字符编码

Unicode 码是国际组织制定的可以容纳世界上所有文字和符号的、可伸缩的字符编码方案。Unicode 用一些基本的保留字符制定的 3 套编码方式，分别是 UTF-8、UTF-16 和 UTF-32。在 UTF-8 中，字符是以 8 位序列来编码的，用一个或多个字节来表示一个字符。这种编码方式的好处是保留了 ASCII 作为它的一部分。UTF-16 和 UTF-32 分别是 Unicode 的 16 位和 32 位编码方式。

当收到的邮件或 IE 浏览器显示乱码时，主要是因为使用了与系统不同的汉字机内码。解决方法是：选择浏览器中"查看"→"编码"命令，再选择合适的编码方案。

3.7　指　令、程　序、地　址

3.7.1　指令

指令是包含操作码和地址码的一串二进制数代码。

操作码规定了操作的性质、指令的操作类型。

地址码规定了要操作的数据存放在哪个地址中，以及操作结果存放到什么地址上。

例 3.15　PDP/11 计算机的一条加法指令（字长 16 位）：

0110 000001 000010

其中，0110 为操作码，表示加法操作；000001 为第一个地址码，表示第一号寄存器；000010 为第二个地址码，表示第二号寄存器。

所以，指令是包含操作码和地址码的一串二进制数代码。

用汇编符号表示为：ADD　R1，　R2

R1 即为第一号寄存器的地址，取出 R1 地址中的数据加上第二号寄存器 R2 中的数据，将计算结果存储于 R1 寄存器中。

3.7.2　程序

程序是由一系列指令组成的，是为解决某一具体问题而设计的一系列排列有序的指令的集合。

在实际开发过程中，程序可以由各种不同的计算机语言来编写指令，每种计算机语言都有各自的语法，在各自不同的环境下，通过解释/翻译/编译等手段，最终将每条指令转换为机器语言（二进制形式），从而能被 CPU 所理解，进而程序被执行。

3.7.3　地址

在计算机中，内存中每个用于数据存取的基本单位，都被赋予一个唯一的序号，称为地址，通常意义上为内存地址。程序通过指定的地址来获取存储于该地址的数据，用于程序运行过程中的计算；程序也可以通过指定的地址，将数据存于其中。

在计算机运行中，通过地址总线来传输地址信息，从而查找数据位置，称为寻址。寻址的方式有很多种，例如，在指令寻址中，包括了顺序寻址和跳跃寻址方式；在操作数的寻址中，包括了隐含寻址、立即寻址、直接寻址、间接寻址等。

例如，用 10 个二进制位来管理可以寻址的空间，可知，最小值为 0，最大值为 1023，总共管理了 1024 个不同的地址，每个地址可以存放计算机的最小存储单位——字节（B），则称 10 位地址的寻址空间为 $2^{10}B=1024B=1KB$。

同理，20 位地址码可寻址的存储空间是：$2^{20}Byte=1048576B=1MB$。

386、486 微机的地址线有 32 根，可寻址的存储空间为 $2^{32}B=4096MB=4GB$，在 32 位的操作系统中，最大使用内存 4GB 就可以理解为，即便计算机安装了 8GB 内存，也仅仅能使用其中的 4GB 而已。Windows 10 之后均为 64 位操作系统，地址线有 64 根，即可以满足现今的所有使用状况。

第 4 章

多 媒 体 技 术

多媒体是融合两种或者两种以上媒体的一种人-机交互式信息交流和传播媒体,使用的媒体包括文字、图形、图像、声音、动画和电视图像。多媒体是超媒体系统中的一个子集,超媒体系统是使用超链接构成的全球信息系统,全球信息系统是互联网上使用 TCP/IP 协议和 UDP/IP 协议的应用系统。

多媒体技术是 20 世纪 80 年代发展起来的一门综合技术,虽然发展历史并不长,但它对人们的生产方式、生活方式和交互环境的改变所起的作用是不容忽视的。当前,多媒体技术已成为计算机科学的一个重要研究方向,多媒体技术的开发与应用,使得计算机一改过去那种单一的人-机界面,集声音、文字、图形于一体,使用户置身于多种媒体协同工作的环境中,让不同层次的用户感受到了计算机世界的丰富多彩。

4.1 多媒体信息的主要元素

4.1.1 文本

文本包含字母、数字、字、词等基本元素。多媒体系统除具备一般的文本处理功能外,还可应用人工智能技术对文本进行识别、理解、摘编、翻译、发音等。

超文本是超媒体文档不可缺少的组成部分。超文本是对文本索引的一个应用,它能在一个或多个文档中快速地搜索特定的文本内容。

4.1.2 图形与图像

计算机中的数字图像按其生成方法可以分为两大类:一类是从现实世界中通过数字化设备获取的图像,它们称为取样图像(sampled image)、点阵图像(dot matrix image)和位图图像(bitmap image),以下简称图像(image);另一类是计算机合成的图像(synthetic image),它们称为矢量图像(vector image),简称图形(graphics)。

图像由各个像素点组成,每个像素点存储定义了各像素点的颜色和亮度等色彩信息,不同的色彩模式有不同的存储方式。图像存储与分辨率和色彩的颜色种数有关,分辨率越大与色彩位数越多,占用存储空间就越大。

图形是由一系列线条来描述的矢量图,适用于直线、方框、圆或多边形以及其他可用角度、坐标和距离。它的应用很广泛,常用于框架结构的图形处理,如计算机辅助设计

（CAD）系统中常用矢量图来描述十分复杂的几何图形。相比较于图像，图形存储的形式为点和点之间的函数关系，在显示图形时，确定图形尺寸后，从而确定了点和点的实际位置，然后通过函数关系的计算，将点和点之间的曲线实时绘制出来，一旦放大或者缩小图形，将会再次触发计算，进而重新在显示器上显示新计算的曲线。

4.1.3　视频

视频（video）泛指将一系列静态影像以电信号的方式加以捕捉、记录、处理、储存、传送与重现的各种技术。连续的图像变化每秒超过 24 帧（frame）画面以上时，根据视觉暂留原理，人眼无法辨别单幅的静态画面；看上去是平滑连续的视觉效果，这样连续的画面称为视频。视频技术最早是为了电视系统而发展的，但现在已经发展为各种不同的格式。网络技术的发达也促使视频以串流媒体的形式存在于互联网上，并可被计算机接收和播放。视频与电影属于不同的技术，后者是利用照相术将动态的影像捕捉为一系列的静态照片。

视频的画面大小称为"分辨率"。数位视频以像素为度量单位，而类比视频以水平扫描线数量为度量单位。

标清电视信号的分辨率为 720/704/640×480i60（NTSC）或 768/720×576i50（PAL/SECAM）。新的高清电视（HDTV）分辨率可达 1920×1080p60，即每条水平扫描线有 1920 个像素，每个画面有 1080 条扫描线，以每秒钟 60 张画面的速度播放。

3D 视频的分辨率用 voxel（volume picture element，中文译为"体素"）来表示。例如一个 512×512×512 体素的分辨率用于简单的 3D 视频，可以被计算机设备播放。

长宽比是用来描述视频画面与画面元素的比例。传统的电视屏幕长宽比为 4∶3（1.33∶1）。HDTV 的长宽比为 16∶9（1.78∶1）。

虽然计算机屏幕上的像素大多为正方形，但是数字视频的像素通常并非如此。例如，使用于 PAL 及 NTSC 信号的保存格式 CCIR 601，以及其相对应的非等方宽银幕格式。因此，以 720 像素×480 像素记录的 NTSC 规格的 DV 视频可能因为是比较"瘦"的像素格式而在放映时成为长宽比为 4∶3 的画面，或反之由于像素格式较"胖"而变成 16∶9 的画面。

4.1.4　音频

音频（audio）是指在 15～20000Hz 频率范围连续变化的波形。音频技术在多媒体中的应用极为广泛，多媒体涉及多方面的音频处理技术，如：

（1）音频采集。把模拟信号转换成数字信号。

（2）语音编/解码。对语音数据进行压缩编码、解压缩。

（3）音乐合成。利用音乐合成芯片，把乐谱转换成乐曲输出。

（4）文/语转换。将计算机的文本转换成声音输出。

（5）语音识别。让计算机能够听懂人的语音。

4.1.5　动画

动画的概念不同于一般意义上的动画片，动画是一种综合艺术，它是集合了绘画、电影、数字媒体、摄影、音乐、文学等众多艺术门类于一身的艺术表现形式。动画最早发源于 19 世纪上半叶的英国，兴盛于美国，中国动画起源于 20 世纪 20 年代。动画是唯一有确定诞生日期的一门艺术，1892 年 10 月 28 日埃米尔·雷诺首次在巴黎著名的葛莱凡蜡像馆向观众放映光学影戏，标志着动画的正式诞生，同时埃米尔·雷诺也被誉为"动画之父"。动画艺术经过了 100 多年的发展，已经有了较为完善的理论体系和产业体系，并以其独特的艺术魅力深受人们的喜爱。

动画的英文有很多表述，如 animation、cartoon、animated cartoon 等。其中较正式的"animation"一词源自拉丁文字根"anima"，意思为"灵魂"，动词"animate"是"赋予生命"的意思，引申为使某物活起来的意思。所以动画可以定义为使用绘画的手法，创造生命运动的艺术。

动画技术较规范的定义是采用逐帧拍摄对象并连续播放而形成运动的影像技术。不论拍摄对象是什么，只要它的拍摄方式是采用的逐格方式，观看时连续播放形成了活动影像，它就是动画。一般二维动画都是以一秒 24 帧为标准，以保证画面播放流畅，但由于现代科技的发展，动画帧数可以不用达到一秒 24 帧，例如，早期的 Flash 动画 12 帧/s 即可保证流畅播放。

同样作为多媒体技术中重要的媒体形式，动画与视频具有很深的渊源。

动画和视频经常被认为是同一个东西，主要是缘于它们都属于"动态图像"的范畴。动态图像是连续渐变的静态图像或者图形序列，沿时间轴顺次更换显示，从而产生运动视觉感受的媒体形式。

然而，动画和视频事实上是两个不同的概念。

动画的每帧图像都是由人工或计算机产生的。根据人眼的特性，用 15～20 帧/s 的速度顺序地播放静止图像帧，就会产生运动的感觉。

视频的每帧图像都是通过实时摄取自然景象或者活动对象获得的。视频信号可以通过摄像机、录像机等连续图像信号输入设备来产生。

4.2　多媒体信息的数字化

4.2.1　声音

声音在日常生活中是无处不在、无时不有的，是人们用来传递信息最熟悉、最方便的方式，它是携带信息的重要媒体之一。

声音是通过一定介质（空气、水等）传播的一种连续的波，是一个随着时间连续变化的模拟信号，在物理学中称为声波。声波具有普通波所具有的特性：反射（reflection）、折射（refraction）和衍射（diffraction）。声音的这些特性使人们能够感知到声音信号。如图 4.1 所示，主要由以下几个要素来描述声波。

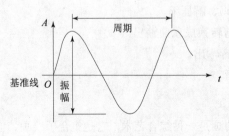

图 4.1　声波的振幅和频率

（1）基准线。基准线提供模拟信号的基准点。

（2）振幅（A）。声波的振幅就是通常人们所说的声音的大小，即音量。在声学中，振幅是用来定量研究空气受到压力的大小。振动越强，振幅越大，声音就越大，反之声音越弱。它的大小用分贝（dB）表示，人可以听到的声音大小在 0～120dB。

（3）周期（T）。声音波形一般具有较规则的波形，以一定的时间间隔重复出现，这个时间间隔称为声音信号的周期，单位为秒（s）。

（4）频率（f）：声音信号的频率和周期互为倒数，频率即为每秒钟的周期数，f=1/T。

人耳并不能听到所有频率的声音，它可以听到的最低频率为 20Hz，最高频率约为 18000Hz。人说话的信号频率通常为 300～3000Hz，人们把在这种频率范围的信号称为语音信号。

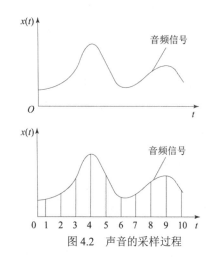

4.2.1.1　声音的采样

模拟音频信号在时间轴和幅度上都是连续的信号。采样就是在时间轴上将模拟音频信号离散化的过程。这个过程一般按均匀的时间间隔进行，如图 4.2 所示的相邻竖线的间隔即为时间间隔，将如图 4.2 所示的模拟音频信号和间隔线相交产生的交点即采样点，将一系列采样点的电信号转换成二进制，并依次量化编码存储起来就构成了数字音频文件。

图 4.2　声音的采样过程

采样的时间间隔决定了采样频率。采样频率就是每秒钟所采集的声波样本的次数。单位时间内，采样频率越高，采样点就越多，采样点之间就越密集，则经过离散数字化的声波就越接近于其原始的波形。这意味着声音的保真度越高，声音的质量越高，同时与之相对应的就是信息存储量越大。根据奈奎斯特（Nyquist）采样定律，只要采样频率高于信号最高频率的 2 倍，就可以完全从采样恢复原始信号波形。因此，一般采用 44.1kHz（1 秒内采样 44100 次）作为高质量声音的标准。声波是连续信号，用连续时间函数 $x(t)$ 表示在 t 时刻声音的幅度是 $x(t)$。用计算机处理这些信号时，必须先对连续信号采样，即按一定的时间间隔（T）取值，得到一级离散的值 $x(nT)$（n=0，1，2，…）。这里 T 称为采样周期，1/T 称为采样频率。目前，通用的标准采样频率有 11.025kHz、22.05kHz、44.1kHz、128kHz 等。

4.2.1.2　声音的量化

量化过程是对模拟音频信号的幅度进行离散化，是音频数字化的第二个离散过程。如图 4.3 所示，对声波每进行一次采样，其声音幅度的值用一个二进制位数表示，此二进制位数称为量化位数（比特数）。将所有采样点的幅度值划分为有限个阶距（量化步长）的集合，并用二进制来表示这一量化值，若每个量化阶距是相同的，即量化值的分布是均匀的，称为线性量化，否则称为非线性量化。量化可以采用线性量化和非线性量化两种方式。量化位数的大小决定了声音的动态范围，即被记录的声音最高和最低之间的差值。量化位数越高，音质越好，数据量也越大。例如，8 位量化位数则可表示为 2^8，即 256 个不同的量化值。

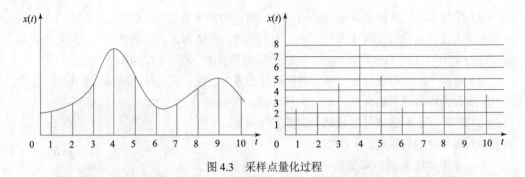

图 4.3　采样点量化过程

4.2.1.3　音频波形的质量和数据量

在采样过程中还涉及一个重要的概念：声道数。声道数即所使用的声音通道的个数，也是指一次采样所产生的声波个数。单声道只产生一个声音波形，双声道（立体声）产生两个声道的波形。双声道听起来，其音色和音质都比单声道优美动听，但是数据量是单声道的两倍。

声音的质量可以用声音信号的带宽来衡量，等级由高到低依次是 DAT、CD、FM、AM和数字电话。另外，声音质量的度量还有两种方法：一种是客观质量度量，一种是主观质量度量。评价声音质量时，有时同时采用两种方法，有时以主观质量度量为主。

未经压缩的数字音频数据率可按下式计算：

数据量=采样频率（Hz）×声道数×声音持续的时间×量化位数（bit）/8

其中，量化位数（bit）/8 的主要作用是将单位 bit 转换为存储基础单位字节 Byte。

例 4.1　数字激光唱盘（CD-DA）的标准采样频率为 44.1kHz，量化位数为 16 位，双声道立体声，其一秒钟音乐所需的存储量为

$$44.1×1000×16×2/8B=176.4KB$$

表 4.1 列出无压缩时不同的采样频率与容量和效果的关系。

表 4.1　　　　　　　　　　　采样频率与容量和效果对照

采样率/kHz	量化位/bit	声道数	容量/（MB/min）	等效音质
11.025	8	单	0.66	语音
22.05	16	双	5.292	FM 广播
44.1	16	双	10.584	CD 唱盘

4.2.1.4　声音的压缩编码

（1）有损压缩和无损压缩。根据采样率和采样大小可以得知，相对自然界的信号，音频编码最多只能做到无限接近，至少目前的技术只能做到如此；任何数字音频编码方案都是有损的，因为无法完全还原。在计算机应用中，能够达到最高保真水平的就是 PCM 编码，被广泛用于素材保存及音乐欣赏，CD、DVD 以及常见的 WAV 文件中均有应用。因此，PCM 约定俗成地被认为是无损编码，因为 PCM 代表了数字音频中最佳的保真水准，但并不意味着 PCM 就能够确保信号绝对保真，PCM 也只能做到最大程度的无限接近。我

们习惯性地把 MP3 列入有损音频编码范畴，是相对 PCM 编码的。强调编码的相对性的有损和无损，是为了了解做到真正的无损是困难的，就像用数字去表达圆周率，不管精度多高，也只是无限接近，而不是真正等于圆周率的值。

（2）使用音频压缩技术的原因。要算一个 PCM 音频流的码率是一件很轻松的事情，即采样频率×量化位数×声道数（bit/s）。一个采样率为 44.1kHz，量化位数为 16bit，双声道的 PCM 编码的 WAV 文件，它的数据速率为 44.1k×16×2=1411.2（kbit/s）。需要提醒的是，计算码率和计算存储空间大小的单位是有区别的，码率单位是 bit/s，存储大小一般为 MB。我们常说 128K 的 MP3，对应的 WAV 参数，就是 1411.2kbit/s，这个参数也被称为数据带宽，它和宽带网中的带宽是一个概念。如果将码率除以 8，就可以得到这个 WAV 数据的速率，即 176.4KB/s。这表示存储一秒钟采样为 44.1kHz，采样大小为 16bit，双声道的 PCM 编码的音频信号，需要 176.4KB 的空间，1 分钟则约为 10.34MB，这对大部分用户来说是不可接受的。尤其是喜欢在计算机上听音乐的用户，降低磁盘占用只有两种方法：降低采样指标或者压缩。降低指标是不可取的，因此专家们研发了各种压缩方案。由于用途和针对的目标市场不一样，各种音频压缩编码所达到的音质和压缩比都不一样。

4.2.2　图像

4.2.2.1　图像的数字化

从现实世界中获取数字图像的过程称为图像的获取（capturing），所使用的设备称为图像获取设备，如扫描仪、数码相机和数字摄像机等。图像获取的过程实质上是模拟信号的数字化过程，如图 4.4 所示，它的处理步骤大体分为三步：取样、分色和量化。

（1）取样。将画面划分为 $M×N$ 个网格，每个网格称为一个取样点。这样，一幅模拟图像就转换为一个由 $M×N$ 个取样点组成的阵列。

（2）分色。将彩色图像取样点的颜色分解成 3 个基色（如 R、G、B 三基色），即每个取样点用 3 个亮度值来表示，称为 3 个颜色分量；如果不是彩色图像（即灰度图像或黑白图像），则每一个取样点只有一个亮度值。

（3）量化。对取样点的每个分量进行 A/D 转换，把模拟量的亮度值使用数字量（一般是 8～12 位正整数）来表示。

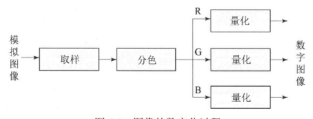

图 4.4　图像的数字化过程

4.2.2.2　图像的三个基本属性

描述一幅图像需要使用图像的属性。图像的属性包含分辨率、像素深度、真/伪彩色、图像的表示法和种类等。本节介绍前面三个特性。

（1）分辨率。经常遇到的分辨率有两种：显示分辨率和图像分辨率。

1）显示分辨率。显示分辨率是指显示屏上能够显示出的像素数目。例如，显示分辨率为 640×480，表示显示屏分成 480 行，每行显示 640 个像素，整个显示屏就含有 307200 个显像点。屏幕能够显示的像素越多，说明显示设备的分辨率越高，显示的图像质量也就越高。CRT 显示屏上的每个彩色像点由代表 R、G、B 三种模拟信号的相对强度决定，这些彩色像点就构成一幅彩色图像。

计算机用的 CRT 和家用电视机用的 CRT 之间的主要差别是显像管玻璃面上的孔眼掩模和所涂的荧光物不同。孔眼之间的距离称为点距（dot pitch）。因此常用点距来衡量一个显示屏的分辨率。电视机用的 CRT 的平均分辨率为 0.76mm，而标准 SVGA 显示器的分辨率为 0.28mm。孔眼越小，分辨率就越高，这就需要更小更精细的荧光点。这也就是同样尺寸的计算机 CRT 显示器比电视机 CRT 显示器的价格贵得多的原因。

早期用的计算机显示器的分辨率是 0.41mm，随着技术的进步，分辨率由 0.41mm→0.38mm→0.35mm→0.31mm→0.28mm，一直降到 0.26mm 以下。显示器的价格主要体现在分辨率上，因此在购买显示器时应在价格和性能上综合考虑。

2）图像分辨率。图像分辨率是指组成一幅图像的像素密度的度量方法。同样大小的一幅图，如果组成该图的图像像素数目越多，则说明图像的分辨率越高，看起来就越逼真。相反，图像显得越粗糙。

在用扫描仪扫描彩色图像时，通常要指定图像的分辨率，用每英寸多少点（dots per inch，DIP）表示。如果用 300DIP 来扫描一幅 8″×10″ 的彩色图像，就得到一幅 2400×3000 像素的图像。分辨率越高，像素就越多。

图像分辨率与显示分辨率是两个不同的概念。图像分辨率是确定组成一幅图像的像素数目，而显示分辨率是确定显示图像的区域大小。如果显示屏的分辨率为 640×480，那么一幅 320×240 的图像只占显示屏的 1/4；相反，2400×3000 像素的图像在这个显示屏上就不能显示一个完整的画面。

在显示一幅图像时，有可能会出现图像的宽高比（aspect radio）与显示屏上显示出的图像的宽高比不一致的现象，这是由显示设备中设定的宽高比与图像的宽高比不一致造成的。例如，一幅 200×200 像素的方形图，在显示设备上显示的图有可能不再是方形图，而变成了矩形图。这种现象在 20 世纪 80 年代的显示设备上会经常遇到。

（2）像素深度。像素深度是指存储每个像素所用的位数，它也是用来度量图像的分辨率的。像素深度决定彩色图像的每个像素可能有的颜色数，或者确定灰度图像的每个像素可能有的灰度级数。例如，一幅彩色图像的每个像素用 R、G、B 三个分量表示，若每个分量用 8 位，那么一个像素共用 24 位表示，就说像素的深度为 24，每个像素可以是 2^{24}=16777216 种颜色中的一种。在这个意义上，往往把像素深度说成是图像深度。表示一个像素的位数越多，它能表达的颜色数目就越多，而它的深度就越深。

虽然像素深度或图像深度可以很深，但各种 VGA 的颜色深度却受到限制。例如，标准 VGA 支持 4 位 16 种颜色的彩色图像，多媒体应用中推荐至少用 8 位 256 种颜色。由于设备的限制，加上人眼分辨率的限制，一般情况下，不一定要追求特别深的像素深度。此外，像素深度越深，所占用的存储空间越大。相反，如果像素深度太浅，也影响图像的质量，图像看起来让人觉得很粗糙和很不自然。

在用二进制数表示彩色图像的像素时，除 R、G、B 分量用固定位数表示外，往往还增加 1 位或几位作为属性（attribute）位。例如，RGB 5：5：5 表示一个像素时，用 2 个字节共 16 位表示，其中 R、G、B 各占 5 位，剩下一位作为属性位。在这种情况下，像素深度为 16 位，而图像深度为 15 位。

属性位用来指定该像素应具有的性质。例如，在 CD-I 系统中，用 RGB 5：5：5 表示的像素共 16 位，其最高位（b15）用作属性位，并把它称为透明（Transparency）位，记为 T。T 的含义可以这样来理解：假如显示屏上已经有一幅图，当这幅图或者这幅图的一部分要重叠在上面时，T 位就用来控制原图是否能看得见。例如，定义 $T=1$，原图完全看不见；$T=0$，原图能完全看见。

在用 32 位表示一个像素时，若 R、G、B 分别用 8 位表示，剩下的 8 位常称为 α 通道（alpha channel）位，或称为覆盖（overlay）位、中断位、属性位。它的用法可用一个预乘 α 通道的例子说明。假如一个像素（A，R，G，B）的 4 个分量都用规一化的数值表示，（A，R，G，B）为（1，1，0，0）时显示红色。当像素为（0.5，1，0，0）时，预乘的结果就变成（0.5，0.5，0，0），这表示原来该像素显示的红色的强度为 1，而现在显示的红色的强度降了一半。

用这种办法定义一个像素的属性在实际中很有用。例如，在一幅彩色图像上叠加文字说明，而又不想让文字把图覆盖掉，就可以用这种办法来定义像素，而该像素显示的颜色又有人把它称为混合色。在图像产品生产中，也往往把数字电视图像和计算机生产的图像混合在一起，这种技术称为视图混合技术，也采用 α 通道。

（3）真彩色、伪彩色与直接色。清楚了解真彩色、伪彩色与直接色的含义，对于编写图像显示程序、理解图像文件的存储格式有直接的指导意义，也不会对如下现象感到困惑：例如，本来是用真彩色表示的图像，但在 VGA 显示器上显示的图像颜色却不是原来图像的颜色。

1）真彩色。真彩色是指在组成一幅彩色图像的每个像素值中，有 R、G、B 三个基色分量，每个基色分量直接决定显示设备的基色强度，这样产生的彩色称为真彩色。例如，用 RGB 5：5：5 表示的彩色图像，R、G、B 各用 5 位，用 R、G、B 分量大小的值直接确定三个基色的强度，这样得到的彩色是真实的原图彩色。

如果用 RGB 8：8：8 方式表示一幅彩色图像，就是 R、G、B 都用 8 位来表示，每个基色分量占一个字节，共 3 个字节，每个像素的颜色就是由这 3 个字节中的数值直接决定的，可生成的颜色数就有 $2^{24}=16777216$ 种。用 3 个字节表示的真彩色图像所需要的存储空间很大，而人的眼睛是很难分辨出这么多种颜色的，因此在许多场合往往用 RGB 5：5：5 来表示，每个彩色分量占 5 个位，再加 1 位显示属性控制位共 2 个字节，生成的真颜色数目为 $2^{15}=32K$。

在许多场合，真彩色图通常是指 RGB 8：8：8，即图像的颜色数等于 2^{24}，也常称为全彩色图像。目前，所有的独立显卡或集成显卡均支持 32 位真彩色。

2）伪彩色。伪彩色图像的含义是每个像素的颜色不是由每个基色分量的数值直接决定的，而是把像素值当作彩色查找表（color look-up table，CLUT）的表项入口地址，去查找一个显示图像时使用的 R、G、B 强度值，用查找出的 R、G、B 强度值产生的彩色称为伪彩色。

彩色查找表是一个事先做好的表，表项入口地址也称为索引号。例如，16 种颜色的彩色查找表，0 号索引对应黑色，……，15 号索引对应白色。彩色图像本身的像素数值和彩色查找表的索引号有一个变换关系，这个关系可以使用 Windows 定义的变换关系，也可以使用用户自己定义的变换关系。使用查找得到的数值显示的彩色是真的，但不是图像本身真正的颜色，它没有完全反映原图的彩色。

3）直接色（direct color）。每个像素值分成 R、G、B 分量，每个分量作为单独的索引值对它做变换。也就是通过相应的彩色变换表找出基色强度，用变换后得到的 R、G、B 强度值产生的彩色称为直接色。它的特点是对每个基色进行变换。

用这种系统产生颜色与真彩色系统相比，相同之处是都采用 R、G、B 分量决定基色强度，不同之处是前者的基色强度直接用 R、G、B 决定，而后者的基色强度由 R、G、B 经变换后决定。因而这两种系统产生的颜色就有差别。实验结果表明，使用直接色在显示器上显示的彩色图像看起来更真实、自然。

这种系统与伪彩色系统相比，相同之处是都采用彩色查找表，不同之处是前者对 R、G、B 分量分别进行变换，后者是把整个像素当作彩色查找表的索引值进行彩色变换。

位图的大小由颜色深度和分辨率决定。颜色深度指的是图像中描述每个像素所需要的二进制位数，以 bit 作为单位，见表 4.2。

表 4.2　　位图中的颜色深度

颜色深度	数值	颜色数量	颜色评价
1bit	2^1	2	单色图像
4bits	2^4	16	简单色图像
8bits	2^8	256	256 彩色图像
16bits	2^{16}	65536	16 位增强色图像
24bits	2^{24}	16777216	24 位真彩色图像
32bits	2^{32}	4294967296	32 位真彩色图像

4.2.2.3　图像的种类

（1）矢量图与位图。在计算机中，表达图像和计算机生成的图形图像有两种常用的方法：一种称为矢量图（vector based image）法，另一种称为点位图（bit mapped image）法。虽然这两种生成图的方法不同，但在显示器上显示的结果几乎没有什么差别。

矢量图是用一系列计算机指令来表示一幅图，如画点、画线、画曲线、画圆、画矩形等。这种方法实际上是用数学方法来描述一幅图的，然后变成许多数学表达式，再编程用语言来表达。在计算显示图时，也往往能看到画图的过程。绘制和显示这种图的软件通常称为绘图程序（draw programs）。

矢量图有许多优点。例如，当需要管理每一小块图像时，矢量图非常有效；目标图像的移动、缩小、放大、旋转、复制、属性的改变（如线条变宽变细、颜色的改变）也很容易做到；相同的或类似的图可以把它们当作图的构造块，并把它们存到图库中，这样不仅可以加速画的生成，而且可以减小矢量图文件的大小。

然而，当图变得很复杂时，计算机就要花费很长的时间去执行绘图指令。此外，对于一幅复杂的彩色照片（例如一幅真实世界的彩照），恐怕就很难用数学来描述，因而就不用矢量图表示，而是采用位图表示。

位图与矢量图很不相同。位图是把一幅彩色图分成许多的像素，每个像素用若干个二进制位来指定该像素的颜色、亮度和属性。因此一幅图由许多描述每个像素的数据组成，这些数据通常称为图像数据，而这些数据作为一个文件来存储，这种文件又称为图像文件。如要画点位图，或者编辑点位图，则用类似于绘制矢量图的软件工具，这种软件称为画图程序（paint programs）。

位图的获取通常用扫描仪，以及摄像机、录像机、激光视盘与视频信号数字化卡等设备，通过这些设备把模拟的图像信号变成数字图像数据。

位图文件占据的存储器空间比较大。影响位图文件大小的因素主要有两个，即前面介绍的图像分辨率和像素深度。图像分辨率越高，组成一幅图的像素越多，则图像文件越大；像素深度越深，表达单个像素的颜色和亮度的位数越多，图像文件就越大。而矢量图文件的大小则主要取决于图的复杂程度。

矢量图与位图相比，显示位图文件比显示矢量图文件要快；矢量图侧重于"绘制"、去"创造"，而位图偏重于"获取"、去"复制"。矢量图和位图之间可以用软件进行转换，由矢量图转换成位图采用光栅化（rasterizing）技术，这种转换也相对容易；由位图转换成矢量图用跟踪（tracing）技术，这种技术在理论上说是容易的，但在实际操作中很难实现，对复杂的彩色图像尤其如此。

（2）灰度图与彩色图。灰度图（gray-scale image）按照灰度等级的数目来划分。只有黑白两种颜色的图像称为单色图像（monochrome image）。图中的每个像素的像素值用1位存储，它的值只有"0"或者"1"，一幅640×480分辨率的单色图像需要占据37.5KB的存储空间。

如果每个像素的像素值用一个字节表示，灰度值级数就等于256级，每个像素可以是0～255之间的任何一个值，一幅640×480分辨率的灰度图像就需要占据300KB的存储空间。

彩色图像可按照颜色的数目来划分，例如，256色图像和24位真彩色（2^{24}种颜色）等。图4.5是一幅真彩色图像转换成的256级灰度图像，每个像素的R、G、B分量分别用一个字节表示，一幅640×480分辨率的真彩色图像需要921.6KB的存储空间。图4.6是一幅用256色标准图像转换成的256级灰度图像，彩色图像的每个像素的R、G和B值用一个字节来表示，一幅640×480分辨率的8位彩色图像需要307.2 KB的存储空间。

许多24位彩色图像是用32位存储的，这个附加的8位称为α通道，它的值称为α值，它用来表示该像素如何产生特技效果，例如，利用α通道进行抠像。

一幅不经压缩的图像数据量可按下面的公式计算（以字节为单位）：

图像数据量=图像水平分辨率×图像垂直分辨率×像素深度/8

图 4.5　24 位真彩色标准图像转换成的灰度图　　　图 4.6　256 色标准图像转换成的灰度图

　　所谓像素深度是指表示每个取样点的颜色值所采用的数据位数。一幅 640×480 分辨率（即 640×480 采样点）的图像若分成红、绿、蓝三种颜色，并且每一颜色分量的亮度用 8 位二进制数来表示，则可以计算出图像的数据量。由于每一个采样点有 3 个颜色分量，而且每个颜色分量用 8 位来量化，所以每一个采样点的数据位数为 8+8+8=24（bits），这就是像素深度。再根据以上公式，此图像数据量为 640×480×24/8=900（KB）。有时候，为了方便说明情况，像素深度会直接使用 24bits 或者 32bits 真彩色来表述。几种常见图像的数据量见表 4.3。

表 4.3　　　　　　　　　　　　　　几种常见图像的数据量

像素深度图像分辨率	8 位（256 色）	16 位（65535 色）	24 位（真彩色）
640×480	300KB	600KB	900KB
1024×768	768KB	1.5MB	2.25MB
1280×1024	1.25MB	2.5MB	3.75MB

4.2.2.4　图像的压缩编码

　　图像数字化之后的数据量非常大，在互联网上传输时很费时间，在盘上存储时很占空间，因此就必须要对图像数据进行压缩。压缩的目的就是要满足存储容量和传输带宽的要求，而付出的代价是大量的计算。几十年来，许多科技工作者一直在孜孜不倦地寻找更有效的方法，用比较少的数据量表达原始的图像。

　　图像数据压缩主要是根据下面两个基本事实来实现的。一是图像数据中有许多重复的数据，使用数学方法来表示这些重复数据就可以减少数据量；二是人的眼睛对图像细节和颜色的辨认有一个极限，把超过极限的部分去掉，也就达到了压缩数据的目的。利用前一个事实的压缩技术就是无损压缩技术，利用后一个事实的压缩技术就是有损压缩技术。实际的图像压缩是综合使用各种有损和无损压缩技术来实现的。

　　无损压缩是指把压缩以后的数据进行图像还原（即解压缩）时，重建的图像与原始图像完全相同，例如行程长度编码（RLC）、哈夫曼编码等。有损压缩是指对压缩后的数据进行图像重建时，重建的图像与原始图像有一定的误差，但这种误差应不影响人们对图像含义的正确理解。常见的有损压缩编码有变换编码和矢量编码等。

　　为了便于在不同的系统中交换图像数据，人们为计算机中使用的图像压缩编码方法制定了一些国际标准和工业标准。其中最著名的是 JPEG，它是一个静止图像数据压缩编码国际标准。JPEG 的适用范围比较广，能处理各种连续色调的彩色或灰度图像，算法复杂度适中，既可用硬件实现，也可用软件实现。另外，JPEG 图像的压缩比是用户可以控制的。压缩比越低，图像质量越好，反之，质量越差。JPEG 属于有损压缩，当设置好压缩比，所生成的图像将会直接删除所定义压缩比阈值内的数据，且无法还原。

4.2.2.5　计算机图形

　　与从实际景物获取其数字图像（位图）的方法不同，人们也可以对景物（无论是真实的还是假想的）的结构、形状与外貌使用计算机进行描述，需要显示它们的图像时，计算机可根据其描述和用户的观察位置及光线的设定，生成该景物的图像。景物在计算机内的描述即为该景物的模型，人们进行景物描述的过程称为景物建模。根据景物的模型生成图像的过程称为"绘制"，也称为图像的合成，所产生的数字图像称为计算机合成图像。研究如何使用计算机描述景物并生成其图像的原理、方法和技术称为"计算机图形学"。图 4.7 给出了制作计算机合成图像的全过程。

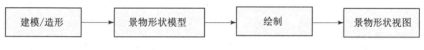

图 4.7　景物的建模与图像合成过程

　　在计算机中为景物建模的方法有多种，它与景物的类型有密切关系。以普通工业产品（如电视机、电话机、汽车和飞机等）为例，它们可以使用基本几何元素（如点、线、面和体等）及表面材料的性质等进行描述，所建立的模型称为"几何模型"。按照所使用的几何元素类型，几何模型主要可分为线框模型、曲面模型和实体模型三种，它们在工业产品的计算机辅助设计和制造中有着重要的应用。

　　在现实世界中，还有许多景物是很难使用几何模型来描述的，如树木、花草等。对于这些景物，需要找出它们的生成规律，并使用相应的算法来描述其规律，这种模型称为过程模型或算法模型。分形模型就是过程模型的一种特例。

4.2.3　计算机动画与视频

　　计算机动画是采用连续播放静止图像的方法产生景物运动的效果，即使用计算机产生图形、图像运动的技术，其实质是一种合成的视（音）频信息。计算机动画的基础是计算机图形学，它的制作过程是先在计算机中生成场景和形体模型，然后设置它们的运动，最后再生成图像并转换成视频信号输出。动画的制作要借助于动画创作软件，如 Animator Pro、3D Studio MAX 和 Flash 等。

　　动画技术的广泛应用，使人类世界发生了翻天覆地的变化。在电影屏幕上，当恐龙以不可思议的姿势朝人类走来时，人们已经习以为常。这充分说明，计算机动画已经渗透进人们的生活。

　　在过去几十年里，计算机动画一直是人们研究的热点。在全球的图形学盛会上，几乎每年都有计算机动画的论文和专题。随着计算机图形学和硬件技术的高速发展，人们已经可以用计算机生成高质量的图像，促使计算机动画技术飞速地发展起来。计算机动画的应用领域十分广泛，包括影视作品制作、科学研究、视觉模拟、电子游戏、工业设计、教学训练、军事仿真、过程控制、平面绘画、建筑设计等各个方面中的应用，让人们充分地体验到计算机动画高超技术的魅力。

4.2.3.1 *动画的视觉原理*

动画与运动是分不开的，可以说运动是动画的本质，动画是运动的艺术。以传统的电影胶片为例，动画是一门通过在连续多格的胶片上拍摄一系列单个画面，从而产生动态视觉的技术和艺术。这种视觉效果是通过将胶片以一定的速率放映的形式体现出来的。一般说来，动画是一种动态生成一系列相关画面的处理方法，其中的每一幅与前一幅都略有不同。

当人们观看电影、电视或动画片时，画面中的人物和场景是连续、流畅和自然的。但仔细观看一段电影或动画胶片时，看到的画面却一点也不连续。只有以一定的速率把胶片投影到银幕上才能有运动的视觉效果，这种现象是由视觉残留造成的。动画和电影利用的正是人眼这一视觉残留特性。实验证明，如果动画或电影的画面刷新频率为 24 频帧/s 左右，则人眼看到的是连续的画面效果。但是，24 帧/s 的刷新频率仍会使人眼感到画面的闪烁，要消除闪烁感，画面刷新频率还要提高一倍。因此，24 帧/s 的速率是电影放映的标准，它能最有效地使运动的画面连续、流畅。但是，在电影的放映过程中有一个不透明的遮挡板，每秒遮挡 24 次。24 帧/s 加上 24 次/s 遮挡，电影画面的刷新率实际上是 48 次/s。这样就能有效地消除闪烁，同时又节省一半的胶片。

视频与动画的区别如下：动画（animation）和视频（video）都是由一系列的静止画面按照一定的顺序排列而成的，这些静止画面称为帧（frame）。每一帧与相邻帧略有不同，当帧以一定的速度连续播放时，视觉暂留特性造成了连续的动态效果。

计算机动画和视频的主要差别类似图形与图像的区别，即帧图像画面的产生方式有所不同。计算机动画是用计算机表现真实对象和模拟对象随时间变化的行为和动作，是利用计算机图形技术绘制出的连续画面，是计算机图形学的一个重要分支。而数字视频主要指模拟信号源（如电视、电影等）经过数字化后的图像和同步声音的混合体。目前，在多媒体应用中有将计算机动画和数字视频混同的趋势。

视觉是人类感知外部世界的一个最重要的途径，而计算机视频技术是把人们带到近乎真实世界的最强大的工具。在多媒体技术中，视频信息的获取和处理无疑占有举足轻重的地位，视频处理技术在目前以至将来都是多媒体应用的一个核心技术。

4.2.3.2 *视频的分类*

按照处理方式的不同，视频分为模拟视频和数字视频。

（1）模拟视频（analog video）。模拟视频是一种用于传输图像和声音，并且随时间连续变化的电信号。早期视频的记录、存储和传输采用的都是模拟方式。例如，人们在电视上所见到的视频图像是以一种模拟电信号的形式来记录的，它依靠模拟调幅的手段在空间传播，再用盒式磁带录像机将其作为模拟信号存放在磁带上。

模拟视频具有以下特点：

1）以模拟电信号的形式来记录。

2）依靠模拟调幅的手段在空间中进行传播。

3）使用盒式磁带录像机将视频作为模拟信号存放在磁带上。

传统的视频信号是以模拟方式进行存储和传送，然而模拟视频并不适合网络传输，在传输效率方面先天不足，而且图像随时间和频道的衰减较大，不便于分类、检索和编辑。

（2）数字视频（digital video，DV）。要使计算机能够对视频进行处理，必须把视频源，即来自电视机、模拟摄像机、录像机、影碟机等设备的模拟视频信号，转换成计算机要求的数字视频形式，并存放在磁盘上，这个过程称为视频的数字化过程（包括采样、量化和编码）。

数字视频能够克服模拟视频的局限性，这是因为数字视频可以大大降低视频的传输和存储费用，增加交互性（数字视频可通过光纤等介质高速随机读取），带来精确、再现真实情景的稳定图像。

目前，数字视频的应用已经非常广泛，包括直播卫星（DBS）、有线电视、数字电视在内的各种通信应用均采用数字视频。

4.2.3.3 彩色电视制式

目前世界上现行的彩色电视制式有三种：NTSC 制、PAL 制和 SECAM 制，这里不包括高清晰度彩色电视 HDTV（high-definition television）。数字彩色电视是在模拟彩色电视的基础上发展而来的，因此在多媒体技术中经常会用到这些术语。

NTSC 制是 1952 年美国国家电视标准委员会 NTSC（National Television Systems Committee）定义的彩色电视广播标准，称为正交平衡调幅制。美国、加拿大等大部分西半球国家，以及日本、韩国、菲律宾等国和中国台湾采用这种制式。

由于 NTSC 制存在相位敏感造成彩色失真的缺点，因此德国（当时的西德）于 1962 年制定了 PAL（phase-alternative line）制彩色电视广播标准，称为逐行倒相正交平衡调幅制。德国、英国等一些西欧国家，以及中国、朝鲜等国采用这种制式。

法国制定了 SECAM 彩色电视广播标准，称为顺序传送彩色与存储制。法国、苏联及东欧国家采用这种制式。目前，世界上约有 65 个地区和国家采用这种制式。

NTSC 制、PAL 制和 SECAM 制都是兼容制制式。"兼容"有两层意思：一是指黑白电视机能接收彩色电视广播，显示的是黑白图像，二是彩色电视机能接收黑白电视广播，显示的也是黑白图像，这称为逆兼容性。为了既能实现兼容性又有彩色特性，彩色电视系统应满足下列几方面的要求。

（1）必须采用与黑白电视相同的一些基本参数，如扫描方式、扫描行频、场频、帧频、同步信号、图像载频、伴音载频等。

（2）需要将摄像机输出的三基色信号转换成一个亮度信号，以及代表色度的两个色差信号，并将它们组合成一个彩色全电视信号进行传送。在接收端，彩色电视机将彩色全电视信号重新转换成三个基色信号，在显像管上重现发送端的彩色图像。

4.2.3.4 电视扫描和同步

扫描有隔行扫描（interlaced scanning）和逐行扫描，图 4.8 中显示了这两种扫描方式的差别。黑白电视和彩色电视都用隔行扫描，而计算机显示图像时一般都采用逐行扫描。

在逐行扫描中，电子束从显示屏的左上角一行接一行地扫到右下角，在显示屏上扫一遍就显示一幅完整的图像，其中带箭头实线为电子束扫描输出过程，水平虚线为电子束回撤过程不输出图像内容，如图 4.8（a）所示。

在隔行扫描中，电子束扫完第 1 行后回到第 3 行开始的位置接着扫，如图 4.8（b）所示，然后在第 5、7、…行上扫，直到最后一行。奇数行扫完后接着扫偶数行，这样就完成了一帧的扫描。由此可以看到，隔行扫描的一帧图像由两部分组成：一部分是由奇数行组成的，称奇数场，另一部分是由偶数行组成的，称为偶数场，两场合起来组成一帧（一张完整图像）。因此在隔行扫描中，无论是摄像机还是显示器，获取或显示一幅图像都要扫描两遍才能得到一幅完整的图像。

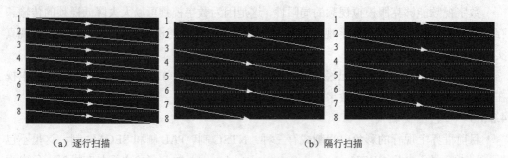

（a）逐行扫描　　　　　　　　　　　　　　　（b）隔行扫描

图 4.8　图像的光栅扫描

在隔行扫描中，扫描的行数必须是奇数。如前所述，一帧画面分两场，第一场扫描总行数的一半，第二场扫描总行数的另一半。隔行扫描要求第一场结束于最后一行的一半，不管电子束如何折回，它必须回到显示屏顶部的中央，这样就可以保证相邻的第二场扫描恰好嵌在第一场各扫描线的中间。正是这个原因，才要求总的行数必须是奇数。

每秒扫描多少行称为行频，每秒扫描多少场称为场频，每秒扫描多少帧称帧频。场频和帧频是两个不同的概念。

4.2.3.5　PAL 制式的扫描特性

PAL 电视制式的主要扫描特性如下。

（1）625 行（扫描线）/帧，25 帧/s。

（2）高宽比为 4∶3。

（3）隔行扫描，2 场/帧，312.5 行/场。

（4）颜色模型：YUV。

一帧图像的总行数为 625，分两场扫描。行扫描频率是 15625Hz，周期为 64μs；场扫描频率是 50Hz，周期为 20ms；帧频是 25Hz，是场频的一半，周期为 40ms。在发送电视信号时，每一行中传送图像的时间是 52.2μs，其余的 11.8μs 不传送图像，是行扫描的逆程时间，同时用作行同步及消隐用。每一场的扫描行数为 625/2=312.5（行），其中 25 行作场回扫，不传送图像，传送图像的行数每场只有 287.5 行，因此每帧只有 575 行有图像显示。

4.2.3.6　NTSC 制式的扫描特性

NTSC 彩色电视制的主要特性如下。

（1）525 行/帧，30 帧/s（29.97fps，约 33.37ms/帧）。

（2）高宽比：电视画面的长宽比（电视为 4∶3；电影为 3∶2；高清晰度电视为 16∶9）。

（3）隔行扫描，一帧分成 2 场，262.5 线/场。

（4）在每场的开始部分保留 20 条线作为控制信息，因此只有 485 条线的可视数据。Laser disc 约 420 条线，S-VHS 约 320 条线。

（5）每行 63.5ms，水平回扫时间 10ms（包含 5ms 的水平同步脉冲），所以显示时间是

53.5 ms。

（6）颜色模型：YIQ。

一帧图像的总行数为 525 行，分两场扫描。行扫描频率为 15750Hz，周期为 63.5μs；场扫描频率是 60Hz，周期为 16.67ms；帧频是 30Hz，周期 33.33ms。每一场的扫描行数为 525/2=262.5（行）。除了两场的场回扫外，实际传送图像的行数为 480 行。

4.2.3.7　SECAM 制式的扫描特性

SECAM 制式是法国开发的一种彩色电视广播标准，称为顺序传送彩色与存储制。这种制式与 PAL 制类似，其差别是 SECAM 中的色度信号是频率调制（FM），而且它的两个色差信号，即红色差（R′-Y′）和蓝色差（B′-Y′）信号，是按行的顺序传输的。法国、俄罗斯、东欧和中东等约有 65 个国家和地区使用这种制式。

4.2.3.8　电视图像数字化

（1）数字化的方法。数字电视图像有很多优点。例如，可直接进行随机存储使电视图像的检索变得很方便，复制数字电视图像和在网络上传输数字电视图像都不会造成质量下降，很容易进行非线性电视编辑。

在大多数情况下，数字电视系统都希望用彩色分量来表示图像数据，如用 YCbCr、YUV、YIQ 或 RGB 彩色分量。因此，电视图像数字化常用"分量初始化"（component digitization）这个术语，它表示对彩色空间的每一个分量进行初始化。电视图像数字化常用的方法有两种。

1）先从复合彩色电视图像中分离出彩色分量，然后数字化。我们现在接触到的大多数电视信号源都是彩色全电视信号，如来自录像带、激光视盘、摄像机等的电视信号。对这类信号的数字化，通常的做法是首先把模拟的全彩色电视信号分离成 YCbCr、YUV、YIQ 或 RGB 彩色空间中的分量信号，然后用三个 A/D 转换器分别对它们数字化。

2）首先用一个高速 A/D 转换器对彩色全电视信号进行数字化，然后在数字域中进行分离，以获得所希望的 YCbCr、YUV、YIQ 或 RGB 分量数据。

（2）数字化标准。早在 20 世纪 80 年代初，国际无线电咨询委员会（international radio consultative committee，CCIR）就制定了彩色电视图像数字化标准，称为 CCIR 601 标准，现改为 ITU-R BT.601 标准。该标准规定了彩色电视图像转换成数字图像时使用的采样频率，RGB 和 YCbCr（或者写成 YCBCR）两个彩色空间之间的转换关系等。

1）彩色空间之间的转换。在数字域而不是模拟域中，RGB 和 YCbCr 两个彩色空间之间的转换关系用下式表示：

$Y = 0.299R+0.587G+0.114B$

$Cr =（0.500R-0.4187G-0.0813B）+128$

$Cb =（-0.1687R-0.3313G+0.500B）+128$

YUV 彩色空间[即一个亮度信号（Y）和两个色度信号（U，V）]彩色信号的 YUV 表示与 RGB 相互转换公式如下：

$$\begin{cases} Y = 0.3R + 0.59G + 0.11B \\ U = 0.493(R - Y) \\ V = 0.877(R - Y) \end{cases}$$

2）采样频率。CCIR 为 NTSC 制、PAL 制和 SECAM 制规定了共同的电视图像采样频率。这个采样频率也用于远程图像通信网络中的电视图像信号采样。

对 PAL 制、SECAM 制，采样频率为 f_s=625×25×N=15625×N=13.5（MHz），N=864。其中，N 为每一扫描行上的采样数目。

对 NTSC 制，采样频率为 f_s=525×29.97×N=15734×N=13.5（MHz），N≈858。其中，N 为每一扫描行上的采样数目。

3）有效显示分辨率。对 PAL 制和 SECAM 制的亮度信号，每一条扫描行采样 864 个样本；对 NTSC 制的亮度信号，每一条扫描行采样 858 个样本。对所有的制式，每一扫描行的有效样本数均为 720 个。

4）CIF、QCIF 和 SQCIF。为了既可用 625 行的电视图像又可用 525 行的电视图像，CCITT 规定了称为公用中分辨率格式 CIF（common intermediate format）、1/4 公用中分辨率格式 QCIF（quarter-CIF）和 SQCIF（sub-quarter common intermediate format）格式。

CIF 格式具有如下特性：

• 电视图像的空间分辨率为家用录像系统（video home system，VHS）的分辨率，即 352×288。

• 使用非隔行扫描（non-interlaced scan）。

• 使用 NTSC 帧速率，电视图像的最大帧速率为 30 000/1001≈29.97（幅/s）。

• 使用 1/2 的 PAL 水平分辨率，即 288 线。

• 对亮度和两个色差信号（Y、Cb 和 Cr）分量分别进行编码，它们的取值范围同 ITU-R BT.601，即黑色=16，白色=235，色差的最大值等于 240，最小值等于 16。

（3）电视图像子采样。对彩色电视图像进行采样时，可以采用两种采样方法。一种是使用相同的采样频率对图像的亮度信号和色差信号进行采样，另一种是对亮度信号和色差信号分别采用不同的采样频率进行采样。如果对色差信号使用的采样频率比对亮度信号使用的采样频率低，这种采样就称为图像子采样。

图像子采样在数字图像压缩技术中得到了广泛的应用。可以说，在彩色图像压缩技术中，最简便的图像压缩技术是图像子采样。这种压缩方法的基本依据是人的视觉系统所具有的两个特性：一是人眼对色度信号的敏感程度比对亮度信号的敏感程度低，利用这个特性可以把图像中表达颜色的信号去掉一些而使人不察觉；二是人眼对图像细节的分辨能力有一定的限度，利用这个特性可以把图像中的高频信号去掉而使人不易察觉。图像子采样也就是利用人的视觉系统这两个特性来达到压缩彩色电视信号的目的。

实验表明，使用下面介绍的图像子采样格式，人的视觉系统对采样前后显示的图像质量没有感到明显差别。目前使用的图像子采样格式有如下几种。

1）4:4:4。这种图像采样格式不是图像子采样格式，它是指在每条扫描线上每 4 个连续的采样点取 4 个亮度 Y 样本、4 个红色差 Cr 样本和 4 个蓝色差 Cb 样本，这就相当于每个像素用 3 个样本表示。

2）4:2:2。这种图像子采样格式是指在每条扫描线上，每 4 个连续的采样点取 4 个亮度 Y 样本、2 个红色差 Cr 样本和 2 个蓝色差 Cb 样本，平均每个像素用 2 个样本表示。

3）4：1：1。这种图像子采样格式是指在每条扫描线上，每 4 个连续的采样点取 4 个亮度 Y 样本、1 个红色差 Cr 样本和 1 个蓝色差 Cb 样本，平均每个像素用 1.5 个样本表示。

4）4：2：0。这种图像子采样格式是指在水平和垂直方向上，每 2 个连续的采样点上取 2 个亮度 Y 样本、1 个红色差 Cr 样本和 1 个蓝色差 Cb 样本，平均每个像素用 1.5 个样本表示。

如图 4.9 所示，用图解的方法对以上 4 种子采样格式做了说明。

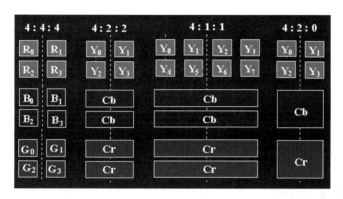

图 4.9　彩色图像 YCbCr 样本空间位置

4.2.3.9　数字视频的压缩编码

未经压缩的数字视频的数据量十分巨大，可以计算 1 分钟的 CCIR601 格式数字视频的数据量约为 1GB。这么大的数据量无论是存储还是处理，都是极不方便和浪费资源的。数字视频的压缩编码技术就是为解决这一问题而产生的。

由于视频信息中画面内部有很强的信息相关性，相邻画面的内容又有高度的连贯性，再加上人眼的视觉特性，数字视频的数据量可压缩几十倍甚至几百倍。视频信息压缩编码的方法有很多，一个好的方案往往是多种算法的综合运用。目前，国际标准化组织制定的有关数字视频（伴音）压缩编码的标准主要有 MPEG-1、MPEG-2 和 MPEG-4。

MPEG-1 标准（ISO/IEC11172）制定于 1992 年，是针对 1.5Mbit/s 以下数据位率的数字存储媒体运动图像及其伴音编码设计的国际标准，主要用于在 CD-ROM（包括 Video-CD、CD-I 等）中存储彩色的同步运动视频图像，它针对 SIF（标准交换格式）标准分辨率的图像进行压缩，每秒可播放 30 帧画面，具备 CD（指激光唱盘）音质。同时，它还被用于数字电话网络上的视频传输，如非对称数字用户线路（ADSL）、视频点播（VOD）、教育网络等。它的目的是把 221Mbit/s 的 NTSC 图像压缩到 1.2Mbit/s，压缩比约为 200：1。

MPEG-2 主要针对数字电视（DTV）的应用要求，数据位率为 1.5～60Mbit/s 甚至更高。MPEG-2 最显著的特点是通用性，它保持了与 MPEG-1 兼容。以 MPEG-2 作为压缩标准的数字卫星电视已得到广泛应用，它还将应用于高清晰度电视（HDTV）广播中。新一代的 DVD 也采用 MPEG-2 作为其视频压缩标准。

MPEG-4 的目标是支持在各种网络条件下（包括移动通信）各种交互式的多媒体应用，主要侧重于对多媒体信息内容的访问。它不仅支持自然的（取样）音频和视频，同时也支持计算机合成的视频和音频信息，具有很强的功能，有着广阔的应用前景。

4.3　多媒体的关键技术

多媒体信息的处理和应用需要一系列相关技术的支持，以下几个方面的关键技术是多媒体研究的热点，也是未来多媒体技术发展的趋势。

4.3.1　数据存储技术

早期的计算机处理的信息主要是文本文件和数据文件，数据的类型比较单一，数据量也比较有限。随着多媒体技术应用的普及，各种信息在介质中占用的空间越来越大，在存储和传输这些信息时需要很大的空间和很长的时间，解决这一问题的关键是数据存储技术。

图 4.10　磁盘阵列

硬盘是计算机重要的存储设备。目前，单个硬盘的容量已达到上百个吉字节。磁盘阵列 RAID 是由许多台磁盘机或光盘机组成的快速、超大容量外存储器系统（图 4.10），最大集成容量可达上千个吉字节或更多，在一些大型服务器和视频点播系统中被广泛采用，是实现高可靠、快响应、大容量存储的必备设备。

光盘的发展速度也很快，如 VCD 采用 MPEG-1 图像压缩技术，已广泛应用于电影、卡拉 OK、广告、电子出版物和教育培训等领域，成为市场上最热门的光盘产品之一。DVD 采用 MPEG-2 图像压缩技术，现已推出单面单密、单面双密、双面单密、双面双密四种记录密度，其单面单密容量为 4.7GB，而双面双密可达 17GB。

基于互联网的云存储诞生以后，配合高速网络似乎又增加了一种新型的存储技术。其实，实际存储过程依然是相同的，不过基于商业考虑，存储服务器的备份、容灾等交由专业的服务商来操作。

4.3.2　多媒体数据压缩编码与解码技术

信息时代的重要特征是信息的数字化，而数字化的数据量相当庞大，给存储器的存储容量、通信主干信道的传输率（带宽）以及计算机的处理速度带来极大的压力。考虑到技术与成本等诸多因素，解决这个问题单纯用增加存储器容量和通信信道的带宽以及提高计算机的运算速度等办法会带来成本的提高。多媒体数据压缩编码技术是解决大数据量存储与传输问题行之有效的方法。采用先进的压缩编码算法对数字化的视频和音频信息进行压缩，既节省了存储空间，又提高了通信介质的传输效率，同时也使计算机实时处理和播放视频、音频信息成为可能。

数据压缩可分成两种类型：一种称为无损压缩，另一种称为有损压缩。

无损压缩是指使用压缩后的数据进行重构（或者称为还原，解压缩），重构后的数据与原来的数据完全相同；无损压缩用于要求重构的信号与原始信号完全一致的场合。一个很常见的例子是磁盘文件的压缩。根据目前的技术水平，无损压缩算法一般可以把普通文件的数据压缩到原来的 1/4～1/2。

有损压缩是指使用压缩后的数据进行重构，重构后的数据与原来的数据有所不同，但不影响人对原始资料表达的信息造成误解。有损压缩适用于重构信号不一定非要和原始信号完全相同的场合。例如，图像和声音的压缩就可以采用有损压缩，因为其中包含的数据往往多于人们的视觉系统和听觉系统所能接收的信息，丢掉一些数据而不至于对声音或者图像所表达的意思产生误解，但可大大提高压缩比。

计算机技术的发展离不开标准。数据压缩技术目前已有以下一些国际标准。

（1）JPEG（joint photographic experts group）标准，适用于连续色调、多级灰度、彩色/单色静止图像压缩。

（2）MPEG-1（moving picture experts group）标准，用于传输 1.5Mbit/s 数据传输率的数字存储媒体运动图像及其伴音的编码。

（3）MPEG-2 标准，主要针对高清晰度电视（HDTV）所需要的视频及伴音信号，传输速率为 10Mbit/s，与 MPEG-1 兼容，适用于 1.5～60Mbit/s 甚至更高的编码速率。

（4）MPEG-4 标准，是基于对象（内容）的、可交互、可伸缩的编码标准，适合各种应用（会话、交互和广播），支持新的交互性。

（5）H.261 标准，主要用于视频电话和视频电视会议。

（6）H.263 264 标准，进一步提升了视频画面的质量。

4.3.3　虚拟现实技术

虚拟现实（virtual reality，VR）是计算机软硬件技术、传感技术、人工智能及心理学等技术的综合。它通过计算机生成一个虚拟的现实世界，人可与该虚拟现实环境进行交互，在各方面都显示出广阔的前景。

虚拟现实之所以能让用户从主观上有一种进入虚拟世界的感觉，而不是从外部去观察它，主要是采用了一些特殊的输入/输出设备。

4.3.3.1　头戴式显示器（HMD）

最重要的输入/输出设备是头戴式显示器（head mount display，HMD）（图 4.11）。HMD 取代了计算机屏幕，能使用户陷入虚拟世界的主要原因是采用了两种技术：①它使微型显示器上的每只眼睛产生不同的成像，因而这种双焦距的视差现象产生了三维立体的效果；②它还配有立体声耳机，以产生三维声音，这些都是输出信息。但 HMD 同时也是一种输入设备，它可以对 HMD 的移动进行监视，以获取用户头部的空间位置及方向并传送给计算机，使计算机反过来又调节虚拟世界中图像的显示。处理三维声音的复杂系统也随之调节声音，并反映与虚拟世界中虚拟声源有关的人头的位置及方向。

图 4.11　头戴式显示器

4.3.3.2　手套式输入设备

手套式输入设备一般又称为数据手套（data glove）（见图 4.12），是一种能感知手的位置及方向的设备。通过它可以指向某一物体，在某一场景内探索和查询，或者在一定的距

图 4.12　数据手套

离之外对现实世界产生作用。虚拟物体是可以操纵的，如让其旋转，以便更仔细地查看；或通过虚拟现实移动远处的真实物体，用户只需监视其对应的虚拟成像。

触觉式手套可以反馈手的触觉信息，所谓"触觉"是指加到手指尖的压力，通过它可以模拟出物体的形状。

虚拟现实技术的实现需要相应的硬件和软件的支持。虽然现在对虚拟现实环境的操作已经达到了一定的水平，但它毕竟同人类现实世界中的行动有一定的差别，还不能十分灵活、清晰地表达人类的活动与思维，因此，此技术还有大量的提升空间。

4.3.4　多媒体数据库技术

传统的数据库只能解决数值与字符数据的存储检索问题。多媒体数据库除要求处理结构化的数据外，还要求处理大量非结构化数据。多媒体数据库需要解决的问题主要有：数据模型，数据压缩/还原，数据库操作、浏览、统计查询以及对象的表现。

随着多媒体技术的发展，面向对象技术的成熟以及人工智能技术的发展，多媒体数据库、面向对象的数据库以及智能化多媒体数据库的发展越来越迅速，它们将进一步发展或取代传统的关系数据库，形成可以对多媒体数据进行有效管理的新技术。

4.3.5　多媒体网络与通信技术

现代化社会中，人们的工作方式的特点是具有群体性、交互性。传统的电信业务如电话、传真等通信方式已不能适应社会的需要，现代化社会正迫切要求通信与多媒体技术相结合，为人们提供更加高效和快捷的沟通途径，如提供多媒体电子邮件、视频会议、远程交互式教学系统、点播电视等新的服务。

多媒体通信是一个综合性技术，涉及多媒体、计算机和通信等领域，一直是多媒体应用的一个重要方面。多媒体的传输涉及图像、声音和数据等多方面，需要完成大数据量的连续媒体信息的实时传输、时空同步和数据压缩，如语音和视频有较强的实时性要求，它容许出现某些字节的错误，但不能容忍任何延时。而对于数据来说，可以容忍延时，但不能有任何错误，因为即便是一个字节的错误都将会改变整个数据的意义。为了给多媒体通信提供新型的传输网络，发展宽带综合业务数字网，传输高保真立体声和高清晰度电视是多媒体通信的理想环境。

4.3.6　智能多媒体技术

1993 年 12 月在多媒体系统和应用国际会议上，由英国的两位科学家首次提出的智能多媒体的概念，引起了人们的普遍关注和研究兴趣。正如将人工智能看成是一种高级计算一样，智能多媒体应该被看成一种更加拟人化的高级智能计算。多媒体技术的进一步发展迫切需要引入人工智能，要利用多媒体技术解决计算机视觉和听觉方面的问题，这必然要引入人工智能的概念、方法和技术。例如，电影画面与音乐有机结合产生的整体艺术效果，远远超出孤立画面与音乐效果的简单组合。又如，在游戏节目中能根据操作者的判断智能

地改变游戏的进程与结果，而不是简单的程序转移。智能多媒体中的知识表示和推理必然反映多媒体信息空间的非线性特性，依靠简单地排列组合多媒体信息的方法是不可行的。多媒体技术与人工智能的结合必将把两者的发展推向一个崭新的阶段。

4.3.7　多媒体信息检索

多媒体信息检索是根据用户的要求，对图形、图像、文本、声音、动画等多媒体信息进行检索，以得到用户所需的信息。基于特征的多媒体信息检索系统有着广阔的应用前景，它将广泛用于电子会议、远程教学、远程医疗、电子图书馆、艺术收藏和博物馆管理、地理信息系统、遥感和地球资源管理、计算机支持协同工作等方面。例如，数字图书馆可将物理信息转化为数字多媒体形式，通过网络安全地发送给世界各地的用户。计算机使用自然语言查询和概念查询对返回给用户的信息进行筛选，使相关数据的定位更为简单和精确；聚集功能将查询结果组织在一起，使用户能够简单地识别并选择相关的信息；摘要功能能够对查询结果进行主要观点的概括，而使用户不必查看全部文本就可以确定所要查找的信息。

4.4　常用多媒体文件格式

4.4.1　音频文件的存储格式

4.4.1.1　WAV 文件

WAV 文件的扩展名为.wav，是 Windows 所使用的标准数字音频格式，称为波形文件。这在多媒体编程接口和数据规范 1.0 文档中有详细的描述。该文档是由 IBM 公司和微软（Microsoft）公司于 1991 年 8 月开发的，是一种为交换多媒体资源而开发的资源交换文件格式（resource interface file format，RIFF）。

WAV 文件格式支持存储各种采样频率和样本精度的声音数据，并支持音频数据的压缩。其主要缺点是产生的文件太大，相应的所需存储空间就大，不适合长时间的记录，必须采用适当的方法进行压缩处理。

4.4.1.2　MIDI 文件

MIDI（musical instrument digital interface）是乐器数字接口的英文缩写。它是由世界上主要电子乐器制造厂商联合建立起来的通信标准。

MIDI 文件记录的不是音乐的声音信息，而是音乐事件。它不对音乐的声音进行采样，而是将每个音符记录为一个数字，在回放的过程中通过 MIDI 文件中的指令控制 MIDI 合成器将这些数字重新合成音乐。这些控制指令包含指定发声乐器、力度、音量、延迟时间和通信编号等信息。

由于 MIDI 文件和 WAV 文件的产生过程不一样，因此它的数据量要小得多，可以满足长时间音乐的需要。其主要缺点是缺乏重现自然真实声音的能力。

4.4.1.3　MP3 文件

MP3 是 MPEG Layer 3 的简称，是一种数字音频格式。MP3 由于采用了高压缩比的数字压缩技术，压缩比可达到 12∶1。经过 MP3 软件编码后，在音质几乎与 CD-DA 质量没什么差别的情况下,每分钟 MP3 声音文件大小只有 1MB 左右,使得 640MB 的 CD-ROM 能够存放十几小时的 MP3 文件。使用 MP3 播放工具对 MP3 文件进行实时解压缩,高品质 MP3声音就播放出来了。但是 MP3 播放软件要进行大量的运算,对系统的要求比较高。

4.4.1.4 其他常用的声音文件格式

在互联网上和各种机器上运行的声音文件格式有很多,目前比较流行的还有以.au(dudio)、.aiff(audio interchangeable file format)和.snd(sound)为扩展名的文件格式。表4.4 列出了常见的声音文件扩展名。

表 4.4　　　　　　　　　　常见的声音文件扩展名

文件的扩展名	说　明
au	Sun 和 Next 公司的声音文件存储格式(8 位 μ 律编码或者 16 位线性编码)
aif(audio interchange)	Apple 计算机主要用于 UNIX 工作站上及美国视算公司 SGI 工作站上的声音文件存储格式
cmf(creative music format)	声霸(SB)卡带的 MIDI 文件存储格式
mct	MIDI 文件存储格式
mff(MIDI files format)	MIDI 文件存储格式
mid(MIDI)	Windows 的 MIDI 文件存储格式
MP2	MPEG Layer I,II
MP3	MPEG Layer 3
mod(module)	MIDI 文件存储格式
rm(real media)	RealNetworks 公司的流放式声音文件格式
ra(real audio)	RealNetworks 公司的流放式声音文件格式
rol	Adlib 声音卡文件存储格式
snd(sound)	Apple 计算机上的声音文件存储格式
seq	MIDI 文件存储格式
sng	MIDI 文件存储格式
voc(creative voice)	声霸卡存储的声音文件存储格式
wav(waveform)	Windows 采用的波形声音文件存储格式,支持 PCM、ADPCM、μ 率和 A 率波形
wrk	Cakewalk Pro 软件采用的 MIDI 文件存储格式

4.4.2　常用的图像文件的存储格式

4.4.2.1 BMP 文件格式

位图文件(BMP)格式是 Windows 采用的图像文件存储格式,在 Windows 环境下运行的所有图像处理软件都支持这种格式。Windows 3.0 以前的 BMP 位图文件格式与显示设备有关,因此把它称为设备相关位图(device-dependent bitmap,DDB)文件格式。Windows3.0 以后的 BMP 位图文件格式与显示设备无关,因此把这种 BMP 位图文件格式称为设备无关位图(device-independent bitmap,DIB)格式,目的是让 Windows 能够在任何类型的显示设备上显示 BMP 位图文件。BMP 位图文件默认的文件扩展名是 BMP 或者 bmp。

4.4.2.2　GIF 文件格式

GIF（graphics interchange format）是 CompuServe 公司开发的图像文件存储格式，1987 年开发的 GIF 文件格式版本号是 GIF87a，1989 年进行了扩充，扩充后的版本号定义为 GIF89a。

GIF 图像文件以数据块（block）为单位来存储图像的相关信息。一个 GIF 文件由表示图形/图像的数据块、数据子块以及显示图形/图像的控制信息块组成，称为 GIF 数据流。数据流中的所有控制信息块和数据块都必须在文件头（header）和文件结束块（trailer）之间。

GIF 文件格式采用了 LZW 压缩算法来存储图像数据，定义了允许用户为图像设置背景的透明（transparency）属性。此外，GIF 文件格式可在一个文件中存放多幅彩色图形/图像。如果在 GIF 文件中存放有多幅图，它们可以像幻灯片或者动画那样演示。

4.4.2.3　JPEG 格式

微处理机中的存放顺序有正序和逆序之分。正序存放就是高字节在前低字节存放在后，而逆序存放就是低字节在前高字节在后。例如，十六进制数为 A02B，正序存放就是 A02B，逆序存放就是 2BA0。摩托罗拉（Motorola）公司的微处理器使用正序存放，而英特尔（Intel）公司的微处理器使用逆序。JPEG 文件中的字节是按照正序排列的。

JPEG 委员会在制定 JPEG 标准时，定义了许多标记（marker）用来区分和识别图像数据及其相关信息。直到 1998 年 12 月，从分析网上具体的 JPG 图像来看，使用比较广泛的还是 JPEG 文件交换格式（JPEG file interchange format，JFIF），版本号为 1.02。这是 1992 年 9 月由在 C-Cube Microsystems 公司工作的 Eric Hamilton 提出的。此外，还有 TIFF JPEG 等格式，但由于这种格式比较复杂，因此大多数应用程序都支持 JFIF 文件交换格式。

4.4.2.4　PNG 格式

PNG 是 20 世纪 90 年代中期开始开发的图像文件存储格式，其目的是企图替代 GIF 和 TIFF 文件格式，同时增加一些 GIF 文件格式所不具备的特性。流式网络图形格式（portable network graphic format，PNG）名称来源于非官方的 "PNG's Not GIF"，是一种位图文件（bitmap file）存储格式，读成 "ping"。PNG 用来存储灰度图像时，灰度图像的深度可多到 16 位，存储彩色图像时，彩色图像的深度可多到 48 位，并且还可存储多到 16 位的 α 通道数据。PNG 使用从 LZ77 派生的无损数据压缩算法。

（1）PNG 文件格式保留 GIF 文件格式的下列特性：

1）使用彩色查找表或者称为调色板可支持 256 种颜色的彩色图像。

2）流式读/写性能。图像文件格式允许连续读出和写入图像数据，这个特性很适合在通信过程中生成和显示图像。

3）逐次逼近显示。这种特性可使在通信链路上传输图像文件的同时在终端显示图像，把整个轮廓显示出来之后再逐步显示图像的细节，也就是先用低分辨率显示图像，然后逐步提高它的分辨率。

4）透明性。这个性能可使图像中某些部分不显示出来，用来创建一些有特色的图像。

5）辅助信息。这个特性可用来在图像文件中存储一些文本注释信息。

6）独立于计算机软硬件环境。

7）使用无损压缩。

（2）PNG 文件格式中要增加下列 GIF 文件格式所没有的特性：

1）每个像素为 48 位的真彩色图像。

2）每个像素为 16 位的灰度图像。

3）可为灰度图和真彩色图添加 α 通道。

4）添加图像的 γ 信息。

5）使用循环冗余码（cyclic redundancy code，CRC）检测损害的文件。

6）加快图像显示的逐次逼近显示方式。

7）标准的读/写工具包。

8）可在一个文件中存储多幅图像。

4.4.2.5　其他图像格式

除了本章介绍的 4 种常用格式之外，还有其他图像格式。为方便查阅，现将部分图形与图像文件的后缀和名称列在表 4.5 和表 4.6 中。

表 4.5　　　　　　　　　　　　　　　　位图格式/光栅图格式

后　缀	文件名称	后　缀	文件名称
AG4	Access G4 document imaging	JFF	JPEG （JFIF）
ATT	AT&T Group Ⅳ	JPG	JPEG
BMP	Windows & OS/2	KFX	Kofax Group Ⅳ
CAL	CALS Group Ⅳ	MAC	MacPaint
CIT	Intergraph scanned images	MIL	Same as GP4 extension
CLP	Windows Clipboard	MSP	Microsoft Paint
CMP	Photomatrix G3/G4 scanner format	NIF	Navy Image File
CMP	LEAD Technologies	PBM	Portable bitmap
CPR	Knowledge Access	PCD	PhotoCD
CT	Scitex Continuous Tone	PCX	PC Paintbrush
CUT	Dr. Halo	PIX	Inset Systems （HiJaak）
DBX	DATABEAM	PNG	Portable Network Graphics
DX	Autotrol document imaging	PSD	Photoshop native format
ED6	EDMICS （U.S. DOD）	RAS	Sun
EPS	Encapsulated PostScript	RGB	SGI
FAX	Fax	RIA	Alpharel Group Ⅳ document imaging
FMV	FrameMaker	RLC	Image Systems
GED	Arts & Letters	RLE	Various RLE-compressed formats
GDF	IBM GDDM format	RNL	GTX Runlength
GIF	CompuServe	SBP	IBM StoryBoard
GP4	CALS Group Ⅳ- ITU Group Ⅳ	SGI	Silicon Graphics RGB
GX1	Show Partner	SUN	Sun
GX2	Show Partner	TGA	Targa

续表

后　缀	文件名称	后　缀	文件名称
ICA	IBM IOCA	TIF	TIFF
ICO	Windows icon	WPG	WordPerfect image
IFF	Amiga ILBM	XBM	X Window bitmap
IGF	Inset Systems（HiJaak）	XPM	X Window pixelmap
IMG	GEM Paint	XWD	X Window dump

表 4.6　　　　　　　　　　矢　量　图　格　式

后　缀	文件名称	后　缀	文件名称
3DS	3D Studio	GEM	GEM proprietary
906	Calcomp plotter	G4	GTX RasterCAD - scanned images into vectors for AutoCAD
AI	Adobe Illustrator	IGF	Inset Systems （HiJaak）
CAL	CALS subset of CGM	IGS	IGES
CDR	CorelDRAW	MCS	MathCAD
CGM	Computer Graphics Metafile	MET	OS/2 metafile
CH3	Harvard Graphics chart	MRK	Informative Graphics markup file
CLP	Windows clipboard	P10	Tektronix plotter （PLOT10）
CMX	Corel Metafile Exchange	PCL	HP LaserJet
DG	Autotrol	PCT	Macintosh PICT drawings
DGN	Intergraph drawing format	PDW	HiJaak
DS4	Micrografx Designer 4.x	PIC	Variety of picture formats
DSF	Micrografx Designer 6.x	PIX	Inset Systems （HiJaak）
DXF	AutoCAD	PLT	HPGL Plot File （HPGL2 has raster format）
DWG	AutoCAD	PS	PostScript Level 2
EMF	Enhanced metafile	RLC	Image Systems "CAD Overlay ESP" vector files overlaid onto raster images
EPS	Encapsulated PostScript	SSK	SmartSketch
FMV	FrameMaker	WPG	WordPerfect graphics
GCA	IBM GOCA	WRL	VRML

4.4.3　视频文件的类型

4.4.3.1　AVI 文件

　　AVI 是一种音频视像交叉记录的数字视频文件格式。1992 年年初微软公司推出了 AVI 技术及其应用软件 VFW（video for windows）。在 AVI 文件中，运动图像和伴音数据是以交替的方式存储的，并独立于硬件设备。这种按交替方式组织音频和视像数据，可使得读取视频数据流时能更有效地从存储媒介中得到连续的信息。它与传统的电影相似，在电影中包含图像信息的帧顺序显示，同时伴音声道也同步播放。

AVI 文件结构不仅解决了音频和视频的同步问题，而且具有通用和开放的特点。它可以在任何 Windows 环境下工作，而且还具有扩展环境的功能。用户可以开发自己的 AVI 视频文件，在 Windows 环境下可随时调用。AVI 一般采用帧内有损压缩，可以用一般的视频编辑软件如 Adobe Premiere 进行再编辑和处理。

4.4.3.2　MOV 文件

Apple 公司在其生产的 Macintosh 机中也推出了相应的视频格式，即 Movie Digital Video 的文件格式，其文件以 MOV 为后缀，相应的视频应用软件为 Apple's QuickTime for Macintosh。随着大量原本运行在 Macintosh 上的多媒体软件向 PC/Windows 环境的移植，QuickTime 视频文件流行起来。同时，Apple 公司也推出了适用于 PC 的视频应用软件 Apple's OuickTime for Windows。

MOV 格式的视频文件可以采用不压缩或压缩的方式，其压缩算法包括 Cinepak、Intel lndeo Video R3.2 和 Video 编码。其中，Cinepak 和 Intel lndeoVideo R3.2 算法的应用和效果与 AVI 格式中的应用和效果类似。而 Video 格式编码适合于采集和压缩模拟视频，支持 16 位图像深度的帧内压缩和帧间压缩，帧率可达 10 帧/s 以上。

QuickTime 还采用了一种称为 QuickTime VR 的虚拟现实技术，用户只需通过鼠标或键盘，就可以观察某一地点周围 360°的景象，或者从空间中的任何角度观察某一物体。

目前，QuickTime 以其领先的多媒体技术和跨平台特性、较小的存储空间要求、技术的独立性以及系统的高度开放性，已成为数字媒体软件技术领域里事实上的工业标准。国际标准化组织（ISO）最终选择 QuickTime 文件格式作为开发 MPEG-4 规范的统一数字媒体存储格式。

4.4.3.3　MEPG 文件——MPEG/MPG/DAT 格式

将 MPEG 算法用于压缩全运动视频图像，就可以生成全屏幕活动视频标准文件：MPG 格式文件。MPG 格式文件在显示器扫描设置为 1024×786 像素的格式下可以用 25 帧/s（或 30 帧/s）的速率同步播放全运动视频图像和 CD 音乐伴音，并且其文件大小仅为 AVI 文件的 1/6。MPEG-2 压缩技术采用可变速率（variable bit rate，VBR）技术，能够根据动态画面的复杂程度，适时改变数据传输率，获得较好的编码效果，目前使用的 DVD 采用的就是这种技术。

MPEG 的平均压缩比为 50∶1，最高可达 200∶1，压缩效率高，同时图像和音响的质量也非常好。MPEG 标准包括 MPEG 视频、MPEG 音频和 MPEG 系统（视频、音频同步）3 个部分，MP3 音频文件就是 MPEG 音频的一个典型应用，而 VCD、SVCD、DVD 则是全面采用 MPEG 技术所生产出来的新型消费类电子产品。

4.4.3.4　RM 格式

目前，很多视频数据要求通过 Internet 来进行实时传输，视频文件的体积往往比较大，而现有的网络带宽却往往比较窄，客观因素限制了视频数据的实时传输和实时播放，于是一种新型的流式视频（streaming video）格式应运而生。这种流式视频采用一种边传边播的方法，即先从服务器上下载一部分视频文件，形成视频流缓冲区后实时播放，同时继续下载，为接下来的播放做好准备。这种边传边播的方法避免了用户必须等待整个文件从

Internet 上全部下载完毕才能观看的麻烦。

RealNetworks 公司所制定的音频、视频压缩规范称为 RealMedia，是目前在 Internet 上的跨平台的客户/服务器结构的多媒体应用标准，它采用音频、视频流和同步回放技术来实现在 Internet 上的流媒体技术，能够在 Internet 上以 28.8kbit/s 的传输速率提供立体声和连续视频。

RealMedia 包括三类文件：RealAudio、RealVideo 及 RealFlash。RealAudio 用来传输接近 CD 音质的音频数据，RealVideo 用来传输连续视频数据，而 RealFlash 则是 RealNetworks 公司与 Macromedia 公司合作推出的一种高压缩比的动画格式。RealMedia 根据网络数据传输速率的不同制定了不同的压缩比率，现在大多使用其中的 14.4kbit/s、28.8kbit/s 以及 ISDN（integrated service digital network，综合业务数字网）56kbit/s 这三种不同速率下的 RealMedia 流格式。

整个 Real 系统由 3 个部分组成：RealServer（服务器）、RealEncoder（编码器）和 RealPlayer（播放器）。RealEncoder 负责将已有的音频和视频文件或者现场的音频和视频信号实时转换成 RealMedia 格式，RealServer 负责广播 RealMedia 格式的音频或视频，而 RealPlayer 则负责将传输过来的 RealMedia 格式的音频或视频数据流实时播放出来。目前，Internet 上已有不少网站利用 RealVideo 技术进行重大事件的实况转播。

4.5 常用多媒体软件简介

4.5.1 音频制作软件（Adobe Audition）

Adobe Audition 是一个专业音频编辑软件，原名为 Cool Edit Pro，被 Adobe 公司收购后，改名为 Adobe Audition。Adobe Audition 专为在照相室、广播设备和后期制作设备方面工作的音频和视频专业人员设计，可提供先进的音频混合、编辑、控制和效果处理功能。Adobe Audition 最多混合 128 个声道，可编辑单个音频文件，创建回路并可使用 45 种以上的数字信号处理效果。Audition 是一个完善的多声道录音室，可提供灵活的工作流程并且使用简便。无论是要录制音乐、无线电广播，还是为录像配音，Adobe Audition 中的恰到好处的工具均可为用户提供充足动力，以创造可能的高质量的细微音响。它是 Cool Edit Pro 2.1 的更新版和增强版。此汉化程序已达到 98%的信息汉化程度。

Adobe Audition 提供即时的多轨录音、编辑和混缩功能，为音乐工作流带来前所未有的高效，同时，灵活强大的工作流和最优化的性能表现也是 Audition 为用户带来的新体验。Adobe Audition 原生支持 Mac OS，同样的特性也适用于 Windows 系统。Adobe Premiere Pro 从传递单独的剪辑和多轨混缩到 Adobe Audition 进行编辑或发送 Adobe Premiere Pro 视频引用序列再到 Adobe Audition 完成音轨创建。使用内建的 OMF 导入或导出功能在 Adobe Audition 和 Avid Pro Tools 之间轻松地转移会话。通过 XML 支持同其他非编工作站分享文件。在 Adobe Audition CS5.5 的混缩视图中包含了环绕声声像调试工具，更有全新的环绕混响效果和放大器及多声道的增益处理器。新的资源中心面板获取数千种免费声音资源，可轻松开启用户的音乐创作之路。Adobe Audition 2020 的界面如图 4.13 所示。

61

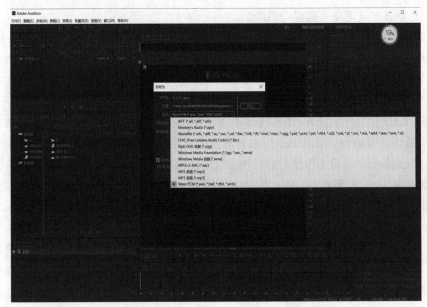

图 4.13　Adobe Audition 2020 的界面

4.5.2　图形图像软件（Adobe Illustrator、Adobe Photoshop）

Adobe Illustrator 是由 Adobe 公司推出的工业标准矢量插画软件。作为一款非常好的图片处理工具，它被广泛应用于印刷出版、专业插画、多媒体图像处理和互联网页面的制作等领域，也可以为线稿提供较高的精度和控制，适合生产任何小型设计到大型的复杂项目。

Adobe Illustrator 的最大特征在于钢笔工具，它使操作简单功能强大的矢量绘图成为可能。它还集合文字处理、上色等功能，在插图制作、印刷制品（如广告传单、小册子）设计制作方面被广泛使用，事实上已经成为桌面出版（DTP）业界的默认标准。

所谓的钢笔工具方法，在这个软件中就是通过"钢笔工具"设定"锚点"和"方向线"实现的。一般用户在一开始使用的时候都感到不太习惯，并需要一定的练习，但是一旦掌握以后就能够随心所欲地绘制出各种线条，并直观可靠。

同时，Adobe Illustrator 作为创意软件套装 Creative Suite 的重要组成部分，与兄弟软件——位图图形处理软件 Photoshop 有类似的界面，并能共享一些插件和功能，实现无缝连接。同时，它也可以将文件输出为 Flash 格式。因此，可以通过 Illustrator 让 Adobe 公司的产品与 Flash 连接。

Adobe Illustrator 是一款专业图形设计工具，提供丰富的像素描绘功能以及顺畅灵活的矢量图编辑功能，能够快速创建设计工作流程。借助 Expression Design，可以为屏幕/网页或打印产品创建复杂的设计和图形元素。它支持许多矢量图形处理功能，拥有很多拥护者，也经历了时间的考验，因此人们不会随便就放弃它而选用微软的 Expression Design。它还提供了一些相当典型的矢量图形工具，诸如三维原型（primitives）、多边形（polygons）和样条曲线（splines）。Adobe Illustrator 软件界面如图 4.14 所示。

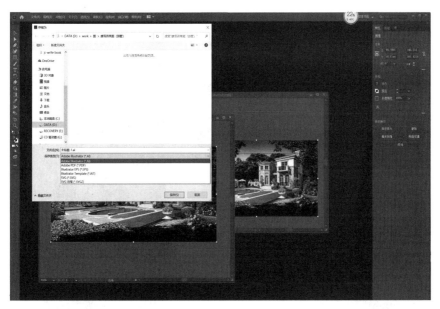

图 4.14　Adobe Illustrator 软件界面

　　Photoshop 的专长在于图像处理，而不是图形创作。图像处理是对已有的位图图像进行编辑加工处理以及运用一些特殊效果，其重点在于对图像的处理加工；图形创作软件是按照自己的构思创意，使用矢量图形等来设计图形的。平面设计是 Photoshop 应用最为广泛的领域，无论是图书封面，还是招贴、海报，这些平面印刷品通常都需要 Photoshop 软件对图像进行处理。广告摄影作为一种对视觉要求非常高的工作，其最终成品往往要经过 Photoshop 的修改才能得到满意的效果。影像创意是 Photoshop 的特长，通过 Photoshop 的处理，可以将不同的对象组合在一起，使图像发生变化。网络的普及促使更多人需要掌握 Photoshop，因为在制作网页时，Photoshop 是必不可少的网页图像处理软件。在制作建筑效果图包括三维场景时，人物与配景包括场景的颜色常常需要在 Photoshop 中增加并调整。视觉创意与设计是设计艺术的一个分支，此类设计通常没有非常明显的商业目的，但由于它为广大设计爱好者提供了广阔的设计空间，因此越来越多的设计爱好者开始学习 Photoshop，并进行具有个人特色与风格的视觉创意。界面设计是一个新兴的领域，受到越来越多的软件企业及开发者的重视。当前，还没有用于做界面设计的专业软件，因此绝大多数设计者使用的都是该软件。

　　从功能上看，Photoshop 可分为图像编辑、图像合成、校色调色及功能色效制作部分等。图像编辑是图像处理的基础，可以对图像做各种变换如放大、缩小、旋转、倾斜、镜像、透视等，也可进行复制、去除斑点、修补、修饰图像的残损等。

　　图像合成则是将几幅图像通过图层操作、工具应用合成完整的、传达明确意义的图像，这是美术设计的必经之路。该软件提供的绘图工具使外来图像与创意得到很好的融合。

　　校色调色可方便快捷地对图像的颜色进行明暗、色偏的调整和校正，也可在不同颜色间进行切换以满足图像在不同领域如网页设计、印刷、多媒体等方面的应用。

　　特效制作在该软件中主要由滤镜、通道等工具综合应用完成，包括图像的特效创意和特效字的制作，如油画、浮雕、石膏画、素描等常用的传统美术技巧都可借由该软件特效完成。图 4.15 为 Adobe Photoshop 软件界面。

图 4.15　Adobe Photoshop 软件界面

4.5.3　动画制作软件（Adobe Animate）

Adobe Animate（AN）是一款非常专业的动画制作软件，由原 Adobe Flash Professional CC 更名得来，在保留原有的 Flash 开发工具基础上新增 HTML 5 创作工具，为网页开发者提供更适应现有网页应用的音频、图片、视频、动画等创作支持，为用户带来全新的动画设计创作体验。这款软件的功能非常齐全和强大，用户能够快速创建各种类型的动画内容，如卡通动画、横幅广告、游戏动画以及各种交互式角色等；用户还可以对动作进行灵活地微调，使其更加逼真和动态；可通过动画引导、传统补间、补间动画、动画编辑器、形状补间、帧和关键帧、WebGL 文档类型、自定义画笔、虚拟现实以及遮罩图层等多个功能和工具来完成独特的创建。使用该软件，用户可以一键从 After Effects 轻松导入动态图形，并将动画发布到多个平台，覆盖 PC 端、移动设备和电视。业界领先的动画工具集，可让用户创建跨屏幕移动的应用程序、广告和多媒体内容。

使用网格变形为矢量内容或光栅内容创建新动作。以父子体系组织图层，轻松地在不同动作之间生成动画。现在可以借助 Adobe Sensei 自动匹配口型和语调变化。利用用户的 2D 技能导出 360VR 动画，并得到用于虚拟演练的沉浸式体验。

简化预设和定制方式：在 2020 版本中，一组标准的预设可用于经典和形状的 tweens，为动画设计师提供灵活性，并将相应的预设轻松应用于各个选定的属性。

相机平移控制：在这个版本中，Animate 提供 X 和 Y 相机坐标控制，用户可以使用它来轻松平移。用户可以在属性检查器的相机部分找到 X 和 Y 坐标。

生成纹理图集：动画开发人员可以编排动画并将其作为纹理图集导出到 Unity 游戏引

擎或任何其他游戏引擎。开发人员可以使用 Unity 的示例插件，还可以为其他游戏引擎定制插件。

支持添加全局和第三方脚本：动画师经常使用适用于整个动画的 JavaScript 代码。在使用全局和第三方脚本之前，无法设置全局变量或应用于 Animate 中的整个动画的脚本。从此版本开始，用户可以添加不特定框架的全局脚本。

创建和管理矢量画笔：Animate 介绍了使用 Animate 中绘制的形状创建和共享矢量画笔（艺术和图案画笔）的能力。在介绍此功能之前，用户可以使用 Adobe Capture CC 应用程序创建画笔，并从 CC 库中进行同步。此功能允许用户从 Animate CC 中的矢量素材创建自定义画笔。

静音和海报属性支持 HTML 5 视频组件：这个版本的 Animate 为 HTML 5 视频组件设置了两个新的属性——静音和海报。用户可以使用静音属性来启用或禁用视频组件和海报属性的音频，以便在视频播放之前选择静态海报图像。图 4.16 为 Adobe Animate 软件界面。

图 4.16　Adobe Animate 软件界面

4.5.4　三维动画软件（Maya、3D MAX）

Maya（玛雅）是美国 Autodesk 公司于 1998 年出品的世界顶级三维动画软件，主要应用于专业的影视广告、角色动画、电影特技等领域。

Maya 功能完善、工作灵活、易学易用、制作效率极高、渲染真实感极强，是电影级别的高端制作软件。它不仅包括一般三维和视觉效果制作的功能，而且还与先进的建模、数字化布料模拟、毛发渲染、运动匹配技术相结合，已然成为当今市场上用来进行数字和三维制作工具的首选解决方案。Maya 售价高昂，是三维建模、游戏角色动画、电影特效渲染的高级制作软件。动画师一旦掌握了 Maya，会极大地提高制作效率和品质，调节出仿真的角色动画，渲染出如电影一般的真实效果。Maya 提供了下一代显示技术、加速的建模工作流、用于处理复杂数据的功能强大的新系统以及令人鼓舞的全新创意工具集。利用扩展、集成的建模工具包（modeling toolkit），用于阻塞和标记动画的直观的油性铅笔

（grease pencil），创新的 Paint Effects 曲面和体积属性，用户可以轻松实现创意。将 Maya DX11 着色器与增强的 Viewport 2.0 配合使用，可获得与最终输出非常匹配的高质量的实时环境。此外，还可以使用场景集合工具来管理超出高级用户预期的大型、复杂的环境。图 4.17 是 Maya 软件界面。

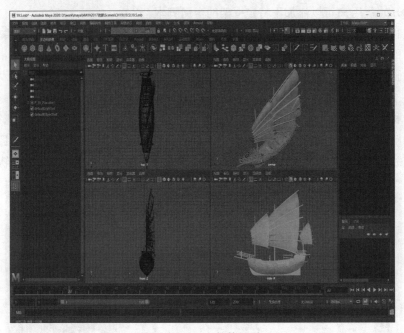

图 4.17　Maya 软件界面

3D Studio Max（通常简称为 3D MAX 或 3ds MAX）是 Discreet 公司（后被 Autodesk 公司合并）开发的基于 PC 系统的三维动画渲染和制作软件。

3D MAX 的前身是基于 DOS 操作系统的 3D Studio 系列软件，3D Studio Max + Windows NT 组合的出现降低了 CG 制作的门槛，首先开始运用在游戏中的动画制作，后更进一步开始参与影视片的特效制作，如《X 战警 II》《最后的武士》等。3D MAX 在 Discreet 3Ds max 7 后，正式更名为 Autodesk 3ds Max。3D Studio Max 作为世界上应用最广泛的三维建模、动画、渲染软件，完全满足制作高质量动画、最新游戏、设计效果等领域的需要。

3D MAX 一直在动画市场上占有非常重要的地位，尤其在电影特效、游戏软件开发的领域里，Autodesk 公司不断改造出更具强大功能与相容性的软件来迎接这个新的视觉传播时代。3D MAX 最新版可以帮助设计师与动画师更精准地掌握动画背景与人物结构，同时呈现出每个角色震撼的生命力。

3D MAX 的成功在很大程度上要归功于它的开放性接口，例如 VRay、Brazil、FinalRender 等超强外挂渲染器的支持也使 3D MAX 如虎添翼。全世界有许多的专业技术公司在为 3D MAX 设计各种非常专业的插件。例如，增强的粒子系统，设计火、烟、云、制作肌肉、制作人面部动画都有一些专业的插件，每天都有新的 3D MAX 设计的插件推出。3D MAX 软件界面如图 4.18 所示。

图 4.18   3D MAX 软件界面

4.5.5   视频剪辑与影视特效软件（Adobe Premiere Pro、After Effects）

Adobe Premiere Pro（Pr）是视频编辑爱好者和专业人士必不可少的视频编辑工具。它可以提升用户的创作能力和创作自由度，也是易学、高效、精确的视频剪辑软件。Pr 为视频编辑者提供了采集、剪辑、调色、美化音频、字幕添加、输出、DVD 刻录的一整套流程，并和其他 Adobe 软件高效集成，使用户足以完成在编辑、制作、工作流上遇到的所有挑战，满足用户创建高质量作品的要求。

After Effects（AE），是 Adobe 公司开发的一个视频剪辑及设计软件，是制作动态影像设计不可或缺的辅助工具，是视频后期合成处理的专业非线性编辑软件。After Effects 应用范围广泛，涵盖影片、电影、广告、多媒体以及网页等，时下最流行的一些计算机游戏，很多都使用它进行合成制作。Adobe Premiere Pro 软件界面如图 4.19 所示。

After Effects 提供了一套完整的工具，能够高效地制作电影、录像、多媒体以及 Web 使用的运动图片和视觉效果。

和 Adobe Premiere 等基于时间轴的程序不同的是，After Effects 提供了一条基于帧的视频设计途径。它还是第一个实现高质量子像素定位的程序，通过它能够实现高度平滑的运动。After Effects 为多媒体制作者提供了许多有价值的功能，包括出色的蓝屏融合功能、特殊效果的创造功能和 Cinpak 压缩等。

Adobe 的新组件 Adobe Anywhere 带来了划时代的编辑概念。例如，先用 Premiere 剪辑视频，再交由 Audition 处理音频，最后再用 After Effects 制作特效。人们不得不用移动硬盘等设备在不同工作区间里来回复制数据，并且，这样传统的流程造成效率低下和人力浪费。而 Adobe Anywhere 的出现打破了这一格局，在制作视频过程中可以交替进行处理，多人在任何时间、地点都可以同时处理同一个视频。Adobe Anywhere 可以让各视频团队有效协作并跨标准网络访问共享媒体。用户可以使用本地或远程网络同时访问、流处理以及使用远程存储的媒体，不需要大型文件传输、重复的媒体和代理文件。

图 4.19 Adobe Premiere Pro 软件界面

After Effects 支持无限多个图层，能够直接导入 Illustrator 和 Photoshop 文件。After Effects 也有多种插件，其中包括 Meta Tool Final Effect，它能提供虚拟移动图像以及多种类型的粒子系统，用它还能创造出独特的迷幻效果。After Effects 软件界面如图 4.20 所示。

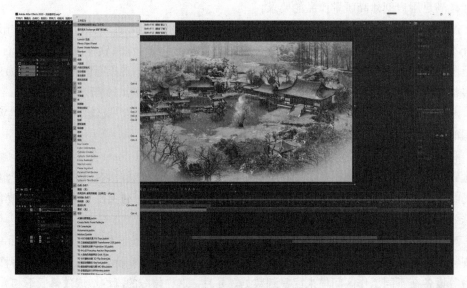

图 4.20 After Effects 软件界面

第 5 章

算 法 和 数 据 结 构

随着科学技术的发展，计算机科学正变得越来越重要，计算机是在程序的控制下进行工作的。计算机科学家、"Pascal 之父"——尼古拉斯·沃斯，提出关于程序的著名公式：算法+数据结构=程序，他也因此获得图灵奖。

所谓程序，就是用计算机能够识别的语言所描述的解决某个特定问题的方法和步骤，是一组相关的指令的集合。通常，一个程序主要描述两个方面的内容：一是描述问题的每个对象及它们之间的关系，即数据结构的内容；二是描述对这些对象进行处理的动作、动作的先后顺序，即求解的算法。

5.1 数据结构的基本概念

数据结构（data structure）是计算机存储、组织数据的方式，指相互之间存在一种或多种特定关系的数据元素的集合，数据结构是带有结构特性的数据元素的集合，"结构"就是指数据元素之间存在的关系，它研究的是数据的逻辑结构和数据的物理结构以及它们之间的相互关系，并对这种结构定义相适应的运算，设计出相应的算法，并确保经过这些运算以后所得到的新结构仍保持原来的结构类型。数据结构往往同高效的检索算法和索引技术有关。

数据的逻辑结构和物理结构，是数据结构的两个密切相关的方面，同一逻辑结构可以对应不同的存储结构。算法的设计取决于数据的逻辑结构，而算法的实现依赖于指定的存储结构。其中，逻辑结构是指数据对象中数据元素之间的相互关系。物理结构是指数据的逻辑结构在计算机中的存储形式，包括顺序存储和链式存储。

数据结构的研究内容是构造复杂软件系统的基础，它的核心技术是分解与抽象。

数据结构有很多种，一般来说，按照数据的逻辑结构对其进行简单的分类，可分为线性结构和非线性结构两类。

5.1.1 线性结构

线性结构就是表中各个节点具有线性关系。如果从数据结构的语言来描述，线性结构应该包括如下几点：

（1）线性结构是非空集。

（2）线性结构有且仅有一个开始节点和一个终端节点。

（3）线性结构所有节点都最多只有一个直接前趋节点和一个直接后继节点。

典型的线性结构包括线性表、栈、队列和串等结构。

5.1.2 非线性结构

非线性结构就是表中各个节点之间具有多个对应关系。如果从数据结构的语言来描述，非线性结构应该包括如下几点：

（1）非线性结构是非空集。

（2）非线性结构的一个节点可能有多个直接前趋节点和多个直接后继节点。

典型的非线性结构包括多维数组、广义表、树结构和图结构等数据结构。

5.2 算法的基本概念

算法（algorithm）是指解题方案的准确而完整的描述，是一系列解决问题的清晰指令，算法代表着用系统的方法描述解决问题的策略机制。算法不单是计算机所拥有的，现实世界的各种问题也需要结合算法来解决。

在数学和计算机科学中，算法是解决一类问题的明确规范。算法可以执行计算、数据处理、自动推理和其他任务。著名的计算机教育家科尔曼（Thomas H. Colemen）对算法的描述：算法就是任何定义明确的计算步骤，它接收一些值或集合作为输入，并产生一些值或集合作为输出。这样，算法就是将输入转化为输出的一系列计算过程。算法可以用多种符号表示，包括自然语言、伪代码、流程图、图表、编程语言或控制表（由解释器处理）。编程语言主要用以计算机可以执行的形式表达算法，但通常被用作定义或记录算法的一种方式。也就是说，能够对一定规范的输入，在有限时间内获得所要求的输出。如果一个算法有缺陷，或不适合于某个问题，执行这个算法将不会解决这个问题。不同的算法可能用不同的时间、空间或效率来完成同样的任务。一个算法的优劣可以用空间复杂度与时间复杂度来衡量。

一个算法应该具有以下五个重要的特征：

（1）有穷性（finiteness）。算法的有穷性是指算法必须能在执行有限个步骤之后终止，即在时间和空间上在"合理的范围之内"。

（2）确定性（definiteness）。算法的每一步骤必须有确切的定义，不能出现歧义、模糊和二义性。

（3）输入（input）。一个算法有 0 个或多个输入，所谓 0 个输入是指算法本身定出了初始条件。

（4）输出（output）。一个算法有一个或多个输出，以反映对输入数据加工后的结果。没有输出的算法是毫无意义的。

（5）可行性（effectiveness）。算法中执行的任何计算步骤都是可以被分解为基本的可执行的操作步骤，即每个计算步骤都可以在有限时间内完成（也称之为有效性），例如在除法运算中，如果除数是"0"，显然是不可行的。

5.3　数据结构与算法的关系

从前面对数据结构和算法的定义可以看出：算法是一种思想，数据结构是一种属性。可以从分析问题的角度分析数据结构和算法之间的关系。通常，每个问题的解决都经过以下两个步骤：

（1）分析问题，从问题中提取出有价值的数据，数据结构关注数据的逻辑结构、存储结构。

（2）解决问题，算法对存储的数据进行处理，更多关注如何在数据结构基础上解决问题或得出问题的答案。

数据结构提取有价值的数据，并解决数据的逻辑结构和物理结构问题；算法实现对数据的处理并完成相应的功能。评价一个算法的好坏，取决于在解决相同问题的前提下，哪种算法的效率最高，而这里的效率指的就是处理数据、分析数据的能力。

数据结构用于解决数据存储问题，而算法用于处理和分析数据，它们是完全不同的两类学科。数据结构与算法又常联系在一起，程序=算法+数据结构。数据结构是算法实现的基础，算法总要依赖于某种数据结构来实现。在设计一种算法的时候，需要构建适合于这种算法的数据结构。算法的操作对象是数据结构。算法的设计和选择要同时结合数据结构，简单地说，数据结构的设计就是选择存储方式，如确定问题中的信息是用数组存储还是用普通的变量存储或其他更加复杂的数据结构。程序设计的实质就是对实际问题中要处理的数据选择一种恰当的存储结构，并在选定的存储结构上设计一个好的算法。不同的数据结构的设计将导致差异很大的算法。数据结构是算法设计的基础。

用一个形象的比喻来解释：开采煤矿过程中，煤矿以各种形式深埋于地下。矿体的结构就相当于计算机领域的数据结构，而煤就相当于一个个数据元素。开采煤矿然后运输、加工这些"操作"技术就相当于算法。显然，如何开采、如何运输必须考虑到煤矿的存储（物理）结构，只拥有开采技术而没有煤矿是没有任何意义的。算法设计必须考虑到数据结构，算法设计是不可能独立于数据结构的，数据结构的设计和选择需要为算法服务。如果某种数据结构不利于算法实现，它将没有太大的实际意义。知道某种数据结构的典型操作才能设计出好的算法。

5.4　线性数据的排序算法

线性表是最常用且最简单的一种数据结构，是多个数据元素的有限序列。

实现线性表的方式一般有两种：一种是使用一维数组存储线性表的元素，即用一组连续的存储单元依次存储线性表的数据元素；另一种是使用链表存储线性表的元素，即用一组任意的存储单元存储线性表的数据元素（存储单元可以是连续的，也可以是不连续的）。

对于无规则线性数据结构的数据列，在应用过程中经常需要进行排序，例如，定期对各个品牌小汽车在市场销售情况进行排序，对某届学生中考总分进行排序。在数据库应用中也经常对统计的数据进行升序和降序的排列，这都会用到排序算法。常用的线性数据的排序算法有冒泡排序、选择排序、快速排序、插入排序、希尔排序、基数排序、归并排序等算法。本节主要介绍冒泡排序、快速排序。

假设有一组线性结构序列数据，数据个数为 6 个，保存在数组 a[5]={12，35，6，49，10，9}中，分别采用不同算法对该线性数列进行由小到大重新排序。

5.4.1　冒泡排序（bubble sort）

基本思想：依次比较两个相邻数据，较大的数下沉，较小的数上移。

冒泡排序操作步骤：依次比较相邻的两个数，将小数放在前面，大数放在后面。

算法实现具体步骤：

第一步：最大的数据下沉到最后位置 a[5]，首先比较第 1 个数 a[0]和第 2 个数 a[1]，如果 a[0]大于 a[1]，就交换 a[0]和 a[1]，否则不变，这样小的数据上浮，大的数据下沉。然后依次比较第 2 个数 a[1]和第 3 个数 a[2]，将小的数据上浮，大的数据下沉，如此重复操作 5 次（排序数据个数 n-1），直至比较最后两个数，将小的数据上浮，大的数据下沉，将最大的数放到了最后位置 a[5]中。冒泡排序至此结束第一步操作。最大数下沉到底下的过程如图 5.1 所示。

第二步：次大的数据下沉到倒数第二的位置 a[4]，首先比较第 1 个数 a[1]和第 2 个数 a[2]，如果 a[1]大于 a[2]，就交换 a[1]和 a[2]，否则不变，这样小的数据上浮，大的数据下沉。然后依次比较第 3 个数 a[2]和第 4 个数 a[3]，将小的数据上浮，大的数据下沉，如此重复操作 4 次（排序数据个数 n-1-1），将小的数据上浮，大的数据下沉，将次大的数放到了倒数第二的位置 a[4]中。冒泡排序至此结束第二步操作，如图 5.2 所示。

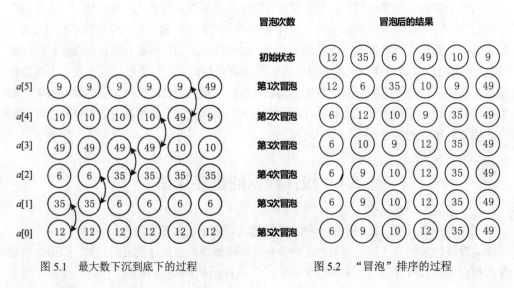

图 5.1　最大数下沉到底下的过程　　　图 5.2　"冒泡"排序的过程

第三步：……

第四步：……

第五步：采用上述同样的方法对前面的两个数据进行排序，上述数列按照由小到大顺序排序完成。

对于 n 个数据的数列，经过上述 n-1 步重复操作后，实现了由小到大的重新排序。由于在排序过程中总是小数往前放，大数往后放，形象比喻为水中的气泡，相当于气泡往上升，所以称作冒泡排序。

5.4.2　快速排序（quick sort）

快速排序使用分治法（divide and conquer）策略来把一个数据序列（list）分为两个数据子序列（sub-lists）。

快速排序的基本思想：任意数据序列中的一个值作为"基准值"，通过第一步排序将待排序数据分隔成独立的两部分，其中前一部分数据均小于选定"基准值"，后一部分均大于选定"基准值"，下一步可分别对这两部分数据序列按照相同方法继续进行排序，以达到整个序列有序。

快速排序基本思想：从数据序列中随机选出一个数据 N，称为"基准"（pivot），通过分区（partition）遍历数据序列，比基准小的元素放左边，比它大的放右边；经过分区后，该基准就处于数列的中间位置，其左边的数全比基准小（称为小于子序列），右边的数全比基准大（称为大于子序列）。然后再按照此方法对小于子序列和大于子序列分别进行递归到底部时，数列的大小是零或一，数据序列排序完成，递归结束，从而使整个数据序列变成有序排列。

快速排序（图 5.3）操作步骤：假设对数组 a[8]={12，35，6，49，10，9，3，23}采用快速排序法进行升序排序。

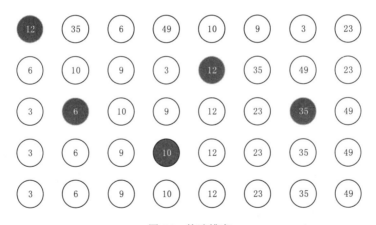

图 5.3　快速排序

第一步：随机选取数列中某一数据，这里选取数列第一个元素 12 作为"基准值" S，以 S 为基准进行拆分数组，把小于 S 的元素排在 S 左侧，大于 S 的排在 S 的右侧，这样重新形成三个数组：元素数值小于 S 的数组 a1[4]={6，10，9，3}，基准值 a2[1]={12}，元素数值大于 S 的数组 a3[3]={35，49，23}。

第二步：采用相同方法对数组 a1[4]继续操作，取 6 作为基准值，得到数组用 a11 表示{3}，{6}，{10，9}；对数组 a3[3]进行快速排序，以 35 作为基准值，得到的数组用 a31

表示{23}，{35}，{49}，直到数组每个子集只有一个元素，不需要继续拆分。

第三步：对数组 a11 的拆分数组{10，9}继续进行快速排序，得到{9}，{10}。排序结束。

第四步：经过快速排序操作后数组中的数据实现升序排列 a[8]={3，6，9，10，12，23，35，49}。

5.5　非线性数据、图的遍历算法

前面介绍了非线性数据结构的定义，非线性结构包括广义表、树结构、图结构。图在实际生活中有很多例子，比如交通运输网、地铁网络、社交网络等都可以抽象成图结构，图是多对多的关系。

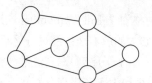

如图 5.4 所示，图是由顶点（Vertex 图中的数据元素，由圆圈表示，标示为 V_i）集合及顶点间的关系（边 Edge：图中连接顶点的线）集合组成的一种数据结构：Graph=(V,E)，V={x|x∈某个数据对象}是顶点的有穷非空集合；E={(x,y)|x,y∈V}是顶点之间关系的有穷集合，也称作边

图 5.4　图的表示

（Edge），在图中的数据元素通常称为顶点 V。顶点集合不能为空，边集合可以为空。

图 5.5 给出了三种图的表示。

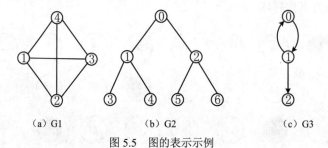

（a）G1　　　　　　　　（b）G2　　　　　　　　（c）G3

图 5.5　图的表示示例

图算法中最基础的就是图的遍历，图的遍历是从某个顶点出发的，沿着某条搜索路径对图中所有顶点各做一次访问，基本方法有两种：深度优先搜索（DFS）和广度（某些场合也称为宽度优先）优先搜索（BFS）。

5.5.1　深度优先搜索 DFS（depth first search）

深度优先搜索是图算法的一种，是一个针对图和树的遍历算法。深度优先搜索是图论中的经典算法，利用深度优先搜索算法可以产生目标图的相应拓扑排序表，利用拓扑排序表可以方便地解决很多相关的图论问题，如求图中任意两顶点之间的最短路径问题等。

DFS 的算法思想：从图中某个顶点 V 出发，访问此顶点，然后从顶点 V 的未被访问的邻接点出发深度优先遍历图，直到图中所有和 V 有路径相通的顶点都被访问到。

DFS 的大致思想就是从起点出发，首先访问与该起点连通的某未访问过的节点，然后以该节点为新的起点再次访问与其连通的某未访问过的节点，直至无节点可访问，则退回上一步，继续寻找是否存在满足连通且未访问的节点，若也无新节点，则再次退回上一步，周而复始直至所有节点都被访问，那么结束本次的 DFS 搜索。

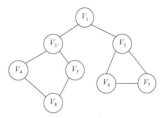

图 5.6　BFS 和 BFS 访问示例图

深度优先搜索的过程类似于树的先序遍历，首先从例子中体会深度优先搜索。图 5.6 所示的是一个无向图，假设给定图 G 的初态是所有顶点均未访问过，在 G 中任选一个顶点 V_i 作为初始出发点。采用深度优先算法遍历这个图的过程如下。

第一步：首先任意选择一个未被遍历过的顶点，例如从 V_1 开始，由于 V_1 率先访问过了，所以，需要标记 V_1 的状态为访问过。

第二步：然后遍历 V_1 的邻接点，假设访问 V_2，并做标记，然后以 V_2 为新起点，访问 V_2 的邻接点，例如 V_4（做标记），再 V_8，然后 V_5，它的特点是尽可能先对纵深方向进行搜索，故称为深度优先搜索。

第三步：当继续遍历 V_5 的邻接点时，根据之前做的标记显示，所有邻接点都被访问过了。此时，从 V_5 回退到 V_8，看 V_8 是否有未被访问过的邻接点，如果没有，继续回退到 V_4，V_2，V_1。

第四步：通过查看 V_1，找到一个未被访问过的顶点 V_3，继续遍历，然后访问 V_3 的邻接点 V_6，然后 V_7。

第五步：由于 V_7 没有未被访问的邻接点，所有回退到 V_6，继续回退至 V_3，最后到达 V_1，发现没有未被访问的。

第六步：最后一步需要判断是否所有顶点都被访问，如果还有没被访问的，以未被访问的顶点为第一个顶点，继续依照上边的方式进行遍历。

根据上边的过程分析可以得到，通过深度优先搜索获得的顶点的遍历次序为

$$V_1 \rightarrow V_2 \rightarrow V_4 \rightarrow V_8 \rightarrow V_5 \rightarrow V_3 \rightarrow V_6 \rightarrow V_7$$

5.5.2　宽度优先搜索 BFS（breadth first search）

宽度优先搜索遍历类似于树的按层次遍历。从图中的某一顶点出发，遍历每一个顶点时，依次遍历访问其所有的邻接点，然后再从这些邻接点出发，同样依次访问这些邻接点的邻接点。按照此过程，直到图中所有被访问过的顶点的邻接点都被访问到。

宽度优先搜索的基本思想是：首先访问出发点 V_i，接着依次访问 V_i 的所有邻接点 $W_1, W_2, \cdots, W_n$，再依次访问与 $W_1, W_2, \cdots, W_n$ 邻接的所有未曾访问过的顶点，以此类推，直至图中所有和出发点 V_i 有路径相通的顶点都访问到为止。此时，从 V_i 开始的搜索过程结束，若 G 是连通图则遍历完成。显然，上述搜索法的特点是尽可能先对横向进行搜索，故称为宽度优先搜索。最后还需要做的操作就是查看图中是否存在尚未被访问的顶点，若有，则以该顶点为起始点，重复上述遍历的过程。

仍以图 5.6 中的无向图为例，进行宽度优先搜索，步骤如下。

第一步：假设 V_1 作为起始点，与其连通的为 V_2 和 V_3，则先遍历其所有的邻接点 V_2 和 V_3，发现 V_1 为起点已无未访问过的节点后，结束第一层次的遍历。

第二步：以 V_2 为起始点，访问邻接点 V_4 和 V_5，发现 V_2 为起点已无未访问过的节点后，再以 V_3 为起始点，访问邻接点 V_6 和 V_7，发现 V_3 为起点已无未访问过的节点后，结束第二层次的遍历。

第三步：以 V_4 为起始点访问 V_8，以 V_5 为起始点，由于 V_5 所有的邻接点已经全部被访问，所以直接略过，V_6 和 V_7 也是如此。

以 V_1 为起始点的遍历过程结束后，判断图中是否还有未被访问的点，由于图 5.6 中没有未被访问的点了，所以整个图遍历结束。遍历顶点的顺序为

$$V_1 \rightarrow V_2 \rightarrow V_3 \rightarrow V_4 \rightarrow V_5 \rightarrow V_6 \rightarrow V_7 \rightarrow V_8$$

5.6　其　他　算　法

5.6.1　递推与递归算法

5.6.1.1　递推算法（recursion method）

递推算法是一种简单的算法，即通过已知条件，利用特定关系得出中间推论，逐步推论，直至得到要求结果的算法。递推算法是一种用若干步可重复的简单运算（规律）来描述复杂问题的方法。

这里以斐波那契数列为例讨论顺推法的算法实现过程。13 世纪意大利数学家列昂纳多·斐波那契的《算盘书》中记载了斐波那契数列（Fibonacci Sequence），又称黄金分割数列，数学家列昂纳多·斐波那契以兔子繁殖为例子来引入。

这是一个有趣的古典数学问题：有一对兔子，从出生后第三个月起每个月都生一对兔子，小兔子长到第三个月后每个月又生一对兔子。假设所有兔子都不死，问每个月的兔子总数为多少？

1、1、2、3、5、8、13、21、34、…在数学上，斐波纳契数列从第三项开始每一项均是前两项的和，从已知第一项和第二项都为 1 开始，推出第三项的数值 2，依次推出每个月的兔子总对数等于前两个月兔子数的总和：

$$F(0) = 0, F(1) = 1,$$
$$F(n) = F(n-1) + F(n-2) \quad (n \geqslant 2,\ n \in N)$$
$$F(0), F(1), \cdots, F(n)$$

F 表示第 n 个月的兔子数量。

依据已知条件，按照特定关系得出中间推论，依次推算出后续结果，这种算法就是递推算法，对于斐波那契"兔子问题"，通过递推算法求得我们关心的月份的兔子数量。

5.6.1.2　递归算法（recursive algorithm）

递归算法的定义：如果一个对象的描述中包含它本身，就称这个对象是递归的，这种用递归来描述的算法称为递归算法。"递归"是计算机程序设计的一种基本而重要的算法。递归方法通过程序内部的过程、函数或子程序调用自身，将问题转化为本质相同但规模较

小的子问题，是分治策略的具体体现。

递归设计在函数中有调用自身的语句；在使用递归策略时，必须有明确的递归结束条件。

递归的基本思想是把一个大型复杂的问题层层转化为一个与原问题相似的规模较小的问题来求解。在计算机科学中，如果一个函数的实现中，出现对函数自身的调用语句，则该函数称为递归函数。

例如上述斐波那契数列通项的求解：$F(n) = F(n-1) + F(n-2)$ 的问题，在 $F(n)$ 求解中调用了 $F(n-1)$ 和 $F(n-2)$，$F(n-1)$ 的求解中会调用 $F(n-2)$ 和 $F(n-3)$，每一步的算法是相同的，这样在求解过程中就不断地调用函数自身来进行求解，直到回归到已知数值的 $F(0)$ 和 $F(1)$，这就是递归算法。

递推算法和递归算法是有差别的，递推是直接使用已知的条件进一步推出未知的问题；递归则是将大问题逐渐转化为若干个相同的子问题，直到得到已知的最小子问题的解，再回溯，依次得到问题的答案。

递推算法可以用递归函数来实现。一般来说，循环递推算法比递归函数要快，但递归函数的可读性更好。

5.6.2 贪心算法

贪心算法（又称贪婪算法）在对问题求解时，根据题意选取一种量度标准，总是做出在当前看来是最好的选择。贪心算法是一种对某些求最优解问题更简单、更快的设计技术。贪心算法的特点是分步求解，在当前分步情况下，以某个优化量度作最优选择条件，不考虑其他量度的情况下，找到问题的解决办法，避免了为找最优解而穷尽所有可能而耗费大量时间、精力，进入下一步。采用自顶向下，以迭代的方法做出相继的贪心选择，每做一次贪心选择就将所求问题简化为一个规模更小的子问题，通过每一步贪心选择，可得到问题的当前依据某个最优测度的一个最优解，虽然每一步都要保证能获得局部最优解，但由此产生的全局解有时不一定是最优的，所以贪婪算法不需要回溯。

对于一个给定的问题，往往可能有好几种量度标准。初看起来，这些量度标准似乎都是可取的，但实际上，用其中的大多数量度标准做贪婪处理所得到该量度意义下的最优解并不是问题的最优解，而是次优解。因此，选择能产生问题最优解的最优量度标准是使用贪婪算法的核心。

一般情况下，要选出最优量度标准并不是一件容易的事，但对某问题能选择出最优量度标准后，用贪婪算法求解则特别有效。

贪心算法基本思想：

（1）建立数学模型来描述问题。

（2）把求解的问题分成若干个子问题。

（3）对每一子问题求解，得到子问题的局部最优解。

（4）把子问题的局部最优解合成原来求解问题的一个解。

结合一个贪心算法的经典例子——背包问题：有 N 件物品（每件物品为一件）和一个承重为 G 千克的背包，每件物品的质量是 W_i，价值是 P_i，试求将哪几件物品装入背包可使这些物品总质量不超过 G。

假设有 8 件物品，每件物品的价值和重量列表见表 5.1，背包承受的最大质量为 170kg。

表 5.1   物品质量和价值分配表

物品	1	2	3	4	5	6	7	8
质量/kg	45	30	65	55	25	20	35	70
价值	20	40	30	45	50	35	25	60
价值/质量	0.44	1.33	0.46	0.82	2	1.75	0.71	0.86

根据题意要求，装入包内物品总质量不能超过 170kg，可以有三种量度标准，对应有三种贪心策略。

（1）以"质量"作为量度，追求包内所装物品数量最多，每次挑选所占质量最小的物品装入包中。

第一步：根据选取质量最小的物品的策略，选择 6 号物品，剩余 7 样物品，包能承受剩余质量 $G_1=G-20=150$（kg）。

第二步：在第一步简化基础上，继续采用贪心算法，选取 5 号物品，剩余 6 样物品，包能承受剩余质量 $G_2=G_1-25=125$（kg）。

第三步：以此类推，最终装入背包的物品编号依次是 6、5、2、7、1，此时包中物品总质量是 155kg，总价值是 170。

（2）根据贪心的策略，以"价值"作为量度，每次挑选价值最大的物品装入背包中，试分析是否能获得装入背包价值最高的结果。

第一步：根据选取价值最大的物品的策略，选择 8 号物品，剩余 7 样物品，包能承受剩余质量 $G_1=G-70=100$（kg），价值为 60。

第二步：在第一步简化基础上，继续采用贪心算法，选取 5 号物品，剩余 6 样物品，包能承受剩余质量 $G_2=G_1-25=75$（kg），价值 110。

第三步：以此类推，最终装入背包的物品编号依次是 8、5、4，此时包中物品总质量是 150kg，总价值是 155。

（3）选取价值/质量比作为量度，每次选取价值/质量比最大的物品，作为解题的策略，依照上述方法和步骤，可以得到最终装入包中物品的编号为：5、6、2、8，质量是 145kg，总价值是 185。

5.6.3 分治算法

分治算法是一种很重要的算法，字面上的解释是"分而治之"，就是把一个复杂的问题分成两个或更多个相同或相似的子问题，再把子问题分成更小的子问题……直到最后子问题可以简单地直接求解，原问题的解即子问题的解的合并，这个技巧是很多高效算法的基础。分治算法可以求解的一些经典问题，例如：二分查找算法、大整数乘法、棋盘覆盖、合并排序、快速排序、线性时间选择、循环赛日程表、汉诺塔等问题。

二分查找算法属于典型的分治算法，是一种在有序数列中查找某一特定元素的搜索算法。

二分查找算法的基本思想：搜索过程从数组的中间元素开始，如果中间元素正好是要查找的元素，则搜索过程结束；如果所搜索元素大于或者小于中间元素，则在数组大于或小于中间元素的那一半中查找，查找方法仍然采用二分查找算法，直到找到为止。如果没有，则代表找不到。这种搜索查找算法每一次比较都使搜索范围缩小一半。

二分查找算法具体实现步骤：设已升序排序数列为 $a[0]$，$a[1]$，$a[2]$，$\cdots$，$a[n]$，中间元素为 $a[mid]$，所要搜索数据为 X。

第一步：首先选取数列中间元素作为搜索对象，与待查数据 X 进行比较，若 $a[mid]=X$，搜索结束。

第二步：若 $a[mid]>X$，则由数列的有序性可知所要搜索的数据 X 一定位于 a[mid]元素的左侧，以左侧元素 $a[0]$，$a[1]$，$a[2]$，$\cdots$，$a[mid-1]$构造新的数列，继续采用二分法进行搜索。

第三步：若 $a[mid]<X$，则由数列的有序性可知所要搜索的数据 X 一定位于 a[mid]元素的右侧，以右侧元素 $a[mid+1]$，$\cdots$，$a[n]$构造新的数列，继续采用二分法进行搜索。

二分查找算法的优点是比较次数少，查找速度快，平均性能好；其缺点是要求待查表为有序表，必须采用顺序存储结构，按关键字大小有序排列，且插入和删除困难。因此，二分查找算法适用于不经常变动而查找频繁的有序列表。

5.6.4 动态规划算法（dynamic programming 最短路径）

动态规划是运筹学的一个分支，动态规划是求解多阶段决策过程（decision process）的最优化问题的一种方法。阶段决策过程是指这样的一类特殊的活动过程：问题可以按时间顺序分解成若干相互联系的阶段，在每一个阶段都要做出决策，全部过程的决策是一个决策序列。动态规划是求解决策过程最优化的数学方法，通常情况下应用于最优化问题，这类问题一般有很多个可行的解，我们希望从中找到最优的答案。在计算机科学领域，应用动态规划的思想解决的最基本的一个问题就是：寻找有向无环图（篱笆网络）中两个点之间的最短路径，动态规划算法可应用于地图导航、语音识别、机器翻译等问题的解决中。

动态规划算法基本思想：基本思想与分治法类似，也是将待求解的问题分解为若干个子问题（阶段），按顺序求解子阶段，前一子问题的解为后一子问题的求解提供了实用的信息。

在求解任一子问题时，列出各种可能的局部解，通过决策保留那些有可能达到最优的局部解，丢弃其他局部解。依次解决各子问题，最后子问题就是初始问题的解。

因为动态规划解决的问题多数有重叠子问题这个特点。为避免反复计算，对每个子问题仅仅求解一次，将其不同阶段的不同状态保存在一个二维数组中。

动态规划算法与分治法最大的区别是：适合于用动态规划法求解的问题，经分解后得到的子问题往往不是互相独立的（下一个子阶段的求解是建立在上一个子阶段的解的基础上的）。

能采用动态规划求解的问题一般要具有 3 个性质。

（1）最优化原理：假设问题的最优解所包括的子问题的解也是最优的，就称该问题具有最优子结构，即满足最优化原理。

（2）无后效性：即某阶段状态一旦确定，就不受这个状态以后决策的影响。也就是说，某状态以后的过程不会影响曾经的状态，仅仅与当前状态有关。

（3）有重叠子问题：即子问题之间是不独立的，子问题在下一阶段决策中可能被多次使用到（该性质并不是动态规划适用的必要条件，但是如果没有这条性质，动态规划算法同其他算法相比就不具备优势）。

动态规划算法基本步骤：动态规划所处理的问题是一个多阶段决策问题，一般由初始状态开始，通过对中间阶段决策的选择，达到结束状态。这些决策形成了一个决策序列，同时确定了完成整个过程的一条活动路线一般要经历以下几个步骤。

第一步：划分阶段，按照问题的时间或空间特征，把问题分为若干个阶段。在划分阶段时，注意划分后的阶段一定是有序的或者是可排序的，否则问题就无法求解。

第二步：确定状态和状态变量，将问题发展到各个阶段时所处于的各种客观情况用不同的状态表示出来。状态的选择要满足无后效性。

第三步：确定决策并写出状态转移方程，因为决策和状态转移有着天然的联系，状态转移就是根据上一阶段的状态和决策来导出本阶段的状态。

第四步：寻找边界条件，给出的状态转移方程是一个递推式，需要一个递推的终止条件或边界条件。

使用动态规划求解问题，最重要的就是确定动态规划三要素，即问题的阶段、每个阶段的状态、从前一个阶段转化到后一个阶段之间的递推关系。

第6章

计算机网络的发展、功能及分类

6.1　计算机网络的发展历程

第一代计算机网络：以单主机为中心，面向远程终端的联机系统，主机可同时处理多个远方终端的请求，负荷重、效率低。典型代表是美国麻省理工学院林肯实验室为美国军方设计的 1954 年推出的半自动化地面防空系统（SAGE），它将远程雷达和其他测量设施获得的信息通过通信线路与基地的一台 IBM 计算机连接，进行集中的防空信息处理与控制。其特点是终端不具备自主处理数据的能力，无法实现远程数据传送、资源共享。

第二代计算机网络：以资源共享为主，采用分组交换技术，以多计算机为中心的计算机互联阶段。1964 年美国 Rand 公司提出"存储转发"的方法和 1966 年英国国家物理实验室提出"分组交换"的方法，此后独立于电话网络的、实用的计算机网络才开始了真正的发展。美国的分组交换网 ARPANET 于 1969 年 12 月投入运行，被公认是最早的分组交换网。这个时期，以能够相互共享资源为目的互联起来的具有独立功能的计算机集合体，共同构成以通信子网为核心，以资源子网为目的的计算机网络。

第三代计算机网络：计算机网络的互联互通，制定统一的网络体系结构标准。所有计算机遵循统一协议，强调以实现网络资源共享为目的。ARPANET 出现后，计算机网络迅猛发展。这时，两种国际通用的最重要的体系结构应运而生，即 OSI 体系结构和 TCP/IP 体系结构。此外，20 世纪 80 年代，局域网也得到了大规模的发展，国际电气电子工程师协会（Institute of Electrical and Electronics Engineer，IEEE）专门成立了 802 委员会来负责制定局域网标准。

第四代计算机网络：国际互联网阶段，以互联网为核心的计算机网络高速化、智能化、移动化发展。"信息高速公路（国家信息基础设施）、国家网络互联"把分散的世界各地网络连接起来，在更大范围内实现资源共享。20 世纪 90 年代初至今是计算机网络飞速发展的阶段，其主要特征是：计算机网络化，协同计算能力发展及全球互联网的盛行。同时，随着移动通信技术的发展和移动终端的普及，人们已经进入了移动互联发展的新时代。

6.2 计算机网络的定义和组成

6.2.1 计算机网络的定义

计算机网络是利用通信线路和网络设备将位于不同地理位置的且具有独立功能的计算机连接起来，在相应的通信协议和网络软件的支持下，实现计算机的分布与协同工作，进行信息交换和软硬件资源共享。

计算机网络系统的要点如下：

（1）分布的地理位置不同。

（2）互联的计算机具有独立功能。

（3）通过通信线路和网络设备连接。

（4）通过通信协议和网络软件控制与管理。

（5）以资源共享为核心。

其中计算机、通信线路和网络设备以及通信协议和网络软件是组成网络的三大要素。

6.2.2 计算机网络的组成

通信子网：位于网络内层，负责网络数据传输、转发等通信处理任务。分组交换网中，主机之间由接口报文处理机（IMP）转接后互联。IMP 和通信线路一起负责主机间的通信任务，构成了通信子网。位于网络的内层，由通信控制处理器、通信设备与通信线路组成，主要负责数据传输，负责解决网络传输和网间互联问题。

通信子网互联的主机负责运行程序，提供资源共享，组成了资源子网。资源子网位于网络的外层，由外围计算机（主机、终端、附属设备）及通信协议、其他网络软件组成，主要负责全网数据处理和向网络用户提供资源共享。位于网络的外围，提供各种网络资源和网络服务，网上主机负责数据处理。

6.3 计算机网络的功能和分类

6.3.1 通信和共享

6.3.1.1 信息交换

计算机网络最基本的功能是实现计算机之间快速、可靠地传送各种信息。信息通信（电子邮件、新闻发布、电子商务、即时信息、网络电话、微博/社交网络）加快人们之间的信息交流和信息传播，这体现了它的实时性与便捷性。

6.3.1.2 资源共享

计算机网络最主要的功能是共享网络上的硬件设备和软件及数据资源。硬件资源共享包括处理器（云计算）、存储设备（云存储）、I/O 设备（远程打印）等。软件和数据资源共享包括各种信息/数据、数据库、音视频、文献资料、软件、应用商店，便于集中管理，提供高效的数据/软件共享平台。

6.3.1.3 分布式处理

利用网络环境可实现分布处理和建立性能优良、可靠性高的分布式功能数据库系统，将多台计算机整合起来共同承担计算和存储任务。负荷均衡和分布处理可以节省投资，便于集中管理和均衡分担负荷，使资源随时随地具有可用性。

下面从不同的划分角度对计算机网络进行分类。

6.3.2 按覆盖范围与规模分类

6.3.2.1 局域网（local area network，LAN）

（1）小于 10km 的覆盖范围。

（2）有线与无线连接兼有。

（3）结构简单容易实现。

（4）网内传输速率较高，误码率低。

（5）技术成熟，易于扩充管理。

（6）它是广域网的组成部分。

（7）局域网主要有两种：以太网（Ethernet）和无线局域网（WLAN）。

6.3.2.2 城域网（metropolitan area network，MAN）

（1）几十千米到几百千米范围。

（2）在一个城市或地区，连接多个不同应用的局域网，城域网是为整个城市而不是为某一个特定部门服务的。

（3）城域网建设更集中于通信子网上。

（4）城域网是本地用户通向国内或国际广域网的桥梁。

6.3.2.3 广域网（wide area network，WAN）

（1）覆盖范围更广，从几百千米到几千千米。

（2）由通信子网和资源子网组成。

（3）数据传输率比局域网低，而信号的传输延迟比局域网要大得多。

（4）采用存储转发方式进行数据交换。

（5）可以连接任意远的任意两台计算机。

6.3.2.4 互联网（Internet）

（1）多个网络相互连接构成的集合。

（2）通过专用设备进行转换连接。

（3）互联的方式可以进行局域网与局域网互联、局域网与广域网互联、若干局域网通过广域网互联。

（4）Internet 是目前覆盖范围最大、应用最广的国际互联网，是由许多局域网和广域网通过相同的通信协议连接组成的互联网络。

6.3.3 按通信传输技术分类

6.3.3.1 广播式网络

网络中所有节点都利用一个公共通信信道来"广播"和"收听"，数据发送的数据分组中附带上发送节点的地址（源地址）和接收节点的地址（目的地址）。

6.3.3.2　点-点式网络

每条链路连接一对节点，如果两节点之间直接链路，则可以直接发送和接收数据。没有直接链路，则它们之间就要通过中间节点来转发数据。由于网络链路结构可能复杂，因此中间节点上的接收、存储、路由转发操作是必不可少的。

6.3.4　按通信介质分类

有线网是采用同轴电缆、双绞线、光纤等物理介质传输数据的网络。无线网是采用卫星、微波等无线形式来传输数据的网络。

6.3.5　按传输信号形式分类

计算机网络按传输信号形式分类可分为基带网和宽带网。基带网传送数字信号，信号占用整个频道，但传输范围较小。宽带网传输模拟信号，同一信道上可传输多路信号，传输范围较大。目前，局域网中大多采用基带传输方式。

6.3.6　按拓扑结构分类

计算机网络按照拓扑结构可以分为总线形、星形、环形、树形、网状结构。

6.3.6.1　总线形结构网络

总线形结构是采用一根传输总线作为传输介质，各个节点都通过网络连接器连接在总线上。总线形结构网络的优点是结构简单、可靠性高；缺点是总线传输距离短、故障诊断困难等。总线形结构网络如图 6.1 所示。

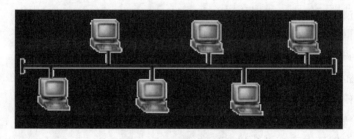

图 6.1　总线形结构网络

6.3.6.2　星形结构网络

星形结构由一个中心节点和分别与其单独连接的其他节点组成，各个节点之间的通信必须通过中央节点来完成。星形结构的优点是采用集中式控制，容易重组网络；某一节点出现故障，不影响其他节点的工作。星形结构的缺点是对中心节点的要求较高，因为一旦中心节点出现故障，系统将全部瘫痪。星形结构网络如图 6.2 所示。

6.3.6.3　环形结构网络

环形结构是将所有的工作站串联在一个封闭的环路中。数据总按一个方向逐节点地沿环传递。环形结构网络的优点是网络管理简单，通信设备和线路较为节省；缺点是当一个节点故障时，整个网络就不能工作，对故障的诊断困难，网络重新配置也比较困难。环形结构网络如图 6.3 所示。

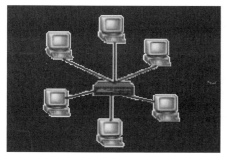

图 6.2　星形结构网络

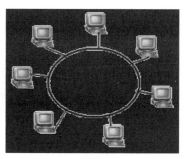

图 6.3　环形结构网络

6.3.6.4　树形结构网络

主机按级分层连接，是星形结构的扩展，它采用分层结构，具有一个节点和多层分支节点。树形结构网络的优点是控制线路简单，管理也易于实现，它是一种集中分层的管理形式；缺点是数据要经过多级传输，系统的响应时间较长，对根节点依赖高。树形结构网络如图 6.4 所示。

6.3.6.5　网状结构网络

网状结构主要指各节点通过传输线互相连接起来，并且每一个节点至少与其他两个节点相连。网状结构网络的优点是具有较高的可靠性；缺点是结构复杂，实现起来费用较高，不易管理和维护。网状结构网络如图 6.5 所示。

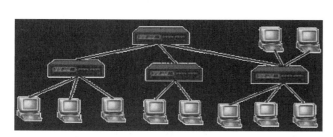

图 6.4　树形结构网络

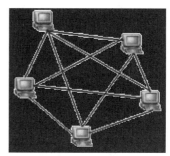

图 6.5　网状结构网络

6.4　网络传输介质

6.4.1　有线传输介质

6.4.1.1　双绞线（1-超 6 类线）

双绞线有一类至六类，目前最常用的是超五类双绞线。由 2 根、4 根或 8 根绝缘导线组成，两根为一线对作为一条通信链路。为减少各线之间的电磁干扰，各线以均匀对称的方式，螺旋状扭绞在一起。

双绞线的传输距离小于 100m，组网方便，价格便宜。双绞线及 RJ45 插头如图 6.6 所示。

图 6.6　双绞线及 RJ45 插头

6.4.1.2　同轴电缆

同轴电缆由内导体、外屏蔽层、绝缘层、外部保护层组成。它连接的地理范围比双绞线宽，可达几千米至几十千米。同时，它的抗干扰能力强，使用维护方便，传输速率与双绞线类似，但是价格较双绞线高。同轴电缆及接头如图 6.7 所示。

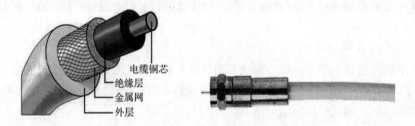

电缆铜芯
绝缘层
金属网
外层

图 6.7　同轴电缆及接头

6.4.1.3　光纤

光纤电缆简称光缆。一条光缆是由多条光纤（由玻璃或塑料拉成的极细的能传导光波的细丝），外面再包裹多层保护材料构成的。传输原理是通过内部的全反射来传输一束经过编码的光信号。

（1）多模光纤，芯线粗、传输距离短、成本低。

（2）单模光纤，成本高、可远距离传输，应用广泛。单模光纤由于不受外界条件的干扰，传播得远，容量大。光纤如图 6.8 所示。

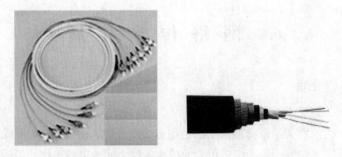

图 6.8　光纤

6.4.2　无线网

采用无线介质连接的网络称为无线网。

6.4.2.1　无线电、微波通信

（1）通信不受雨、雾等天气的影响。

（2）通过微波中继站来延长微波通信的距离。

6.4.2.2　红外线通信、激光

（1）控制简单、实施方便、保密性强、信息容量大。

（2）通信距离短，易受尘埃等物质的影响，遇障碍物通信将中断。

（3）激光具有很强的方向性、很高的单色性、很高的亮度。

6.4.2.3　卫星通信

（1）频带宽、容量大。

（2）通信距离远、可靠性高。

（3）使用转发器接收和转发。两个地面站之间的传送距离：50～100km。

（4）传输易受到障碍物、天气和外部环境的影响。

6.4.2.4　生活中的无线连接

（1）Wi-Fi。通常是在有线局域网的基础上通过无线接入点实现无线接入的，例如，我们常说的 Wi-Fi 连接，实际上就是利用可上网的手机进入到无线局域网（WLAN）接入环境中，经过配置和连接就可以接入 Internet 了。Wi-Fi 可用于 PC、手机、平板电脑、笔记本电脑上网。

（2）5G（5th-generation）。采取数字全 IP 技术，整合了新型无线接入技术和现有的WLAN、4G、3G、2G 等无线接入技术，是一个真正意义上的融合网络。带有 3G/4G/5G 无线网卡的计算机或移动终端在购买资费卡的情况下经过配置和连接就可连接网络。

（3）蓝牙。一种短距离无线通信技术，可实现固定设备、移动设备和楼宇个人域网之间的短距离数据交换（使用 2.4～2.485GHz 的 ISM 波段的 UHF 无线电波）。蓝牙技术最初由电信巨头爱立信公司于 1994 年创制，当时是作为 RS232 数据线的替代方案，最早应用于手机无线传输数据。蓝牙可连接多个设备，解决了数据同步的难题。目前我们在用的电子设备几乎都配备蓝牙功能，出门可以用蓝牙卡，或者出门没有 Wi-Fi 的地方可以利用蓝牙技术分享网络。

6.5　计算机网络体系结构及网络协议

计算机网络体系结构指计算机网络的各个层次及其在各层上使用的协议的集合。

网络协议（protocol）是计算机网络中通信双方为了实现通信而设计的规则、标准或约定的集合。网络协议是关于信息传输顺序、信息格式和信息内容等的约定。正如人们交流需要采用共同的语言，在计算机网络中，只有配置相同协议的计算机才能够进行通信。

计算机网络被设计成为层次结构——把复杂的信息传输划分为若干个相对简单的子功能，在不同层次上予以实现。每一层包含若干个协议，用于实现本层的功能。协议是按层次结构来组织的，协议定义了对等层之间的通信规则。相似的功能在同一层，对等层有相应的网络协议，协议定义了对等层之间的通信规则和约定。实体表示任何可发送或接收

信息的硬件或软件进程，在协议的控制下，两个对等实体间的通信使得本层能够向上一层提供服务，要实现本层协议，还需要使用下层所提供的服务。

网络协议分层的好处是各层之间是独立的、灵活性好、结构上可分割开、易于实现和维护、能促进标准化工作。网络层次结构模型与各层协议的集合称为网络体系结构。

主要的网络层次结构模型有 OSI 参考模型和 TCP/IP 体系参考模型。

6.5.1 OSI 七层结构模型及对应的协议

国际标准化组织 ISO 的开放系统互联参考模型（Open System Interconnection Reference Model，OSI-RM），是 ISO 1981 年为解决不同系统的互联而提出的参考模型，世界上任何地方的任何两个系统，只要都遵循 OSI 标准，它们之间就可以相互通信。OSI-RM 采用自下向上 7 层结构——将数据从一个站点到达另一个站点的工作按层分割成 7 个不同的任务。7 层结构的通信协议定义如下：

（1）物理层。决定设备之间的物理接口以及数字比特传送的规则。

（2）数据链路层。保证物理链路上数据的可靠传送，负责数据块的传送并进行必要的同步控制、差错控制和流量控制。

（3）网络层。利用数据链路层提供的邻接节点间的无差错数据传输功能，通过路由选择和中继功能，实现两个端系统之间的连接以及传输数据分组。规定网络连接的建立、维持和拆除等协议。物理层、数据链路层和网络层构成一个通信子网。

（4）传输层。利用下面三层所提供的网络服务向高层提供可靠的、端到端的透明数据传输，根据发送端和接收端地址定义一个跨过网络的逻辑连接，并完成端到端的差错控制和流量控制功能。不属于通信子网，只存在于通信主机中。

（5）会话层。提供一种经过组织的方法在用户之间交换数据。在用户间建立、维持和终止会话关系；区分不同的应用程序建立的连接，将通信流引导到正确的应用程序。用户能够选择同步类型和所需要的控制。

（6）表示层。将发送方应用层的数据转换为接收方应用层能够识别的格式，提供字符代码、数据格式、控制信息格式、加密等统一表示。对应用层信息内容的形式进行交换，而不改变内容。

（7）应用层。为网络用户和网络应用程序提供网络服务和操作界面。提供应用进程之间进行信息交换的基本服务。具有管理功能，提供一些公共的应用程序。

6.5.2 TCP/IP 模型及协议

OSI 参考模型比较复杂，所以还没有真正应用。Internet 中真正使用的是 TCP/IP 的体系结构，互联网采用 TCP/IP 协议。TCP/IP（Transmission Control Protocol/Internet Protocol）协议是 Internet 最基本的协议，是 Internet 国际互联网络的基础。

TCP/IP 体系参考模型是为实际使用的互联网设计的分层模型。TCP/IP 协议采用 4 层结构实现互联，从下到上分别为网络接口层、网际层 IP、传输层（TCP 或 UDP）和应用层（各种应用层协议如 Telnet、FTP、SMTP 等）。

（1）TCP/IP 的体系结构如下：

1）网络接口层。提供与物理层的接口、负责接收 IP 数据报，并通过物理网络发送出去、从网络上接收物理帧，去掉本层相应的控制信息，将剩下的数据上交 IP 层、对物理网络上传送的数据进行错误检查。

2）网际层 IP。负责互联网中的基本通信、处理来自传输层的分组发送请求，将数据"打包"，填入相应的包头控制信息，并发送出去、接收或转发数据报，检查数据报的合法性、处理传输路径、流量控制、网络拥塞等问题。

3）传输层。提供端到端应用程序间的通信，保证可靠传输、处理流量控制等，定义了两个端到端的协议 TCP 或 UDP。

4）应用层。应用层提供了网络上计算机之间的各种应用服务及应用协议（为某个应用制定的，用于通信及相互协作必须遵守的规则），包含所有的高层协议 Telnet、FTP、SMTP、POP3、HTTP、DNS 等。

（2）TCP/IP 协议主要工作：

1）传输控制协议（TCP）。将要传送的信息分割成几部分，每部分标有序列号和接收地址。然后将这些分割的报文通过网络发送。TCP 协议是面向连接的通信协议，提供的是一种可靠的数据流服务，如 HTTP、SMTP、FTP 等。

2）网际协议（IP）。IP 协议负责将数据报发送到指定的地址（这个地址称为 IP 地址），在传送时它在主机间寻址并为数据报设定传送路径。IP 数据报中含有发送它的源地址和接收它的目的地址。

（3）TCP/IP 协议的主要特点：

1）标准化。几乎任何网络软件或设备都能在该协议下运行。

2）可路由性。用户可以将多个局域网连成一个大型互联网络。

TCP/IP 的主要应用协议有 Telnet 远程登录、FTP 文件传输协议、SMTP 简单邮件传送协议、HTTP 超文本传输协议、DNS 域名系统服务、NNTP 网络新闻传输协议、SNMP 简单网络管理协议。

6.5.3　OSI/RM 与 TCP/IP 参考模型的对应关系

法律上的国际标准 OSI 并没有得到市场的认可。非国际标准 TCP/IP 获得了最广泛的应用。TCP/IP 被称为事实上的国际标准。二者存在的差异：OSI 模型中的协议比 TCP/IP 模型中的协议具有更好的隐蔽性，更能适应技术的进步；TCP/IP 不如 OSI 可用来描述其他的网络体系；支持面向无连接服务和面向连接服务不同；TCP/IP 网络管理功能更强。

TCP/IP 与 OSI 参考模型在网络层次上并不完全对应，但是在概念和功能上基本相同。TCP/IP 与 OSI 参考模型使用协议的对照如下：

TCP/IP 最下面的网络接口层把 OSI 参考模型的数据链路层和物理层放在一起，对应TCP/IP 概念模型的网络接口。对应的网络协议主要是点对点协议（point-to-point protocol，PPP）、高级链路控制协议（high level data link control，HDLC）等。网际层对应 OSI 参考模型的网络层。重要的网际层协议包括网际协议（internet protocol，IP）、网际控制报文协议（internet control message protocol，ICMP）、地址解析协议（address resolution protocol，ARP）和反向地址解析协议（reverse address resolution protocol，RARP）等。传输层对应OSI 参考模型的传输层。传输层包括传输控制协议（transmission control protocol，TCP）

和用户数据报协议（user datagram protocol，UDP），它们是传输层中最主要的协议。TCP/IP与 OSI 参考模型的对应关系如图 6.9 所示。

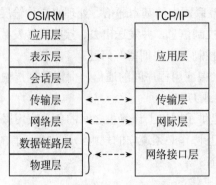

图 6.9 OSI 模型、TCP 体系结构对照表

第7章

互联网的原理、概念及应用

    Internet，中文正式译名为互联网，也称国际互联网、网际网等。它是一个通过公用语言将全球数亿台计算机连接起来的全球性网络，进而实现全球数据通信和资源共享。

    Internet 目前已经极大限度地融入了人们的日常生活中，并且随着 Internet 技术的更新和发展，人们的学习、工作等各种活动都越来越离不开它。它已经成为日常信息的重要来源，是人与人之间重要的交互平台，是学习工作之余的重要娱乐平台，是商家和买家的重要交易平台，同时也是许多人的重要工作场所。而规模如此之大的 Internet，当初却仅仅是从 4 台主机组成的网络中逐步发展起来的。

    Internet 是在 ARPANet 的基础上不断发展、变化而形成的。ARPANet 是美国国防部高级研究计划局 ARPA（Advanced Research Project Agency）为了将几个军事及研究用计算机主机连接起来而建立的，该网于 1969 年投入使用。ARPANet 最初只有 4 个节点，分别是分布在加利福尼亚州大学洛杉矶分校、加利福尼亚州大学圣巴巴拉分校、斯坦福大学、犹他州大学的 4 台大型计算机，这些大型机采用分组交换技术和专门的通信线路实现通信。人们普遍认为这就是 Internet 的雏形。1974 年，TCP/IP 协议诞生，随后美国国防部决定将协议公开，全世界可以无条件免费使用。TCP/IP 协议能将异构的网络和计算机互联，这极大地促进了 Internet 的进一步发展。1983 年，ARPANet 分裂为两部分：ARPANet 和纯军事用的 MILNet。并在 1983 年初，ARPANet 的所有主机的协议都转换成为 TCP/IP 协议。

    1983—1989 年，Internet 逐渐在教育、科研领域发展和普及。其中，最为引人注目的是 NSFNet。这是美国国家科学基金会 NSF（National Science Foundation）在 1986 年建立的主要用于教育科研的网络。NSFNet 使得 Internet 向全社会开放，而不像以前那样仅仅由计算机研究人员、政府职员和政府承包商使用。

    1989 年，从 ARPANet 分离出来的 MILNet 和 NSFNet 实现连接，开始采用 Internet 这个名称，ARPANet 宣告解散。自此，各类局域网和广域网相继并入到 Internet 中，Internet 逐步壮大起来。而 1989 年诞生的万维网（World Wide Web，WWW）更是为 Internet 解决了信息的存储、发布和交换的难题，从此 Internet 进入了高速成长期。20 世纪 90 年代初开始，商业机构开始进入 Internet，成为 Internet 发展的强大推动力，Internet 开始了它的商业化进程，而 Internet 的服务也逐渐向多样化发展。现在 Internet 已进入日常生活的各个领域，其在规模和结构上都有了巨大的发展，可以说 Internet 已成为一个名副其实的"全球网"。

7.1 Internet 的常用协议及对应的模型层次

TCP/IP 协议称为传输控制/网际协议，又称网络通信协议，这个协议是 Internet 国际互联网络的基础。

TCP/IP 是用于计算机通信的一组协议，通常称它为 TCP/IP 协议族。它是 20 世纪 70 年代中期美国国防部为 ARPANET 广域网开发的网络体系结构和协议标准，以它为基础组建的 Internet 是目前国际上规模最大的计算机网络，正因为 Internet 的广泛使用，使得 TCP/IP 成了事实上的标准。

TCP/IP 是网络中使用的基本的通信协议。虽然从名字上看 TCP/IP 包括两个协议——传输控制协议（TCP）和网际协议（IP），但 TCP/IP 实际上是一组协议，它包括 TCP、IP、UDP、ICMP、RIP、TELNET、FTP、SMTP、ARP、TFTP 等许多协议，这些协议一起称为 TCP/IP 协议。

TCP/IP 协议族是一个四层协议系统，自底而上分别是数据链路层、网络层、传输层和应用层。每一层完成不同的功能，且通过若干协议来实现，上层协议使用下层协议提供的服务。TCP/IP 协议栈如图 7.1 所示。

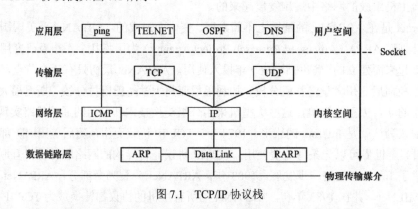

图 7.1 TCP/IP 协议栈

7.2 Internet 的 IP 地址及域名

IP 地址就是给每一个连接在 Internet 上的主机（包括路由器）分配一个在全世界范围内唯一的地址。这个地址由互联网协会的 ICANN（the Internet Corporation for Assigned Names and Numbers）分配，下有负责北美地区的 InterNIC、负责欧洲地区的 RIPENIC 和负责亚太地区的 APNIC，目的是保证网络地址的全球唯一性。

目前计算机网络广泛采用的是 IPv4 地址，但随着 Internet 中计算机网络和计算机接入数的增多，IPv4 地址面临枯竭的境地。因此 IETF（the Internet Engineering Task Force，互联网工程任务组）设计了下一代 IP 协议 IPv6 用于替代现行版本 IP 协议（IPv4），并于 2021 年 6 月在全球范围内正式启用。本节仍以现行版本 IPv4 的 IP 地址进行阐述。

在 IPv4 中，IP 地址由 32 位二进制数组成，分为 4 段（4 字节），每一段为 8 位二进制数（1 字节），每一段 8 位二进制中间使用英文的标点符号"."隔开。由于二进制数太长，为了便于记忆和识别，把每一段 8 位二进制数转成十进制数，大小为 0 至 255。IP 地址的这种表示法叫作"点分十进制表示法"。

IP 地址表示为×××.×××.×××.×××。

例如，210.21.196.6 就是一个 IP 地址的表示。

7.2.1 IP 地址的分类

为了便于寻址以及层次化构造网络，每个 IP 地址均包含两个标识码，即网络号和主机号。同一个物理网络中的所有主机使用同一个网络号，而这个网络中的各个主机（如工作站、服务器、路由器）都有一个局域网内唯一的主机号与之对应。因此 IP 地址的格式可以简单地表示为

IP 地址={<网络号>，<主机号>}

早期，为了给不同规模的网络提供必要的灵活性，IP 地址的设计者将 IP 地址空间划分为 5 种不同的类别，当时是这样考虑的：各种网络的差异很大，有的网络中有很多主机，而有的网络中主机数很少。把 IP 地址划分为不同的类别是为了更好地满足不同用户的需求。这样，当某个单位申请到一个 IP 地址时，实际上是获得了具有同样网络号的一块地址空间，其中具体的主机号由该单位自行分配，只需做到在该单位管辖的范围内无重复的主机号即可。

图 7.2 给出了上述 5 种不同类型的 IP 地址，其中 A、B、C 类为单播地址（一对一通信），见表 7.1。

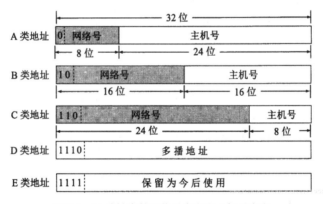

图 7.2   IP 地址中的网络号字段和主机号字段

表 7.1   A、B、C 类 IP 地址

类别	IP 地址范围	私有 IP 地址范围	网络数	网段最大主机数
A	1.0.0.1～ 127.255.255.254	10.0.0.0～ 10.255.255.255	126（2^7−2）	16777214（2^{24}−2）
B	28.0.0.1～ 191.255.255.254	28.0.0.1～ 191.255.255.254	16383（2^{14}−1）	65534（2^{14}−1）
C	192.0.0.1～ 223.255.255.254	192.0.0.1～ 223.255.255.254	2097152（2^{21}−1）	254（2^8−2）

从表 7.1 中可以看出，IP 地址不仅指明了一台主机，还指明了该主机所连接到的网络。

A 类 IP 地址由 1 字节的网络地址和 3 字节的主机地址组成，其中网络地址的最高位必须为 0。A 类 IP 地址中可指派的网络数为 126（2^7-2）个，这里减 2 是由于网络号字段中全 0 的 IP 地址为保留地址，表示本网络，而网络号为 127 的地址保留用于环回测试本机的进程间通信（127.0.0.0～127.255.255.255 是保留地址，用于环回测试，0.0.0.0～0.255.255.255 也是保留地址，用于表示所有的 IP 地址）。A 类 IP 地址中主机号占 3 个字节，因此每个 A 类网络中最大主机数为 16777214（$2^{24}-2$），这里减 2 的原因是，主机号字段为全 0 表示该 IP 地址为本机所属网络的地址（如一个主机的 IP 地址为 5.6.7.8，则该主机所在的网络地址就是 5.0.0.0），而全 1 表示所有的，因此全 1 的主机号字段表示该网络中的所有主机。IP 地址空间共有 2^{32} 个地址，整个 A 类地址空间共有 2^{31} 个地址，占整个地址空间的 50%。

B 类 IP 地址由 2 字节的网络地址和 2 字节的主机地址组成，其中网络地址的最高两位必须为 10。由于网络号字段的前两位固定，后面的 14 位无论怎样都不可能出现全 0 或全 1 的情况，因此这里不存在网络总数减 2 的问题。但实际上 B 类网络地址中 128.0.0.0 是不可指派的，而可以指派的 B 类最小网络地址为 128.1.0.0，因此 B 类地址可指派的网络数为 16383（$2^{14}-1$）个。B 类地址的每个网络上最大主机数为 65534（$2^{16}-2$）个，这里需要减 2 是因为要扣除全 0 或全 1 的主机号。整个 B 类地址空间共约有 2^{30} 个地址，占整个地址空间的 25%。

C 类 IP 地址由 3 字节的网络地址和 1 字节的主机地址组成，网络地址的最高位必须为 110。C 类网络地址中 192.0.0.0 为保留地址不可指派，因此可以指派的网络数为 2097151（$2^{21}-1$）个，同理，C 类地址的每个网络上最大主机数为 254（2^8-2）。整个 C 类地址空间共约有 2^{29} 个地址，占整个地址空间的 12.5%。

7.2.2　IP 地址的设置

自己设置静态 IP 地址可以避免 IP 地址冲突，在计算机少的情况下可以手动设置静态 IP 地址。下面以 Windows 10 为例介绍 IP 地址的设置方法，具体操作步骤如下。

（1）找到屏幕右下角任务栏里的网络图标，鼠标左键单击，在小窗口中单击"网络和 Internet 设置"，如图 7.3 所示。

（2）在弹出的"网络和 Internet 设置"对话框中单击"网络和共享中心"，如图 7.4 所示。

图 7.3　网络图标及打开"网络和 Internet 设置"

图 7.4　"网络和 Internet 设置"对话框

（3）在弹出的"网络和共享中心"对话框中，找到需要连接的网络，单击连接的网络源，如图 7.5 所示。

图 7.5   "网络和共享中心"对话框

（4）在弹出的"WLAN 状态"对话框中，单击"属性"按钮，如图 7.6 所示。

（5）在弹出的"WLAN 属性"对话框中，找到"Internet 协议版本 4（TCP/IPv4）"，并单击右下角的"属性"按钮，如图 7.7 所示。

图 7.6   "WLAN 状态"对话框   图 7.7   "WLAN 属性"对话框

（6）在弹出的"Internet 协议版本 4（TCP/IPv4）属性"对话框中，勾选"使用下面的 IP 地址"和"使用下面的 DNS 服务器地址"选项，即设置静态 IP，如图 7.8 所示。

（7）最后根据用户实际 IP 地址填写，然后单击"确定"按钮，如图 7.9 所示。

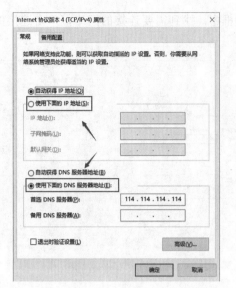 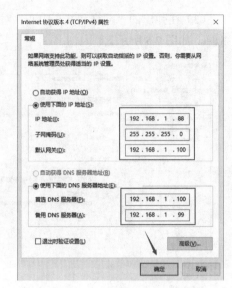

图 7.8　"Internet 协议版本 4（TCP/IPv4）属性"对话框　　　图 7.9　IP 地址的填写

7.2.3　DNS 的作用及设置

DNS 的全称是 Domain Name System 或者 Domain Name Service，它的主要作用就是将人们所熟悉的网址（域名）"翻译"成计算机可以理解的 IP 地址，这个过程称为 DNS 域名解析。DNS 命名用于 Internet 等 TCP/IP 网络中，通过用户友好的名称查找计算机和服务。当用户在应用程序中输入 DNS 名称时，DNS 服务可以将此名称解析为与之相关的其他信息，如 IP 地址。用户在上网时输入的网址，是通过域名解析找到相对应的 IP 地址，这样才能上网。其实，域名的最终指向是 IP。

例如，百度的 baidu.com 是容易记忆的域名，但计算机其实并不能通过域名直接找到网站的服务器的。因为在互联网上，网络设备只能依靠 IP 地址（相当于互联网上的门牌号）进行寻址定位才能建立起连接的。

域名系统是基于层次型结构的命名系统。域名空间就是域名的集合，域名系统将整个 Internet 视为一个域名空间。一个域即代表网络中所要命名的资源的集合，这些资源可以是工作站、PC 和路由器等。为了避免主机重名和方便对域名空间进行管理，域名系统采用层次型结构的命名机制。一般表示如下：

计算机主机名.三级子域.二级子域.一级域名

一级域名也称顶级域名，可以分为通用域和国家域两类，分别表示组织或国家。常用的顶级域名见表 7.2。

二级子域分为类别域名和行政区域名，代表国家的某一机构和行政区域。三级子域为组织机构名，一般以各单位或机构的英文简写命名。计算机主机名一般用有意义的英文名字代表网络中的主机。如 www.zufedfc.edu.cn 的顶级域名是 cn，代表中国；二级子域是 edu，代表教育机构；三级子域是 zufedfc，是学校名称的简写；而 www 则是主机名。

在上述的四个层次之上，还有一层"根"域，一般用"."来标识，它不包含任何信息，只是用来定位，在它之下则是顶级域。

表 7.2　常用的顶级域名

国家（地区）域		通用域	
区域名	国家或地区	区域名	含义
au	澳大利亚	com	商业机构
ca	加拿大	edu	教育机构
cn	中国内地	gov	政府部门
fr	法国	int	国际组织
hk	中国香港地区	mil	军事部门
tw	中国台湾地区	net	网络机构
uk	英国	org	非营利组织
us	美国	aero	航空运输工业

在计算机的 Internet 网络设置中，除了本机的 IP 地址之外，还需要设置 DNS 服务器，以完成域名解析的功能。DNS 服务器本身必须长期保持足够的稳定性，域名解析的速度要足够快，用户上网时的速度和稳定性才能得到保障。DNS 服务器一般是由互联网服务提供商（ISP）出资建立的，比如电信/移动宽带，它们在全国各地建立了多组 DNS 服务器，上网拨号时会按地区自动进行分配。

通常 DNS 服务器和 IP 一起设置，具体步骤可参考 7.2.3 节。

7.3　Internet 的接入方式

要使用 Internet 提供的服务，需要将计算机连接到 Internet 上，这就需要考虑采用何种方式接入。通常有以下四种接入 Internet 的方法：拨号接入方式、专线接入方式、无线接入方式和局域网接入方式。

7.3.1　拨号接入方式

7.3.1.1　普通 Modem 拨号方式（PSTN 接入）

PSTN（published switched telephone network，公用电话交换网）技术是利用 PSTN 通过调制解调器（Modem，俗称猫）拨号实现用户接入的方式。这种接入方式只要有电话接入的地方并安装有调制解调器就能连接进入 Internet，其最高速率为 56kbit/s。但是随着多媒体技术在 Internet 上的广泛应用，通过此接入方式进入 Internet 已无法适应网络对速度的要求。目前，只有在偏远地区或落后国家仍在使用该接入方式。

7.3.1.2　ISDN 拨号接入方式

ISDN 接入技术俗称"一线通"，它采用数字传输和数字交换技术，将电话、传真、数据、图像等多种业务综合在一个统一的数字网络中进行传输和处理。用户利用一条 ISDN 用户线路，可以在上网的同时拨打电话、收发传真，就像两条电话线一样。ISDN 基本速率接口有两条 64kbit/s 的信息通路和一条 16kbit/s 的信令通路，简称 2B+D，当有电话拨入时，它会自动释放一个 B 信道来进行电话接听。

ISDN 的极限带宽为 128kbit/s，各种测试数据表明，双线上网速度并不能翻番，从发展趋势来看，窄带 ISDN 也不能满足高质量的 VOD 等宽带应用。

7.3.1.3　ADSL 虚拟拨号接入方式

ADSL（asymmetrical digital subscriber line，非对称数字用户环路）是一种能够通过普通电话线提供宽带数据业务的技术，也是目前极具发展前景的一种接入技术。ADSL素有"网络快车"之美誉，因其下行速率高、频带宽、性能优、安装方便、不需交纳电话费等特点而深受广大用户的喜爱，成为继 Modem、ISDN 之后的又一种全新的高效接入方式。

ADSL 方案的最大特点是不需要改造信号传输线路，完全可以利用普通铜质电话线作为传输介质，配上专用的 Modem 即可实现数据高速传输。ADSL 支持上行速率 640kbit/s～1Mbit/s，下行速率 1～8Mbit/s，其有效的传输距离在 3～5km 范围以内。在 ADSL 接入方案中，每个用户都有单独的一条线路与 ADSL 局端相连，它的结构可以看作是星形结构，数据传输带宽是由每一个用户独享的。

7.3.2　专线接入方式

7.3.2.1　Cable Modem 接入方式

Cable Modem（线缆调制解调器）是近几年开始试用的一种超高速 Modem，它利用现成的有线电视（CATV）网进行数据传输，已是比较成熟的一种技术。随着有线电视网的发展壮大和人们生活质量的不断提高，通过 Cable Modem 利用有线电视网访问 Internet 已成为越来越受业界关注的一种高速接入方式。

由于有线电视网采用的是模拟传输协议，因此网络需要用一个 Modem 来协助完成数字数据的转化。Cable Modem 与以往的 Modem 在原理上都是将数据进行调制后在 cable（电缆）的一个频率范围内传输，接收时进行解调，传输机理与普通 Modem 相同，不同之处在于它是通过有线电视 CATV 的某个传输频带进行调制解调的。

Cable Modem 连接方式可分为两种，即对称速率型和非对称速率型。前者的 data upload（数据上传）速率和 data download（数据下载）速率相同，都在 500kbit/s～2Mbit/s；后者的数据上传速率在 500kbit/s～10Mbit/s，数据下载速率为 2～40Mbit/s。

采用 Cable Modem 上网的缺点是由于 Cable Modem 模式采用的是相对落后的总线形网络结构，这就意味着网络用户共同分享有限带宽；另外，购买 Cable Modem 和初装费也都不算很便宜，这些都阻碍了 Cable Modem 接入方式在国内的普及。但是，它的市场潜力是很大的，毕竟中国 CATV 网已成为世界第一大有线电视网，其用户已达到 8000 多万。

另外，Cable Modem 技术主要是在广电部门原有线电视线路上进行改造时采用的，这种方案与新兴宽带运营商的社区建设进行成本比较没有意义。

7.3.2.2　DDN 专线接入方式

DDN 是英文 digital data network 的缩写，这是随着数据通信业务发展而迅速发展起来的一种新型网络。DDN 的主干网传输媒介有光纤、数字微波、卫星信道等，用户端多使用普通电缆和双绞线。DDN 将数字通信技术、计算机技术、光纤通信技术以及数字交叉连接技术有机地结合在一起，提供了高速度、高质量的通信环境，可以向用户提供点对点、点对多点透明传输的数据专线出租电路，为用户传输数据、图像、声音等信息。DDN 的通信速率可根据用户需要在 $N×64kbit/s$（$N=1～32$）之间进行选择，当然速度越快租用费用也越高。

DDN 的租用费较贵，主要面向集团公司等需要综合运用的单位。

7.3.2.3　光纤接入方式

PON（passive optical network，无源光纤网络）技术是一种点对多点的光纤传输和接入技术，上行采用时分多址方式，下行采用广播方式，上下行速率可达 155Mbit/s。在无源光纤网络中不含有任何电子器件和电子电源，全部由光分路器等无源器件组成，不需要昂贵的有源电子设备。PON 技术具有节省光缆资源、带宽资源共享、节省机房投资、设备安全性高、建网速度快、综合建网成本低等优点。

7.3.3　无线接入方式

7.3.3.1　GPRS 接入技术

GPRS 属于第二代移动通信系统的数据网络部分，GPRS 的英文全称是 general packet radio service（译作"通用分组无线服务"），它是利用"包交换"（packet switched）的概念发展起来的一套无线传输方式。所谓"包交换"就是将数据封装成许多独立的封包，再将这些封包一一传送出去，形式上有点类似邮局中的寄包裹。其作用在于只有当有资料需要传送时才会占用频宽，而且可以以传输的资料量计价，这对广大用户来说是较合理的计费方式，因为像 Internet 这类的数据传输，大多数的时间频宽是闲置的。

GPRS 工作时，通过路由管理来进行寻址和建立数据连接，而 GPRS 的路由管理表现在以下三方面：①移动终端发送数据的路由建立；②移动终端接收数据的路由建立；③移动终端处于漫游时数据路由的建立。

7.3.3.2　蓝牙技术

蓝牙技术，实际上是一种短距离无线通信技术，利用"蓝牙"技术，能够有效地简化掌上电脑、笔记本电脑和移动电话手机等移动通信终端设备之间的通信，也能够成功地简化以上这些设备与 Internet 之间的通信，从而使这些现代通信设备与互联网之间的数据传输变得更加迅速高效，为无线通信拓宽道路。说得通俗一点，就是蓝牙技术使得一些便于携带的移动通信设备和笔记本电脑设备，不必借助电缆就能联网，并且能够实现无线接入 Internet。

蓝牙技术规定每一对设备之间进行蓝牙通信时，必须一个为主角色，另一个为从角色，才能进行通信，通信时，必须由主端进行查找，发起配对，建链成功后，双方即可收发数据。理论上，一个蓝牙主端设备，可同时与 7 个蓝牙从端设备进行通信。一个具备蓝牙信号功能的设备，可以在两个角色间切换，平时工作在从模式，等待其他主设备来连接，需要时，转换为主模式，向其他设备发起呼叫。一个蓝牙设备以主模式发起呼叫时，需要知道对方的蓝牙地址、配对密码等信息，配对完成后，可直接发起呼叫。

蓝牙数据传输应用中，一对一串口数据通信是最常见的应用之一。一对一应用中从端设备可以设为两种类型：一是静默状态，即只能与指定的主端通信，不被别的蓝牙设备查找；二是开发状态，既可被指定主端查找，也可以被别的蓝牙设备查找。

7.3.4 局域网接入方式

局域网，即 LAN（local area network）方式接入是利用以太网技术，采用光缆+双绞线的方式对社区进行综合布线。具体实施方案是：从社区机房敷设光缆至住户单元楼，楼内布线采用五类双绞线敷设至用户家里，双绞线总长度一般不超过 100m，用户家里的 PC 通过五类跳线接入墙上的五类模块就可以实现上网。社区机房的出口是通过光缆或其他介质接入城域网的。

采用 LAN 方式接入可以充分利用小区局域网的资源优势，为居民提供 10Mbit/s 以上的共享带宽，这比现在拨号上网速度快 180 多倍，并可根据用户的需求升级到 100Mbit/s 以上。

以太网技术成熟、成本低、结构简单、稳定性、可扩充性好；便于网络升级，同时可实现实时监控、智能化物业管理、小区/大楼/家庭保安、家庭自动化（如远程遥控家电、可视门铃等）、远程抄表等，可提供智能化、信息化的办公与家居环境，满足不同层次的人们对信息化的需求。

7.4 Internet 的所需接入设备

接入设备（access device）是一个硬件设备，通常用于远程访问网络，反之亦然。Internet 所需接入设备主要有以下 6 种：中继器、集线器、交换机、路由器、网关和调制解调器。

7.4.1 中继器

中继器（repeater，RP）是连接网络线路的一种装置，常用于两个网络节点之间物理

图 7.10 中继器

信号的双向转发工作，常见的中继器如图 7.10 所示。中继器是最简单的网络互联设备，主要完成物理层的功能，负责在两个节点的物理层上按位传递信息，完成信号的复制、调整和放大，以此来延长网络的长度。

由于存在损耗，在线路上传输的信号功率会逐渐衰减，衰减到一定程度时将造成信号失真，因此会导致接收错误。中继器就是为解决这一问题而设计的。它完成物理线路的连接，对衰减的信号进行放大，保持与原数据相同。一般情况下，中继器的两端连接的是相同的媒体，但有的中继器也可以完成不同媒体的转接工作。从理论上讲，中继器的使用是无限的，网络也因此可以无限延长。事实上这是不可能的，因为网络标准中都对信号的延迟范围做了具体的规定，中继器只能在此规定范围内进行有效的工作，否则会引起网络故障。

7.4.2 集线器

集线器的英文称为"Hub"。"Hub"是"中心"的意思，集线器的主要功能是对接收到的信号进行再生整形放大，以扩大网络的传输距离，同时把所有节点集中在以它为中心

的节点上，常见的集线器如图 7.11 所示。集线器工作
于 OSI（开放系统互联参考模型）参考模型第一层，
即"物理层"。集线器与网卡、网线等传输介质一样，
属于局域网中的基础设备，采用 CSMA/CD（即带冲
突检测的载波监听多路访问技术)介质访问控制机制。

图 7.11　集线器

　　由于集线器会把收到的任何数字信号，经过再生
或放大，再从集线器的所有端口提交，这会造成信号
之间碰撞的机会增大，而且信号也有可能被窃听，并且这代表所有连到集线器的设备，都
是属于同一个碰撞域名以及广播域名的，因此大部分集线器已被交换机取代。

7.4.3　交换机

　　交换机（switch）意为"开关"，是一种用于电（光）信号转发的网络设备。它可以为
接入交换机的任意两个网络节点提供独享的电信号通路。最常见的交换机是以太网交换
机，其他常见的还有电话语音交换机、光纤交换机等。

　　交换机是由源集线器升级换代而来的，在外观上看和集线器没有很大区别，常见的交

图 7.12　交换机

换机如图 7.12 所示。由于通信两端需要传输信息，
而通过设备或者人工来把要传输的信息送到符合要
求标准的对应的路由器上的方式，这个技术就是交
换机技术。从广义上来分析，在通信系统里对于信
息交换功能实现的设备，就是交换机。

　　不论是人工交换还是程控交换，都是为了传输语音信号，是需要独占线路的"电路交
换"。而以太网是一种计算机网络，需要传输的是数据，因此采用的是"分组交换"。但无
论采取哪种交换方式，交换机为两点间提供"独享通路"的特性不会改变。就以太网设备
而言，交换机和集线器的本质区别就在于：当 A 发信息给 B 时，如果通过集线器，则接
入集线器的所有网络节点都会收到这条信息（也就是以广播形式发送），只是网卡在硬件
层面就会过滤掉不是发给本机的信息；而如果通过交换机，除非 A 通知交换机广播，否则
发给 B 的信息 C 绝不会收到（获取交换机控制权限从而监听的情况除外）。

7.4.4　路由器

　　路由器（router）是连接两个或多个网络的硬件设备，在网络间起网关的作用，是读
取每一个数据包中的地址然后决定如何传送的专用智能性的网络设备。它能够理解不同的
协议。例如，某个局域网使用的以太网协议，互联网使用的 TCP/IP 协议。这样，路由器
可以分析各种不同类型网络传来的数据包的目的地址，把非 TCP/IP 网络的地址转换成
TCP/IP 地址，或者反之；再根据选定的路由算法把各数据包按最佳路线传送到指定位置。
所以路由器可以把非 TCP/IP 网络连接到互联网上。

　　路由器是互联网的主要节点设备，常见的路由器如图 7.13 所示。路由器通过路由决定
数据的转发。转发策略称为路由选择（routing），这也是路由器名称的由来。作为不同网
络之间互相连接的枢纽，路由器系统构成了基于 TCP/IP 的国际互联网络 Internet 的主体
脉络，也可以说，路由器构成了 Internet 的骨架。它的处理速度是网络通信的主要瓶颈之

图 7.13　路由器

一，它的可靠性则直接影响着网络互联的质量。因此，在园区网、地区网乃至整个 Internet 研究领域中，路由器技术始终处于核心地位，其发展历程和方向，成为整个 Internet 研究的一个缩影。

网桥（bridge）是早期的两端口二层网络设备，可将两个相似的网络连接起来，并对网络数据的流通进行管理。它工作于数据链路层，不但能扩展网络的距离或范围，而且可提高网络的性能、可靠性和安全性。网桥可以是专门的硬件设备，也可以由计算机加装的网桥软件来实现，这时计算机上会安装多个网络适配器（网卡）。网桥示意图如图 7.14 所示。

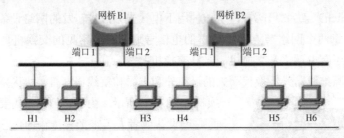

图 7.14　网桥示意图

无线路由器的连接通常使用桥接技术，桥接可以把两个不同物理位置的、不方便布线的用户连接到同一局域网。无线桥接还可以起到信号放大的作用。通常可以把多个无线路由器桥接到一起，以扩大信号的覆盖范围。

7.4.5　网关

网关（gateway）又称网间连接器、协议转换器。网关在网络层以上实现网络互联，是复杂的网络互联设备，仅用于两个高层协议不同的网络互联。网关既可以用于广域网互联，又可以用于局域网互联。网关是一种充当转换重任的计算机系统或设备。不同的通信协议、数据格式或语言，甚至体系结构完全不同的两种系统之间，网关是一个"翻译器"。与网桥只是简单地传达信息不同，网关对收到的信息要重新打包，以适应目的系统的需求。

按照不同的分类标准，网关也有很多种。TCP/IP 协议里的网关是最常用的，本书所讲的"网关"均指 TCP/IP 协议下的网关。

网关实质上是一个网络通向其他网络的 IP 地址。比如有网络 A 和网络 B，网络 A 的 IP 地址范围为"192.168.1.1～192.168.1.254"，子网掩码为 255.255.255.0；网络 B 的 IP 地址范围为"192.168.2.1～192.168.2.254"，子网掩码为 255.255.255.0。在没有路由器的情况下，两个网络之间是不能进行 TCP/IP 通信的，即使是两个网络连接在同一台交换机（或集线器）上，TCP/IP 协议也会根据子网掩码（255.255.255.0）与主机的 IP 地址做"与"运算的结果不同，判定两个网络中的主机处在不同的网络里。而要实现这两个网络之间的通信，则必须通过网关。如果网络 A 中的主机发现数据包的目的主机不在本地网络中，就把数据包转发给它自己的网关，再由网关转发给网络 B 的网关，网络 B 的网关再转发给网络 B 的某个主机。

所以，只有设置好网关的 IP 地址，TCP/IP 协议才能实现不同网络之间的相互通信。那么这个 IP 地址是哪台机器的 IP 地址呢？网关的 IP 地址是具有路由功能的设备的 IP 地址，具有路由功能的设备有路由器、启用了路由协议的服务器（实质上相当于一台路由器）、代理服务器（也相当于一台路由器）。

7.4.6　调制解调器

调制解调器是 modulator（调制器）与 demodulator（解调器）的简称，英文是 Modem，中文称为调制解调器，并根据 Modem 的谐音，被称为"猫"。这是一种能够实现通信所需的调制和解调功能的电子设备。所谓调制，就是把数字信号转换成电话线上传输的模拟信号；解调，即把模拟信号转换成数字信号。两者合称调制解调器。

调制解调器的电子信号分两种：一种是"模拟信号"，另一种是"数字信号"。我们使用的电话线路传输的是模拟信号，而 PC 之间传输的是数字信号。所以当想通过电话线把个人计算机连入 Internet 时，就必须使用调制解调器来"翻译"两种不同的信号。连入 Internet 后，当 PC 向 Internet 发送信息时，由于电话线传输的是模拟信号，所以必须要用调制解调器来把数字信号"翻译"成模拟信号，才能传送到 Internet 上，这个过程称为"调制"。

当 PC 从 Internet 获取信息时，由于通过电话线从 Internet 传来的信息都是模拟信号，所以 PC 想要看懂它们，还必须借助调制解调器，这个过程称为"解调"。整个过程就称为"调制解调"。

图 7.15　调制解调器

由于通过拨号上网接入 Internet 的方式在大部分地区已经很少使用，因此调制解调器也成了很少用到的"老古董"。常见的调制解调器如图 7.15 所示。

7.5　Internet 的 应 用

Internet 对社会的发展产生了巨大的影响，并通过各种相关的技术广泛应用于电子商务、远程教学、远程医疗、网上银行、家庭娱乐等不同的领域。

7.5.1　WWW

WWW，就是英语的"world wide web"首字母的缩写形式。WWW 在中国曾被译为"环球网""环球信息网""超媒体环球信息网"等，最后经全国科学技术名词审定委员会定译为"万维网"。万维网是无数个网络站点和网页的集合，它们在一起构成了 Internet 最主要的部分（Internet 也包括电子邮件、Usenet 以及新闻组）。它实际上是多媒体的集合，是由超级链接连接而成的。我们通常通过网络浏览器上网观看的，就是万维网的内容。

WWW 系统是一个全球性的信息系统，它使得计算机能够在 Internet 上传送基于超媒体的数据信息。WWW 也可以用来建立 Intranet（企业内部网）的信息系统。

Internet 采用超文本和超媒体的信息组织方式，将信息的链接扩展到整个 Internet 上。

用户利用 WWW 不仅能访问 web server 的信息，而且可以访问 FTP、Telnet 等网络服务。因此，它已经成为 Internet 上应用最广和最有前途的访问工具，并在商业范围内日益发挥着越来越重要的作用。

7.5.2　网页

网页是网站的基本信息单位，是 WWW 的基本文档。它由文字、图片、动画、声音等多种媒体信息以及链接组成，是用 HTML 编写的，通过链接实现与其他网页或网站的关联和跳转。

网页文件是用 HTML（标准通用标记语言下的一个应用）编写的，可在 WWW 上传输，能被浏览器识别显示的文本文件，其扩展名是.htm 和.html。

网站由众多不同内容的网页构成，网页的内容可体现网站的全部功能。通常把进入网站首先看到的网页称为首页或主页（homepage）。例如，新浪、网易、搜狐就是国内比较知名的大型门户网站。

7.5.3　超文本

超文本是把一些信息根据需要连接起来的信息管理技术，人们可以通过一个文本的链接指针打开另一个相关的文本，只要用光标点一下文本中通常带下划线的条目，便可获得相关的信息。网页的便利之处在于能够把超链接嵌入到网页中，使用户能够从一个网页站点方便地转移到另一个相关的网页站点。

超链接是万维网上的一种链接技巧，它是内嵌在文本或图像中的。通过已定义好的关键字和图形，只要单击某个图标或某段文字，就可以自动连上相对应的其他文件。文本超链接在浏览器中通常带下划线，而图像超链接是看不到的；但如果用户的光标碰到它，光标通常会变成手指状（文本超链接也如此）。

7.5.4　HTTP 协议

HTTP 是 hypertext transfer protocol 的缩写，即超文本传输协议。顾名思义，HTTP 提供了访问超文本信息的功能，是 WWW 浏览器和 WWW 服务器之间的应用层通信协议。HTTP 协议是用于分布式协作超文本信息系统的、通用的、面向对象的协议。通过扩展命令，它可用于类似的任务，如域名服务或分布式面向对象系统。WWW 使用 HTTP 协议传输各种超文本页面和数据。

HTTP 协议会话过程包括 4 个步骤。

（1）建立连接。客户端的浏览器向服务端发出建立连接的请求，服务端给出响应就可以建立连接了。

（2）发送请求。客户端按照协议的要求通过链接向服务端发送请求。

（3）给出应答。服务端按照客户端的要求给出应答，把结果（HTML 文件）返回给客户端。

（4）关闭连接。客户端接到应答后关闭连接。

HTTP 协议是基于 TCP/IP 之上的协议，它不仅保证正确传输超文本文档，还确定传输文档中的哪一部分，以及哪部分内容首先显示（如文本先于图形）等。

　　HTTP 将用户的数据，包括用户名和密码都明文传送，具有安全隐患，容易被窃听到，对于具有敏感数据的传送，可以使用具有保密功能的 HTTPS（secure hypertext transfer protocol）协议。

7.5.5　FTP 协议

　　文件传输协议（FTP）是 Internet 中用于访问远程机器的一个协议，它使用户可以在本地机和远程机之间进行有关文件的操作。FTP 协议允许传输任意文件并且允许文件具有所有权与访问权限。也就是说，通过 FTP 协议，可以与 Internet 上的 FTP 服务器进行文件的上传或下载等动作。

　　和其他 Internet 应用一样，FTP 也采用了客户端/服务器模式，它包含客户端 FTP 和服务器 FTP，客户端 FTP 启动传送过程，而服务器 FTP 对其做出应答。在 Internet 上有一些网站，它们依照 FTP 协议提供服务，让网友们进行文件的存取，这些网站就是 FTP 服务器。网上的用户要连上 FTP 服务器，就是用到 FTP 的客户端软件。通常 Windows 都有 ftp 命令，这实际就是一个命令行的 FTP 客户端程序。另外，常用的 FTP 客户端程序还有 CuteFTP、Leapftp、FlashFXP 等。

　　在 Internet 上有一些网站，它们依照 FTP 协议提供服务，让网友们进行文件的存取，这些网站就是 FTP 服务器。利用 FTP 和云服务器进行文件传输首先需要知道云服务器的地址、账号和密码，用户可以在客户端配置好 FTP 环境后，通过资源管理器或第三方软件与服务器进行文件传输。

7.5.5.1　通过资源管理器实现 FTP 资源传输

　　（1）打开计算机自带的资源管理器。在地址栏中输入 ftp://主机 IP，如图 7.16 所示。

　　（2）输入用户名和密码验证通过后即可完成连接，如图 7.17 所示。

图 7.16　资源管理器地址栏输入地址　　　　图 7.17　输入 FTP 服务器用户名、密码

　　（3）连接错误处理方法。如果连接过程中弹出错误窗口，此时可以通过依次单击"开始"→"控制面板"，打开控制面板，在控制面板中找到"网络和 Internet"并单击，如图 7.18 所示。

　　在打开的"网络和 Internet"中单击"Internet 选项"，如图 7.19 所示。

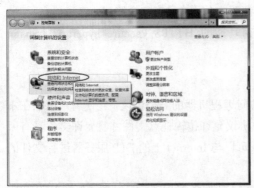

图 7.18　"控制面板"中的"网络和 Internet"　　　图 7.19　"网络和 Internet"中的"Internet 选项"

在弹出的对话框中找到"高级"选项卡并单击，然后取消勾选"使用被动 FTP"，依次单击"应用"按钮和"确定"按钮，如图 7.20 所示。

之后再重新试一下即可连接成功，连接成功后的效果如图 7.21 所示。

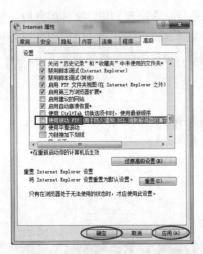
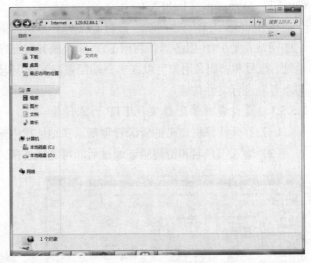

图 7.20　"Internet 选项"对话框　　　　图 7.21　某 FTP 站点连接成功后的效果
　　　中的"高级"选项卡

（4）文件的上传和下载。将本地的文件或文件夹拖动到根目录或某个子文件夹中，即可实现文件或文件夹的上传，反之则可实现资源的下载。

7.5.5.2　使用第三方软件进行 FTP 资源传输

这里以 CuteFTP 9.0 为例进行示范。首先下载 CuteFTP，下载安装完成后，打开软件，通过依次单击"文件"→"新建"→"FTP 站点"，在弹出的对话框中进行一些设置。

（1）在"一般"选项卡中输入相应的信息，"登录方法"设为"普通"，如图 7.22 所示。

（2）在"类型"选项卡中选择"数据连接类型"为"使用 PORT"，"端口"为 21，如图 7.23 所示（如果不小心关闭了也可在"站点管理器"中找到要更改的云服务器，右击选项"属性"命令重新打开）。

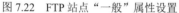

图 7.22　FTP 站点"一般"属性设置　　　图 7.23　FTP 站点"类型"属性设置

（3）单击"连接"按钮即可连接成功，左侧为本地文件，右侧为服务器文件，鼠标拖动（或右击选择上传/下载）即可完成上传和下载，如图 7.24 所示。

图 7.24　使用 FTP 工具上传和下载文件

7.5.6　URL

Internet 中的资源需要使用统一资源定位器 URL 来进行唯一的标识和定位。URL 主要由三部分组成：访问方式也即客户与服务器之间所使用的通信协议、服务器地址以及信息资源的路径和文件名。其格式为

<通信协议>：//<服务器地址>[：<端口>]/[<路径>/<文件名>]

（1）通信协议：表示采用何种协议来完成通信。这里的协议是属于 TCP/IP 协议簇的具体协议，如 http、ftp、telnet、mailto 等。

（2）服务器地址：表示希望到达的主机的 IP 地址或者域名。如果不指定端口，则使用与访问方式相关联的默认端口，如 HTTP 默认的 TCP 端口是 80，FTP 默认的 TCP 端口是 21。

（3）路径和文件名：表示主机中的信息的位置和名称。

例如，http://www.cuz.edu.cn/xxgk2/xxjj.htm 这个 URL 地址中，http 表示通信协议名称，www.cuz.edu.cn 是服务器主机域名，xxgk2/xxjj.htm 是路径和文件名。又如 ftp://10.1.2.2:23/document.doc 这个 URL 地址中，ftp 表示通信协议名称，10.1.2.2:23 表示 FTP 服务器主机的 IP 地址和对应的通信端口，document.doc 是对应的文件名，这里没有路径，即表示文件在服务器设置的根目录中。

7.5.7　收发邮件及常用客户端介绍

电子邮件是通过 Internet 在全球范围内传送信息的一种方式。电子邮件是由 Electronic Mail 直译过来的，一般简称为 E-mail。通过网络的电子邮件系统，用户可以以非常低廉的价格（不管发送到哪里，都只需负担网费）、非常快速的方式（几秒钟之内可以发送到世界上任何指定的目的地），与世界上任何一个角落的网络用户联系。

电子邮件可以是文字、图像、声音等多种形式。同时，用户可以得到大量免费的新闻、专题邮件，并轻松实现信息搜索。电子邮件的存在极大地方便了人与人之间的沟通与交流，促进了社会的发展。

7.5.7.1　电子邮箱与邮箱地址

电子邮箱地址的格式是 user@，这个格式由三部分组成。第一部分 user 代表用户信箱的账号，对于同一个提供邮箱的网站来说，这个账号必须是唯一的；第二部分@是分隔符；第三部分是用户电子邮箱的邮件接收服务器域名，用以标识邮件服务器的名称。

例如，zhangsan@163.com，其中，zhangsan 表示 163 网站上的用户名，必须唯一，163.com 表示 163 网站的邮件服务器名称。

7.5.7.2　常用邮件术语

（1）收件人（To）。邮件的接收者，即收信人。

（2）发件人（From）。邮件的发送人，一般来说，就是用户自己。

（3）抄送（CC）。用户给收件人发出邮件的同时把该邮件抄送给另外的人，收件人知道发件人把该邮件抄送给了另外哪些人。

（4）密送（BCC）。用户给收件人发出邮件的同时把该邮件暗中发送给另外的人，所有收件人都不会知道发件人把该邮件发送给了哪些人。

（5）主题（Subject）。即这封邮件的标题。

（6）附件。同邮件一起发送的附加文件或图片资料等。

7.5.7.3　注册电子邮箱

收发电子邮件，必须拥有自己的电子邮箱，通常可以在 Internet 上一些提供电子邮箱的网站申请注册电子邮箱，但要注意，为了保证电子邮箱的可靠性和永久性，最好选择知名网站，如 163、263、雅虎、MSN、腾讯等。下面以 QQ 邮箱为例，介绍腾讯 QQ 电子邮箱的申请和收发过程。

QQ 电子邮箱是腾讯公司 2002 年向用户提供的安全、稳定、快速、便捷电子邮件服务的邮箱产品。经过多年的不断更新完善，QQ 邮箱已成为用户最喜欢的邮箱之一。它具有完善的邮件收发、通讯录等功能，而且还与 QQ 紧密结合，直接单击 QQ 面板即可登录，省去输入账户名和密码的麻烦。同时，新邮件到达随时提醒，可让用户及时收到并处理邮件。QQ 电子邮箱的申请有两种方法：

（1）如果已经有 QQ 号码，可以直接登录 QQ 邮箱，无须注册，并且使用"QQ 号码@qq.com"作为邮箱地址。首次登录，在登录页中直接输入 QQ 号码和 QQ 密码即可开通并登录邮箱。

（2）如果未使用 QQ，可以直接注册 QQ 邮箱账号，获得一个类似 zhangsan@qq.com 或 zhansan@foxmail.com 这样的英文名邮箱地址。该邮箱地址自动绑定一个由系统生成的新 QQ 号码，并且作为 QQ 主显账号，可用来登录 QQ。不过，申请的英文邮箱地址，不可与系统生成的 QQ 号码解绑。

如果已经拥有 QQ 号码，建议使用第一种方法，英文名邮箱地址可以登录后再获得。

7.5.7.4 邮件收发

开通邮箱后，就可以用 QQ 号码登录 QQ 邮箱进行电子邮件的接收和发送了。

（1）登录。登录 QQ 邮箱有两种方式：一种是通过 QQ 邮箱登录页面 http://mail.qq.com 进行邮箱的登录，如图 7.25 所示；另一种是通过单击 QQ 软件界面中的"QQ 邮箱"图标进行邮箱的登录，如图 7.26 所示。

图 7.25　网页登录 QQ 邮箱界面

（2）写邮件。登录 QQ 邮箱后，单击左侧栏中的"写信"按钮，即可进入"QQ 邮箱-写信"页面，如图 7.27 所示。

图 7.26　QQ 软件界面的"QQ 邮箱"图标

在收件人栏中填入"收件人"邮件地址，同时，可以选择该邮件是否需要同时发送给他人。如抄送、密送或分别发送，如图 7.28 所示。注意，有多个邮件地址时，各邮件之间使用英文状态下的";"进行间隔。

在主题栏中填入邮件主题，并可以根据需要，单击右侧下拉列表更改主题颜色，如图 7.29 所示。

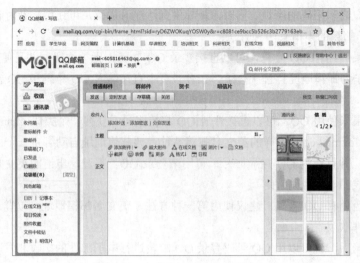

图 7.27 "QQ 邮箱-写信"页面

图 7.28 分别发送

图 7.29 选择主题字体颜色

在正文栏中填入邮件内容，同时，可以根据实际邮件情况添加其他元素，如附件、超大附件、照片、截屏、表情、音乐等。QQ 邮箱的附件最大不能超过 20MB，如果超过 20MB，就需要选择添加超大附件，它将以 QQ 文件中转站的形式，存放在服务器，供用户下载。

完成邮件的填写后，可以选择三种方式进行操作：一是单击"发送"按钮将邮件直接发给对方；二是单击"定时发送"按钮选择某一特定时间进行发送；三是单击"存草稿"按钮将邮件作为"草稿"暂时存储于邮箱中，以供再次编辑。

（3）收信。单击左侧栏"收信"按钮，就可以进入收件箱查看、管理邮件。管理邮件包括删除、彻底删除、转发、举报、全部标已为读、移动到等操作，如图 7.30 所示。

图 7.30 "收件箱"界面

7.5.7.5 常用邮件客户端

邮件客户端也就是通过本地软件接收邮件的软件。邮件客户端软件的作用是来收发电子邮件的，它是电子邮件产生初期的邮件服务软件，如今主要被商务人士广泛使用，大家一般使用 Web 邮件。Web 邮件，也就是登录网页上的邮箱，是后来才发展起来的。

实际上，收发 Web 邮件时，首先将客户端软件临时下载到个人计算机上，然后才能够收发邮件。而邮件客户端软件则是事先安装到计算机上，打开软件即可以收发邮件，不需要登录网页，也不需要临时下载东西，所以收发邮件的速度要快于 Web 邮件。

常用的邮件客户端软件主要有 Outlook Express、Windows Live Mail 以及 Foxmail 等，其中微软的 Windows 10 操作系统有自带的邮件客户端，支持多账户、多邮件协议且不需要 Office 许可证。下面就以 Windows 10 自带的邮件客户端为例，介绍 E-mail 邮件客户端软件的设置和使用。

在客户端添加邮件账号前，首先要开启客户端授权码，步骤如下：

（1）打开网易邮箱首页 https://mail.163.com/ 登录邮箱。

（2）单击上方的"设置"，选择"POP3/SMTP/IMAP"选项，如图 7.31 所示。

图 7.31　邮箱首页的"设置"

（3）在客户端协议界面，选择开启对应的协议，如图 7.32 所示。IMAP 或者 POP3 分别为不同的收信协议，用户可以选择只开启需要的收信协议，比如 IMAP，一般推荐使用 IMAP 协议来收发邮件，它可以和网页版完全同步。

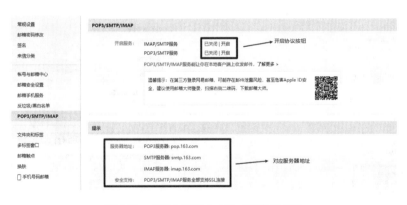

图 7.32　"添加账户"中的"其他账户"

（4）在新弹出的"账号安全验证"窗口中，可以选择扫码发送短信，如图 7.33 所示，或者单击下方"试试手动发送短信"（如果发送 5min 后系统依旧提示未收到短信，请联系移动运营商核实短信发送情况）。

（5）单击"我已发送"按钮后，如果系统检测到用户成功发送短信，则会提示用户客户端授权码（自动生成一串 16 位字母组合的唯一随机授权密码），如图 7.34 所示。为了最大限度保证用户授权密码的使用安全，一个授权码在开启后网页上只出现一次，但是一个授权码可以同时设置多个客户端。

图 7.33 账号安全认证

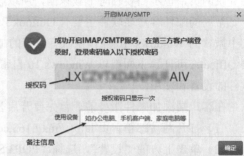

图 7.34 生成客户端授权码

在获取授权码之后，就可以用来设置邮件客户端账号中的密码，具体步骤如下：

（1）打开 Windows 10 自带的邮件（Mail）应用，单击左侧账户，在右侧单击"添加账户"。

（2）在新弹出的选项卡中，选择"其他账户（POP，IMAP）"，如图 7.35 所示。

（3）输入对应的完整邮箱账号、发信名称，还有对应授权码，如图 7.36 所示，并单击"登录"即可。

（4）用类似的步骤，可以继续添加其他邮箱账号。

（5）单击任务栏中的"收件箱"按钮 ✉，可看到已添加的全部账号及下载到本地的邮件，便于切换不同的邮箱进行收发邮件等操作。

图 7.35 添加账户

图 7.36 "添加账户"中的"其他账户"

7.5.8 即时通信

即时通信（instant messaging，IM）是一个终端服务，允许两人或多人使用网络即时地传递文字讯息、档案、语音与视频交流。透过即时通信功能，用户可以知道亲友是否在线，并且与他们即时通信。即时通信比传送电子邮件所需时间更短，而且比拨电话更方便，无疑是网络年代最方便的通信方式。

大部分的即时通信服务提供了 presence awareness 的特性——显示联络人名单，联络人是否在线与能否和联络人交谈。即时通信按使用用途分为企业即时通信和网站即时通信，根据装载的对象又可分为手机即时通信和 PC 即时通信。

即时通信软件是通过即时通信技术来实现在线聊天、交流的软件，有两种架构形式：一种是 C/S 架构，采用客户端/服务器形式，用户使用过程中需要下载安装客户端软件，典型的代表有微信、QQ、MSN、钉钉、企业微信等；另一种是 B/S 架构，即浏览器/服务端形式，这种形式的即时通信软件，直接借助互联网为媒介，客户端无须安装任何软件，即可体验服务器端进行沟通对话，一般运用于电子商务网站的服务商，典型的代表有 Website Live、53KF、live800 等。

第 8 章

网络信息安全的概念及防御

8.1　计算机病毒的概念

1994 年 2 月 18 日，我国正式颁布实施了《中华人民共和国计算机信息系统安全保护条例》，其中第二十八条中定义：计算机病毒是指编制或者在计算机程序中插入破坏计算机功能或者毁坏数据，影响计算机使用，并能自我复制的一组计算机指令或者程序代码。计算机病毒具有繁殖性、破坏性、传染性、潜伏性和可触发性等特征。

简单来说，计算机病毒是一种人为编制的特殊的计算机程序。这些程序一旦进入计算机后就隐藏并潜伏起来，待条件合适时就会发作，通过修改其他程序使之成为含有病毒的版本或可能演化版本、变种或其他繁衍体，不断去传染其他未被感染的程序，或通过各种途径传染给其他计算机或网络中的计算机。同时，不断地自我复制，抢占大量时间和空间资源，使得计算机不能正常工作，甚至破坏系统中的程序和数据，造成重大损失。

目前，已发现的病毒有数十万种之多，表现形态各异，计算机病毒的传播是计算机和网络安全的巨大威胁之一。计算机病毒的定义正逐步扩大，与计算机病毒的特征有相似之处的"恶意"黑客程序、特洛伊木马、蠕虫程序、后门病毒（通过网络传播给中毒系统开后门）也被并入计算机病毒的范畴。计算机病毒的传播途径主要有不可移动的硬件设备（如CMOS 芯片）、移动存储设备（如软盘、U 盘）、网络（如邮件附件、文件下载）和通信系统（如手机）等。当计算机感染病毒时，需要立即检测和消除。

计算机病毒防范主要从管理和技术两方面着手：除了严格制定相应的管理制度，避免蓄意制造、传播病毒的事件发生，还要从技术方面做好病毒防范措施。

（1）对外来的计算机、存储介质，如光盘、闪存盘、移动硬盘等，软件要进行病毒检测，确认无毒后才能使用。

（2）不要使用 U 盘的自动打开功能，不要双击 U 盘的盘符，最好通过资源管理器打开。使用 U 盘前最好对其进行检查并杀毒。

（3）不要运行来历不明的程序或使用盗版软件。

（4）不要在系统盘上存放用户的数据和程序。

（5）对于重要的系统盘、数据盘以及磁盘上的重要信息要经常备份，以便遭到破坏后能及时得到恢复。

（6）迅速隔离被感染的计算机。

（7）定期对杀毒软件进行升级，对病毒库进行更新。

（8）不要轻易下载和使用网上的软件；不要轻易打开来历不明的邮件的附件；不要浏览一些不太了解的网站。

8.2　网络攻击的概念

黑客——利用系统安全漏洞对网络进行攻击破坏或窃取资料的人。网络黑客的主要攻击手法有获取口令、放置木马、Web 欺骗技术、电子邮件攻击、通过一个节点攻击另一节点、网络监听、寻找系统漏洞、利用缓冲区溢出窃取特权等。

网络攻击是指利用网络存在的漏洞和安全缺陷对网络系统的硬件、软件及其系统中的数据进行攻击。网络攻击是对网络系统的机密性、完整性、可用性等产生危害的行为。实际上，网络攻击是黑客利用被攻击方网络系统自身存在的漏洞，通过使用网络命令和专用软件侵入网络系统实施攻击。任何以干扰、破坏网络系统为目的的非授权行为都称为网络攻击。

攻击分为两类：主动攻击和被动攻击。主动攻击包含攻击者访问他所需要信息的故意行为，是指恶意篡改数据流或伪造数据流等的攻击行为，它一般分为 4 类：伪装攻击、重放攻击、消息篡改、拒绝服务攻击。被动攻击主要是嗅探信息而不是进行访问，数据的合法用户对这种活动一点也不会觉察到。被动攻击的特性是对所传输的网络信息进行窃听和监视，攻击者的目标是收集获得线路上流经的数据包。窃听攻击和流量分析就是两种被动攻击的例子。

计算机界把伪装成良性程序的文件形象地称为"木马"。木马主要有以下特点：

（1）伪装性，木马总是伪装成其他程序来迷惑管理员的。

（2）潜伏性，木马能够毫无声响地打开端口等待外部连接。

（3）隐蔽性，木马运行隐蔽，甚至使用进程查看器都看不出。

（4）不易删除，计算机一旦中了木马，最省事的方法就是重装系统。

（5）通用性，即使远程主机是 Windows 最新系统，入侵者也可以实现远程控制。

8.3　网络安全防护

防火墙（firewall）是一种位于内部网络与外部网络之间的网络安全系统。一项信息安全的防护系统，依照特定的规则，允许或是限制传输的数据通过。防火墙是由软件和硬件组成的系统，它处于安全的网络（通常是内部局域网）和不安全的网络（通常是 Internet，但不局限于 Internet）之间，根据系统管理员设置的访问控制规则，对数据流进行过滤。根据安全策略，防火墙对数据流的处理方式有 3 种：允许数据流通过、拒绝数据流通过、将这些数据流丢弃。

（1）防火墙应具有以下基本功能：

1）过滤进出网络的数据包，只有满足条件的才允许通过，否则被抛弃。

2）管理进出网络的访问行为，允许授权的程序访问，封堵禁止的访问行为。

3）记录通过防火墙的信息内容和活动的安全日志。

4）关闭不适用的端口，禁止特定端口的通信，封锁木马。

5）对网络攻击进行检测和告警。

（2）防火墙功能局限性：

1）对于绕开了防火墙的攻击行为，防火墙不能提供保护。

2）防火墙对来自内部的威胁不能提供保护。

3）防火墙不能对那些已经受到病毒感染的程序和文件的传输提供保护。

8.3.1　网络防火墙和病毒防火墙

8.3.1.1　网络防火墙

网络防火墙是一种控制用户计算机网络访问的软件，它可以在用户计算机和 Internet 之间建立起一道屏障，把用户和网络隔离开来，用户可以通过设定规则来决定哪些情况下防火墙应该隔断或允许计算机与互联网传输数据。通过对它的各种规则设置，使得合法的链路得以建立，同时非法连接被禁止，并通过各种手段屏蔽用户隐私信息，保障网络访问安全。网络防火墙并不监控全部的系统应用程序进程，它只对有网络访问那部分应用程序做监控。当它控制了系统的网络传输之后，所有的网络流量都必须通过防火墙规则匹配。利用网络防火墙，可以有效管理用户系统的网络应用，同时保护用户的系统不为各种非法的网络攻击所伤害。网络防火墙主要用于防止非法数据包及非法的黑客，病毒连接访问。通过这样的方式，防火墙承受住所有对用户的网络攻击，从而保障用户的网络安全。

还有一种是病毒防火墙，这是与网络防火墙不同范畴的软件。

8.3.1.2　病毒防火墙

"病毒防火墙"，确切地说，应被称为"病毒实时检测和清除系统"，是反病毒软件的工作模式之一。病毒防火墙是实时监控软件，是对数据进一步地分析，分析出数据是否含病毒，是否进行防御。当它运行的时候会把病毒特征的监控程序驻留在内存中，随时查看系统运行中是否有病毒迹象；一旦发现有携带病毒的文件，就会马上激活杀毒处理模块，禁止带毒文件的运行或打开，再进行查杀，以此监控用户系统不被病毒感染。实际上，病毒防火墙不是对网络应用的病毒进行监控，而是对所有的系统应用软件进行监控，由此来保障用户系统的"无毒"环境。由于目前有许多病毒通过网络的方式来传播，所以，范畴不同的这两种产品有了交叉应用的可能，不少网络防火墙也增加了病毒检测和防御。与此同时，一些网络入侵特有的后门软件（像木马），也被列入"病毒"之列而可以被"病毒防火墙"所监控到并清除。

8.3.2　路由器安全设置

市场上流行的无线路由器一般都支持专线 XDSL、Cable、动态 XDSL、PPTP 四种接入方式。它还具有其他一些网络管理的功能，如 DHCP 服务、NAT 防火墙、MAC 地址过滤等功能。现在已经有部分无线路由器的信号范围达到了 3000m。下面举例说明路由器安全设置所需要的基本步骤：

（1）打开无线路由器，把线路连接好，将网线连上计算机，配置页面地址，一般是192.168.1.1，在任务栏中单击"网络和 Internet 设置"，再单击"本地连接属性"。

（2）在打开的对话框中进行 Internet TCP/IP 协议属性选择，使用下面 IP，分别填写"192.168.1.2/255.255.255.0/192.168.1.1/DNS"，如果不知道 Dns 那么填写"192.168.1.1"，完成后单击"确定"按钮。

（3）打开 IE 浏览器，网址栏中输入"192.168.1.1"，就会出现路由器配置界面，输入用户名/密码（默认 admin，admin），即可进入配置界面。

（4）单击"无线参数设置"，SSID 就是搜索 Wi-Fi 信号的名称，根据情况自己定义。其余保持默认设置。

（5）单击"无线安全设置"，选择"WPA-PSK/WPA2-PSK"，"加密算法"选择 AES，在 PSK 中输入登录 Wi-Fi 需要验证的密码，完成后保存。

（6）单击"无线 MAC 地址过滤"，这里面有 2 个选项（黑名单、白名单），为了安全起见，建议开启白名单，这样即使别人获取密码也是没办法登录的。

8.3.3　正确的网络使用习惯

《中华人民共和国计算机信息系统安全保护条例》定义信息安全为：计算机信息系统的安全保护，应当保障计算机及其相关的配套设备、设施（含网络）的安全，运行环境的安全，保障信息的安全，保障计算机功能的正常发挥，以维护计算机信息系统安全运行。主要防止信息被非授权泄露、更改、破坏或使信息被非法的系统辨识与控制，确保信息的完整性、保密性、可用性和可控性。

网络安全防护是指通过修复系统漏洞、正确设计开发和安装系统来预防网络安全事件的发生；通过定期检查来发现可能存在的系统脆弱性；通过教育手段使用户和操作员正确使用系统，防止意外威胁；通过访问控制、监视等手段来防止恶意威胁，如用于提供边界保护和构建安全域的防火墙技术、操作系统的身份认证技术、信息传输过程中的加密技术等。个人在使用网络空间中应该注意以下几点防范措施：

（1）不定时更换系统的密码，且提高密码的复杂度，以增强入侵者破译的难度。

（2）利用访问控制权限技术规定用户对文件、数据库、设备等的访问权限。

（3）利用加密技术，对数据与信息在传输过程中进行加密。

（4）尽量少用超链接（聊天、论坛、短信、Email 等）；输入浏览器正确域名；谨慎安装插件程序、禁止一些脚本和 JavaScript ActiveX 控件的运行，防止恶性代码的破坏。

（5）对于网络环境，应安装防火墙，设置"病毒防火墙"。

8.4　网络道德与网络安全法规

8.4.1　网络道德

网络道德是信息网络社会的时代产物，赋予人们在动机或行为上的是非善恶的判断标准。网络道德是人类面临新的道德要求和选择。不道德网络行为如下：

（1）从事危害政治稳定、损害安定团结、破坏公共秩序的活动，复制、传播有关上述内容的消息和文章。

（2）任意发布帖子对他人进行人身攻击，不负责任地散布流言蜚语或偏激的语言，或者在网络中使用粗俗语言。

（3）窃取或泄露他人秘密，通过扫描、侦听、破解口令、安置木马、远程接管、利用系统缺陷等手段进入他人的计算机，侵害他人的正当权益。

（4）利用网络赌博或从事有伤风化的活动。

（5）制造病毒、传播病毒。

8.4.2　网络安全法律法规

国家、地方以及相关部门针对网络安全的需求，制定与网络安全相关的法律法规，从法律层面上来规范人们的行为，使网络安全工作有法可依，并使相关违法犯罪能得到处罚，促使组织和个人依法制作、发布、传播和使用网络，从而达到保障网络安全的目的。目前，我国已建立起了基本的网络安全法律法规体系，包括国家有关法律和法规、各级网络管理部门有关管理办法和规章制度、网络礼仪、道德规范。《中华人民共和国网络安全法》是为保障网络安全，维护网络空间主权和国家安全、社会公共利益，保护公民、法人和其他组织的合法权益，促进经济社会信息化健康发展而制定的，由全国人民代表大会常务委员会于 2016 年 11 月 7 日发布，自 2017 年 6 月 1 日起施行。另外，主要法规条例还有以下：

（1）知识产权保护。狭义的知识产权包括著作权、商标权和专利权。

（2）保密法规。国家保密局 2000 年 1 月 1 日起颁布实施《计算机信息系统国际联网保密管理规定》。例如，第 2 章保密制度的第 6 条规定："涉及国家秘密的计算机信息系统，不得直接或间接地与互联网或其他公共信息网络相连接，必须实行物理隔离。"

（3）防止和制止网络犯罪相关法规。例如，《中华人民共和国计算机信息系统安全保护条例》《中华人民共和国电信条例》《互联网信息服务管理办法》明确了扰乱无线电管理秩序罪，利用计算机实施犯罪的提示性规定。

（4）信息传播条例。任何单位和个人不得利用国际联网危害国家安全、泄露国家秘密，不得侵犯国家的、社会的、集体的利益和公民的合法权益，不得从事违法犯罪活动。

制作、复制和传播下列信息将受到法律追究：

（1）煽动抗拒、破坏宪法和法律、行政法规实施。

（2）煽动颠覆国家政权，推翻社会主义制度。

（3）煽动分裂国家，破坏国家统一。

（4）煽动民族仇恨、民族歧视，破坏民族团结。

（5）捏造或者歪曲事实，散布谣言，扰乱社会秩序。

（6）宣扬封建迷信、淫秽、色情、赌博、暴力、凶杀、恐怖、教唆犯罪。

（7）公然侮辱他人或者捏造事实诽谤他人，或者进行其他恶意攻击。

（8）损害国家机关信誉。

（9）其他违反宪法和法律行政法规的信息。

第 9 章

新技术的基本概念及应用

9.1 "互联网+"

9.1.1 "互联网+"的概念

人类经历了农耕、工业、互联网时代之后，现在已经迎来了一个崭新的时代——"互联网+"时代。那么什么是"互联网+"呢？

"互联网+"理念在我国最早是由于扬提出的。2012 年，于扬在第五届移动互联网博览会中首次提出"互联网+"的概念。所谓"互联网+"，即任何传统行业或服务被互联网改变，并产生新的格局。比如："互联网+"安全=360；"互联网+"广告=百度。此时的"互联网+"仅仅是一个概念和设想，并未说明"互联网+"的具体建构方案以及技术方面的要求。

随着信息技术的发展，国家也开始关注"互联网+"。2014 年 11 月，李克强总理在政府工作报告中提出"互联网+"将作为国家未来的计划；2015 年 3 月，李克强总理提出制订"互联网+"行动计划，重点促进以云计算、大数据、物联网为代表的新一代信息技术与现代制造业、生产性服务业等的融合创新，发展壮大新兴业态，打造新的产业增长点，为大众创业、万众创新提供环境，为产业智能化提供支撑，增强新的经济发展动力，促进国民经济提质增效升级。至此，"互联网+"的概念才真正为众人熟知。

"互联网+"是指在创新 2.0（信息时代、知识社会的创新形态）的推动下由互联网发展的新业态，也是在知识社会创新 2.0 推动下由互联网形态演进、催生的经济社会发展新形态。"互联网+"是互联网思维的进一步实践成果，推动经济形态不断地发生演变，从而带动社会经济实体的生命力，为改革、创新、发展提供广阔的网络平台。

"互联网+"是对新一代信息技术和创新 2.0 相互作用与共同演化的高度概括。简言之，"互联网+"=新一代信息技术+创新 2.0。

通俗地说，"互联网+"就是"互联网+各个传统行业"，里面的+号并不是简单的两者相加，而是利用信息通信技术以及互联网平台，让互联网与传统行业进行深度融合，充分发挥互联网在社会资源配置中的优化和集成作用，将互联网的创新成果深度融合于经济、社会各个领域之中，提升全社会的创新力和生产力，形成更广泛的以互联网为基础设施和实现工具的经济发展新形态。也就是"互联网+"通过其自身的优势，对传统行业进行优化升级转型，使得传统行业能够适应当下的新发展，从而最终推动社会不断地向前发展。"互联网+"依赖的新基础设施，可以概括为云（云计算和大数据基础设施）、网（互联网和物联网）、端（直接服务个人的设备）三部分。这三个领域的推进决定"互联网+"计划改造升级传统行业的效率和深度。

9.1.2 "互联网+"的特征

9.1.2.1 跨界融合

"+"就是跨界，就是变革，就是开放，就是重塑融合。敢于跨界，创新的基础就会更坚实；敢于融合协同，群体智能才会实现，从研发到产业化的路径才会更垂直。融合本身也指身份的融合，客户消费转化为投资，伙伴参与创新，等等，不一而足。

9.1.2.2 创新驱动

中国粗放的资源驱动型增长方式早就难以为继，必须转变到创新驱动发展这条正确的道路上来。这正是互联网的特质，用所谓的互联网思维来求变、自我革命，也更能发挥创新的力量。

9.1.2.3 重塑结构

信息革命、全球化、互联网业已打破了原有的社会结构、经济结构、地缘结构、文化结构。

9.1.2.4 尊重人性

人性的光辉是推动科技进步、经济增长、社会进步、文化繁荣的最根本的力量，互联网的力量之强大来源于对人性的最大限度的尊重、对人体验的敬畏、对人的创造性发挥的重视，如 UGC、卷入式营销、分享经济。

9.1.2.5 开放生态

关于"互联网+"，生态是非常重要的特征，而生态的本身就是开放的。我们推进"互联网+"，其中一个重要的方向就是要把过去制约创新的环节化解掉，把孤岛式创新连接起来，让研发由市场来驱动，让创业并努力者有机会实现价值。

9.1.2.6 连接一切

连接是有层次的，可连接性是有差异的，连接的价值相差是很大的，但是连接一切是"互联网+"的目标。

9.1.3 "互联网+"的应用

近年来，我国在互联网技术、产业、应用以及跨界融合等方面取得了积极进展，已具备加快推进"互联网+"发展的坚实基础。

9.1.3.1 互联网+工业

"互联网+工业"即传统制造业企业采用移动互联网、云计算、大数据、物联网等信息通信技术，改造原有产品及研发生产方式，与"工业互联网""工业4.0"的内涵一致。

9.1.3.2 互联网+金融

从组织形式上看，"互联网+金融"这种结合至少有三种方式：第一种是互联网公司做金融；第二种是金融机构的互联网化；第三种是互联网公司和金融机构合作。

从 2013 年以在线理财、在线支付、电商小贷、P2P、众筹等为代表的细分互联网嫁接金融的模式进入大众视野以来，互联网金融已然成了一个新金融行业，并为普通大众提供了更多元化的投资理财选择。

9.1.3.3　互联网+商贸

在零售、电子商务等领域，过去这几年都可以看到和互联网的结合，正如马化腾所言，"它是对传统行业的升级换代，不是颠覆掉传统行业"。其中，又可以看到"特别是移动互联网对原有的传统行业起到了很大的升级换代的作用"。

截至 2020 年 12 月，中国网民数量为 9.89 亿，互联网普及率为 70.4%。电子商务交易额为 37.21 万亿人民币，其中直播带货交易额约 1.2 万亿人民币。而到了 2023 年 12 月，中国网民数量为 10.92 亿，互联网普及率为 77.5%。电子商务交易额超过 50 万亿人民币。中国的直播带货行业继续蓬勃发展，交易额达到约 4.9 万亿人民币。这一数据反映了直播带货在电商领域的重要性和持续增长的趋势。直播带货通过结合娱乐与购物，利用网红和明星的影响力，进一步推动了在线消费市场的发展。

9.1.3.4　互联网+医疗

现实中存在看病难、看病贵等难题，而移动医疗+互联网有望从根本上改善这一医疗生态。具体来讲，互联网将优化传统的诊疗模式，为患者提供一条龙的健康管理服务。在传统的医患模式中，患者普遍面临事前缺乏预防、事中体验差、事后无服务的状况。而通过互联网+医疗，患者有望从移动医疗数据端监测自身健康数据，做好事前防范；在诊疗服务中，依靠移动医疗实现网上挂号、询诊、购买、支付，节约时间和经济成本，提升诊疗体验，并依靠互联网在诊疗后与医生沟通。

百度、阿里、腾讯先后出手互联网医疗产业，形成了巨大的产业布局网，它们利用各自优势，通过不同途径实现着改变传统医疗行业模式的梦想，如百度的"健康云"，阿里的"未来医院"和"医药 O2O"，腾讯的"丁香园"和"挂号网"等。

互联网+医疗打破了时空限制：线上预约时间更精确，远程会诊通过 AR 技术完成肺部 CT 影像三维重建，5G 技术也被应用在远程会诊中，基于人脸识别技术实现"互联网+医保"支付。

9.1.3.5　互联网+农业

"互联网+农业"是指将互联网技术与农业生产、加工、销售等产业链环节结合，实现农业发展科技化、智能化、信息化的农业发展方式。农业看起来离互联网最远，但"互联网+农业"的潜力却是巨大的。"互联网+"可带动传统农业升级。目前，物联网、大数据、电子商务等互联网技术越来越多地应用在农业生产领域，并在一定程度上加速了转变农业生产方式、发展现代农业的步伐。

9.1.3.6　智慧城市

在政府工作报告中首次提出"互联网+"行动计划，并强调要发展"智慧城市"，保护和传承历史、地域文化，加强城市供水供气供电、公交和防洪防涝设施等建设，坚决治理污染、拥堵等城市病，让出行更方便、环境更宜居。

智慧城市就是指利用各种信息技术或创新概念，将城市的系统和服务打通、集成，以提升资源运用的效率，优化城市管理和服务，以及改善市民生活质量。它把新一代信息技术充分运用在城市中。各行各业基于知识社会下一代创新（创新 2.0）的城市信息化高级形态，实现信息化、工业化与城镇化的深度融合，有助于缓解"大城市病"，提高城镇化质量，实现精细化和动态管理，并提升城市管理成效和改善市民生活质量。

9.1.3.7　互联网+教育

"互联网+教育"就是利用互联网思维、信息技术、云计算、大数据、数据挖掘等信息技术对传统教育进行改造，改造的结果是为教育插上了"互联网"的翅膀，飞得更高更远更强。如果把传统教育比作学校、老师、教室，那么"互联网+"思维下的教育就是服务平台、一张网、移动终端。

第一代教育以书本为核心，第二代教育以教材为核心，第三代教育以辅导和案例方式出现，如今的第四代教育才真正以学生为核心。

9.1.4　"互联网+"的案例

浙江政务服务网是浙江省打造的一站式服务平台，自 2014 年上线以来，已成为浙江全省统一的政务服务互联网门户，统一的行政权力项目库，统一的网上审批系统，并持续借助互联网、大数据、云计算、移动互联网等技术，推行政务大数据治理工程，消除信息孤岛，建设跨部门、跨层级、跨地区数据共享体系，以数据共享推动业务协同，在政务服务中让群众少跑腿，让数据多跑路，让本来难以实现的办事"最多跑一次"成为现实。截至 2019 年 6 月，浙江政务服务网注册用户数已超过 2500 万，日均访问量超过 1200 万。在该平台上，全省 3000 多个行政机关统一进驻，1300 多个乡镇（街道）、20000 余村（社区）站点全覆盖，已初步实现对行政权力的在线闭环管理。该平台推出行政审批、便民服务、阳光政务、数据开放、公共资源交易五大功能板块，构建了网上政府的雏形。

围绕"掌上办事之省"的建设目标，浙江省进一步大力推动移动互联网政务服务，在 2014 年上线的原"浙江政务服务"APP 基础上，经优化迭代推出了"浙里办"APP，全面推进"网上办""掌上办"。目前，"浙里办"APP 为全省"掌上办事"的统一入口，各地、各部门基于"浙里办"APP 统一开发并输出服务，并将原自建的各类政务 APP 全面整合至"浙里办"APP，依托"浙里办"实现行政权力和公共服务事项"应上尽上"，向企业群众提供不受时间空间限制、随时在线的政务服务。目前，"浙里办"APP 共汇聚 344 项便民服务应用，小到公积金社保查询、缴学费、查违章等"民生小事"，大到不动产登记证明、企业开立等"大事"，都可一站式办理。可以说，浙江政务服务网及"浙里办"APP 很好地体现了"互联网+政务服务"新模式，实现了政务服务零距离，为群众提供更高效、更便捷的服务。

9.2　云计算、云服务器

9.2.1　云计算的概念及应用

9.2.1.1　云计算的定义

云计算技术是硬件技术与网络技术发展到一定阶段而出现的一种新的技术模型。通常，技术人员在绘制系统结构图时会用一朵云来表示网络，因此，狭义上讲，云计算就是一种提供资源的网络，使用者可以随时获取"云"上的资源，按需求量使用，并且"云"可以看成是无限扩展的，只要按使用量付费就可以。但从广义上说，云计算是与信息技术、软件、互联网相关的一种服务，这种计算资源共享池称为"云"，云计算把许多计算资源集合起来，通过软件实现自动化管理，只需要很少的人参与，就能快速提供资源。

维基百科中对云计算的定义是：云计算是一种基于互联网的计算方式，通过这种方式，共享的软硬件资源和信息可以按需求提供给计算机和其他设备。

美国国家标准与技术研究院（NTSI）对云计算的定义：云计算是一种按使用量付费的模式，这种模式提供可用的、便捷的、按需的网络访问，进入可配置的计算资源共享池（资源包括网络、服务器、存储、应用软件、服务），这些资源能够被快速提供，只需要投入很少的管理工作，或与服务供应商进行很少的交互。

简单地说，云计算就是计算服务的提供。"计算"当然不是指一般的数值计算，指的是一台足够强大的计算机提供的计算服务（包括各种功能、资源、存储）。"云计算"可以理解为网络上足够强大的计算机为用户提供服务，但服务是按用户的使用量进行付费的。

在云计算时代中 3 种基本的角色为资源的整合运营者、资源的使用者、终端客户。其中，资源的整合运营者负责资源的整合输出，资源的使用者负责将资源转变为满足客户需求的各种应用，终端客户则是资源的最终消费者。

云计算这种新模式的出现被认为是信息产业的一大变革，它作为一项涵盖面广且对产业影响深远的技术，未来将逐步渗透到信息产业和其他产业的各个方面，为信息产业的发展提供无限的想象空间。

9.2.1.2 云计算的特点

云计算的可贵之处在于高灵活性、可扩展性和高性价比等，与传统的网络应用模式相比，其具有如下优势与特点：

（1）虚拟化技术。虚拟化技术突破了时间、空间的界限，是云计算最为显著的特点。采用虚拟化技术后，用户不需要关注具体的硬件实体，只需要选择一家云服务提供商，注册并登录到它们的云控制台，去购买和配置用户需要的服务，再为用户的应用做一些简单的配置之后，就可以将应用对外服务，这比传统的在企业的数据中心去部署一套应用要简单方便得多。采用虚拟化技术，可大大降低了维护成本和资源的利用率。

（2）动态可扩展。云计算具有高效的运算能力，在原有服务器基础上增加云计算功能能够使计算速度迅速提高，最终实现动态扩展虚拟化的层次，达到对应用进行扩展的目的。

（3）按需部署。计算机包含了许多应用、程序软件等，不同的应用对应的数据资源库也不同，所以用户运行不同的应用需要较强的计算能力对资源进行部署，而云计算平台能够根据用户的需求快速配备计算能力及资源。

（4）灵活性高。目前市场上大多数 IT 资源，软、硬件都支持虚拟化，比如存储网络、操作系统和开发软、硬件等。虚拟化要素统一放在云系统资源虚拟池当中进行管理，可见云计算的兼容性非常强，不仅可以兼容低配置机器、不同厂商的硬件产品，还能够提供外设获得更高性能计算。

（5）可靠性高。服务器故障也不影响计算与应用的正常运行，因为单点服务器出现故障可以通过虚拟化技术将分布在不同物理服务器上的应用进行恢复或利用动态扩展功能部署新的服务器进行计算。

（6）性价比高。将资源放在虚拟资源池中进行统一管理在一定程度上优化了物理资源，用户不再需要费用昂贵、存储空间大的主机，可以选择相对廉价的 PC 组成"云"，一方面减少了费用，另一方面计算性能不逊于大型主机。

（7）可扩展性。用户可以利用应用软件的快速部署条件来更为简单快捷地将自身所需的已有业务以及新业务进行扩展。例如，计算机云计算系统中的设备发生故障，对于用户来说，无论是在计算机层面上，抑或是在具体运用上均不会受到阻碍，可以利用计算机云计算具有的动态扩展功能来对其他服务器开展有效扩展。这样一来就能够确保任务得以有序完成。在对虚拟化资源进行动态扩展的情况下，同时能够高效扩展应用，提高计算机云计算的操作水平。

9.2.1.3　云计算的分类

目前已经出现的云计算技术有很多。从服务对象的角度分，云计算可以分为以下几类。

（1）公有云。公有云是第三方云厂商拥有和运营的。在公有云中，所有硬件、软件和其他支持性基础结构都为云厂商所拥有和管理。例如，"Tecent Cloud"就是公有云的一个例子。

公有云有几个好处。除了通过网络提供服务外，用户只需为他们使用的资源支付费用。此外，用户可以访问服务提供商的云计算基础设施，无须考虑安装和维护的问题。

公有云的缺点：通常不能满足许多安全法规遵从性要求，因为不同的服务器驻留在多个国家，并具有各种安全法规。而且，网络问题可能发生在在线流量峰值期间。虽然公有云模型通过提供按需付费的定价方式通常具有成本效益，但在移动大量数据时，其费用会迅速增加。

（2）私有云。私有云是指专供一个企业或组织使用的云计算资源，因而提供对数据、安全性和服务质量的最有效控制。私有云部署在企业数据中心，也可以将它们部署在一个主机托管场所。

与公有云模型相比，私有云模型的好处是它提供了更高的安全性，因为单个公司是唯一可以访问它的指定实体。这也使组织更容易定制其资源以满足特定的 IT 要求。

私有云的缺点是安装成本很高。此外，企业仅限于合同中规定的云计算基础设施资源。私有云的高度安全性可能会使得从远程位置访问也变得很困难。

（3）混合云。混合云组合了公有云和私有云，通过允许在这两者之间共享数据和应用程序的技术将它们绑定到一起。例如，客户可以选择将数据存储在私有云中，同时在公有云中运行应用程序。

混合云方法的好处是它允许用户利用公有云和私有云的优势。它还为应用程序在多云环境中的移动提供了极大的灵活性。此外，混合云模式具有成本效益，因为企业可以根据需要决定使用成本更昂贵的云计算资源。

混合云的困难是由于其更加复杂而难以维护和保护。此外，由于混合云是不同的云平台、数据和应用程序的组合，因此整合可能是一项挑战。在开发混合云时，基础设施之间也会出现主要的兼容性问题。

按资源封装的层次分类，云服务可以分为以下几种：

1）基础设施即服务（infrastructure as a service，IaaS）。基础设施即服务是主要的服务类别之一，它向云计算提供商的个人或组织提供虚拟化计算资源，如虚拟机、存储、网络和操作系统。

2）平台即服务（platform as a service，PaaS）。平台即服务是一种服务类别，为开发人员提供通过全球互联网构建应用程序和服务的平台。PaaS 为开发、测试和管理软件应用程序提供按需开发环境。

3）软件即服务（software as a service，SaaS）。软件即服务也是其服务的一类，通过互联网提供按需软件付费应用程序，云计算提供商托管和管理软件应用程序，并允许其用户连接到应用程序并通过全球互联网访问应用程序。

9.2.1.4　云计算的关键技术

云计算实现关键技术如下：

（1）体系结构。实现计算机云计算需要创造一定的环境与条件，尤其是体系结构必须具备以下关键特征：第一，要求系统必须智能化，具有自治能力，减少人工作业的前提下实现自动化处理平台的响应要求，因此云系统应内嵌自动化技术；第二，面对变化信号或需求信号，云系统要有敏捷的反应能力，所以对云计算的架构有一定的敏捷要求。与此同时，随着服务级别和增长速度的快速变化，云计算同样面临巨大挑战，而内嵌集群化技术与虚拟化技术能够应对此类变化。

云计算平台的体系结构由用户界面、服务目录、管理系统、部署工具、监控和服务器集群组成。

1）用户界面，主要用于云用户传递信息，是双方互动的界面。

2）服务目录，顾名思义是提供用户选择的列表。

3）管理系统，指的是主要对应用价值较高的资源进行管理。

4）部署工具，能够根据用户请求对资源进行有效的部署与匹配。

5）监控，主要对云系统上的资源进行管理与控制并制定措施。

6）服务器集群。服务器集群包括虚拟服务器与物理服务器，隶属管理系统。

（2）资源监控。云系统上的资源数据十分庞大，同时资源信息更新速度快。而云系统能够对动态信息进行有效部署，同时兼备资源监控功能，有利于对资源的负载、使用情况进行管理。其次，资源监控作为资源管理的"血液"，对整体系统性能起关键作用，一旦系统资源监管不到位，信息缺乏可靠性，那么其他子系统一旦引用了错误的信息，必然对系统资源的分配造成不利影响。因此贯彻落实资源监控工作刻不容缓。资源监控过程中，只要在各个云服务器上部署 Agent 代理程序便可进行配置与监管活动，比如通过一个监视服务器连接各个云资源服务器，然后以周期为单位将资源的使用情况发送至数据库，由监视服务器综合数据库有效信息对所有资源进行分析，评估资源的可用性，最大限度地提高资源信息的有效性。

（3）自动化部署。基本上，计算资源的可用状态在发生转变，逐渐向自动化部署。对云资源进行自动化部署指的是基于脚本调节的基础上实现不同厂商对于设备工具的自动配置，用以减少人机交互比例、提高应变效率，避免超负荷人工操作等现象的发生，最终推进智能部署进程。自动化部署主要指的是通过自动安装与部署来实现计算资源由原始状态变成可用状态。系统资源的部署步骤较多，自动化部署主要是利用脚本调用来自动配置、部署各个厂商设备管理工具的，保证在实际调用环节能够采取静默的方式来实现，避免了繁杂的人机交互，让部署过程不再依赖人工操作。除此之外，数据模型与工作流引擎是自动化部署管理工具的重要部分，不容小觑。一般情况下，对于数据模型的管理就是将具体的软硬件定义在数据模型当中即可；而工作流引擎指的是触发、调用工作流，以提高智能化部署为目的，善于将不同的脚本流程在较为集中与重复使用率高的工作流数据库当中应用，有利于减轻服务器的工作量。

9.2.1.5 云计算的应用

较为简单的云计算技术已经普遍应用于互联网服务中，最为常见的就是网络搜索引擎和网络邮箱。最为大家熟悉的网络搜索引擎莫过于谷歌和百度了，在任何时刻，只要通过移动终端就可以在搜索引擎上搜索任何自己想要的资源，通过云端共享了数据资源。而网络邮箱也是如此，在过去，寄一封邮件是一件比较麻烦的事情，同时也是很慢的过程，而在云计算技术和网络技术的推动下，电子邮箱成为了社会生活中的一部分，只要在网络环境下，就可以实现实时的邮件寄发。其实，云计算技术已经融入现今的社会生活中。

（1）存储云。存储云，又称云存储，是在云计算技术上发展起来的一个新的存储技术。云存储是一个以数据存储和管理为核心的云计算系统。用户可以将本地的资源上传至云端，可以在任何地方连入互联网来获取云上的资源。大家所熟知的谷歌、微软等大型网络公司均有云存储的服务，在国内，百度云和微云则是市场占有量较大的存储云。存储云向用户提供了存储容器服务、备份服务、归档服务和记录管理服务等，大大方便了使用者对资源的管理。

（2）医疗云。医疗云，是指在云计算、移动技术、多媒体、5G 通信、大数据以及物联网等新技术基础上，结合医疗技术，使用"云计算"来创建医疗健康服务云平台，实现了医疗资源的共享和医疗范围的扩大。因为云计算技术的运用与结合，医疗云提高了医疗机构的效率，方便居民就医。像现在医院的预约挂号、电子病历、医保等都是云计算与医疗领域结合的产物，医疗云还具有数据安全、信息共享、动态扩展、布局全国的优势。

（3）金融云。金融云，是指利用云计算的模型，将信息、金融和服务等功能分散到庞大分支机构构成的互联网"云"中，旨在为银行、保险和基金等金融机构提供互联网处理和运行服务，同时共享互联网资源，从而解决现有问题并且达到高效、低成本的目标。在2013 年 11 月 27 日，阿里云整合阿里巴巴旗下资源并推出阿里金融云服务。其实，现在我国基本普及了快捷支付，因为金融与云计算的结合，只需要在手机上简单操作，就可以完成银行存款、保险购买和基金买卖。目前，不仅仅阿里巴巴推出了金融云服务，像苏宁金融、腾讯等企业均推出了自己的金融云服务。

（4）教育云。教育云，实质上是指教育信息化的一种发展。具体地，教育云可以将所需要的任何教育硬件资源虚拟化，然后将其传入互联网中，以向教育机构和学生老师提供一个方便快捷的平台。现在流行的慕课就是教育云的一种应用。慕课 MOOC，指的是大规模开放的在线课程。现阶段，慕课的三大平台为 Coursera、edX 及 Udacity。在国内，中国大学 MOOC 也是非常好的平台。2013 年 10 月 10 日，清华大学推出 MOOC 平台——学堂在线，许多大学现已使用学堂在线开设了一些课程。

9.2.2 云服务器的概念及应用

9.2.2.1 云服务器的概念

云服务器是一种简单高效、安全可靠、处理能力可弹性伸缩的计算服务。其管理方式比物理服务器更简单高效。用户无须提前购买硬件，即可迅速创建或释放任意多台云服务器。

云服务器帮助用户快速构建更稳定、安全的应用，降低开发运维的难度和整体 IT 成本，使用户能够更专注于核心业务的创新。

9.2.2.2 云服务器的特点

（1）高密度（high density）。未来的云计算中心将越来越大，而土地寸土寸金，机房空间捉襟见肘，如何在有限空间内容纳更多的计算节点和资源是发展的关键。

（2）低能耗（energy saving）。云数据中心建设成本中电力设备和空调系统投资比重达到 65%，而数据中心运营成本中的 75% 将是能源成本。可见，降低能耗对数据中心而言是极其重要的工作，而云计算服务器则是能耗的核心。

（3）易管理（reorganization）。数量庞大的服务器管理起来是个很大的问题，通过云平台管理系统、服务器管理接口实现轻松部署和管理则是云计算中心发展必须考虑的因素。

（4）系统优化（optimization）。在云计算中心，不同的服务器承载着不同的应用，如有些是虚拟化应用、有些是大数据应用，不同的应用有着不同的需求。因此针对不同应用进行优化，形成针对性的硬件支撑环境，将能充分发挥云计算中心的优势。

9.2.2.3 云服务器的关键技术

（1）虚拟化技术。虚拟化平台将 1000 台以上的服务器集群虚拟为多个性能可分配的虚拟机（KVM），对整个集群系统中所有 KVM 进行监控和管理，并根据实际资源使用情况灵活分配和调度资源池。

（2）分布式存储。分布式存储用于将大量服务器整合为一台超级计算机，提供大量的数据存储和处理服务。分布式文件系统、分布式数据库允许访问共同存储资源，实现应用数据文件的 I/O 共享。

（3）资源调度。虚拟机可以突破单个物理机的限制，动态的资源调整与分配可以消除服务器及存储设备的单点故障，实现高可用性。当一个计算节点的主机需要维护时，可以将其上运行的虚拟机通过热迁移技术在不停机的情况下迁移至其他空闲节点，用户会毫无感觉。在计算节点物理损坏的情况下可以在 3min 左右将其业务迁移至其他节点运行，具有十分高的可靠性。

9.2.2.4 云服务器的应用

（1）互联网技术行业。云服务器租用有助于快速部署新的实例和单独的环境进行测试、部署和发布。对于以速度和灵活性为主要竞争优势的创业型公司，高效率尤为重要。用云计算服务器来进行不同环境的测试，具有很快的速度以及灵活性，非常方便、适合使用。

云服务器还使公司能够快速扩大规模或缩小规模，同时，对于面临不确定性的公司，业务周期的缩短和不断的行业需求，要求它们保持最新状态才能蓬勃发展，云主机就提供了这种灵活性。

（2）金融和医疗行业。随着公有云服务器将敏感信息置于暴露和泄露的较高风险之中，必须遵守繁琐法规的行业对于迁移到云中的速度可能很慢。而医疗保健机构还必须具备足够的反应能力和适应性，以应对不断变化的行业法规，云服务器的敏捷性就是其的主要卖点之一。

云服务器不仅解决了信息缓慢问题，而且云主机租用还可以节省多个办公地点服务器的维护费用，节约了开支。

（3）营销交易行业。大数据推动了多个领域的发展，尤其是在营销、销售、开发和财务领域。因为营销型公司是需要获取大量的数据的，还要对数据进行分析。对于市场营销人员来说，云平台允许从多个来源收集数据，比如网络、社交和一系列设备。

同时，对于开发人员来说，云主机租用提供了最新的报告和通知。这种实时数据为股票交易者提供了竞争优势。云应用程序集成促进了所有利益相关方之间的沟通和协作，从而确保报告和分析不会重复或过时。

9.3 物 联 网

9.3.1 物联网的概念

什么是物联网？先看这样一个场景：你正在上班，手机向你发出警报，告诉你你家正在遭受入侵。你立即点开实时监控系统，发现其实只是一只流浪猫在你家门前徘徊。然后你发现家里的门窗并没有关好，于是你轻轻一按手机，家里的窗帘和门窗都自动关上了，于是你放心地继续上班。

上面的场景并不是天马行空的想象，而是通过物联网，已经成为现实。因此，通俗地说，物联网（internet of things，IOT）就是一个"物物相连"的网络。这有两层意思：第一，物联网的核心和基础仍然是互联网，是在互联网基础上的延伸和扩展的网络；第二，其用户端延伸和扩展到了任何物品与物品之间，进行信息交换和通信。因此，物联网的定义是通过射频识别、红外感应器、全球定位系统、激光扫描器等信息传感设备，按约定的协议，将任何物品与互联网相连接，进行信息交换和通信，以实现对物品的智能化识别、定位、跟踪、监控和管理的一种网络。

物联网代表了下一代信息发展技术。世间万物，汽车、楼房、手表、钥匙……只要嵌入微型传感器，就可以被拟人化，和用户"交流"。物联网技术建立了"人和物"的智能沟通系统。

9.3.2 物联网的特征

从通信对象和过程来看，物与物、人与物之间的信息交互是物联网的核心。物联网的基本特征可概括为整体感知、可靠传输和智能处理。

9.3.2.1 整体感知

可以利用射频识别、二维码、智能传感器等感知设备感知获取物体的各类信息。

9.3.2.2 可靠传输

通过对互联网、无线网络的融合，将物体的信息实时、准确地传送，以便信息交流、分享。

9.3.2.3 智能处理

使用各种智能技术，对感知和传送到的数据、信息进行分析处理，实现监测与控制的智能化。根据物联网的以上特征，结合信息科学的观点，围绕信息的流动过程，可以归纳出物联网处理信息的功能：

（1）获取信息的功能。主要是信息的感知、识别，信息的感知指对事物属性状态及其变化方式的知觉和敏感；信息的识别指能把所感受到的事物状态用一定方式表示出来。

（2）传送信息的功能。主要是信息发送、传输、接收等环节，最后把获取的事物状态信息及其变化的方式从时间（或空间）上的一点传送到另一点的任务，这就是常说的通信过程。

（3）处理信息的功能。它是指信息的加工过程，利用已有的信息或感知的信息产生新的信息，实际上是制定决策的过程。

（4）施效信息的功能。它是指信息最终发挥效用的过程，有很多的表现形式，比较重要的是通过调节对象事物的状态及其变换方式，始终使对象处于预先设计的状态。

9.3.3 物联网的关键技术

物联网的结构大致可以分为 3 个层次：首先是传感网络，以二维码、RFID（射频识别技术）传感器为主，实现"物"的识别；其次是传输网络，通过现有的互联网、广电网络、通信网络或者未来的 NGN（下一代网络），实现数据的传输与计算；再次是应用网络，即输入/输出控制终端，可基于现有的手机、PC 等终端进行。

9.3.3.1 二维码及射频识别技术

二维码及射频识别技术主要用于需要对标的物的特征属性进行描述。二维码是一维码的升级，是用某种特定的几何形体按一定规律在平面上分布（黑白相间）的图形来记录信息的应用技术。目前，二维码已广泛应用于多个领域。

射频识别技术 RFID 是一项利用射频信号通过空间耦合（交变磁场或电磁场）实现无接触信息传递并通过所传递的信息达到识别目的的技术。它是物联网中"让物品开口说话"的关键技术，物联网的 RFID 标签中"存储"着规范而具有互通性的信息，通过无线数据通信网络把它们自动采集到中央信息系统中实现物品的识别。

9.3.3.2 传感器技术

在物联网中传感器主要负责接收物品"讲话"的内容。传感器技术是从自然信源获取信息并对获取的信息进行处理、变换、识别的一门多学科交叉的现代科学与工程技术，它涉及传感器、信息处理和识别的规划设计、开发、制造、测试、应用及评价改进活动等内容。

9.3.3.3 无线网络技术

物联网中物品要与人无障碍地交流，必然离不开高速、可进行大批量数据传输的无线网络。无线网络既包括允许用户建立远距离无线连接的全球语音和数据网络，也包括近距离的蓝牙技术、红外技术和 ZigBee 技术。

9.3.3.4　人工智能技术

人工智能是研究使计算机模拟人的某些思维过程和智能行为（如学习、推理、思考和规划等）的技术。在物联网中人工智能技术主要对物品"讲话"的内容进行分析，从而实现计算机自动处理。

9.3.3.5　云计算技术

物联网的发展离不开云计算技术的支持。物联网中终端的计算和存储能力有限，云计算平台可以作为物联网的大脑，以实现对海量数据的存储和计算。

9.3.4　物联网的应用

物联网的应用领域涉及方方面面，在工业、农业、环境、交通、物流、安保等基础设施领域的应用，有效地推动了这些方面的智能化发展，使得有限的资源被更加合理地使用和分配，从而提高了行业效率、效益。在家居、医疗健康、教育、金融与服务业、旅游业等与生活息息相关的领域中的应用，从服务范围、服务方式到服务的质量等方面都有了极大的改进，大大提高了人们的生活质量；在涉及国防军事领域方面，虽然还处在研究探索阶段，但物联网应用带来的影响已不可小觑，大到卫星、导弹、飞机、潜艇等装备系统，小到单兵作战装备，物联网技术的嵌入有效提升了军事智能化、信息化、精准化，极大提升了军事战斗力，是未来军事变革的关键。物联网是跨行业、跨领域、有明显交叉科学特征、面向应用的综合信息系统，按应用对象所属性质进行划分，大体分为三大类。

（1）公共服务。如智慧电网、智慧交通、智慧医疗、智慧园区、公共安全保障等。

（2）行业应用。主要有智能物流、物品溯源、节能环保、工业物联网、农业物联网等。

（3）个人应用。主要包括智能家居、车联网、娱乐教育、节能低碳、智能卡等。

9.3.4.1　智能交通

物联网技术在道路交通方面的应用比较成熟。随着社会车辆越来越普及，交通拥堵甚至瘫痪已成为城市的一大问题。对道路交通状况实时监控并将信息及时传递给驾驶员，让驾驶员及时做出调整，有效缓解了交通压力；高速路口设置道路自动收费系统（简称 ETC），免去进出口取卡、还卡的时间，提升了车辆的通行效率；公交车上安装定位系统，能及时了解公交车行驶路线及到站时间，乘客可以根据搭乘路线确定出行，免去不必要的时间浪费。社会车辆增多，除了会带来交通压力外，停车难也日益成为一个突出问题，不少城市推出了智慧路边停车管理系统，该系统基于云计算平台，结合物联网技术与移动支付技术，共享车位资源，提高车位利用率和用户的方便程度。该系统可以兼容手机模式和射频识别模式，通过手机端 APP 软件可以实现及时了解车位信息、车位位置，提前做好预订并实现交费等操作，很大程度上解决了"停车难、难停车"的问题。

9.3.4.2　智能家居

智能家居就是物联网在家庭中的基础应用，随着宽带业务的普及，智能家居产品涉及方方面面。家中无人，可利用手机等产品客户端远程操作智能空调，调节室温，甚者还可以学习用户的使用习惯，从而实现全自动的温控操作，使用户在炎炎夏季回家就能享受到冰爽带来的惬意；通过客户端实现智能灯泡的开关、调控灯泡的亮度和颜色等；插座内置Wi-Fi，可实现遥控插座定时通断电流，甚至可以监测设备用电情况，生成用电图表让客户对用电情况一目了然，安排资源使用及开支预算；智能体重秤，监测运动效果，内置可以监测血压、脂肪量的先进传感器，内定程序根据身体状态提出健康建议；智能牙刷与客户端相连，提供刷牙时间、刷牙位置提醒服务，可根据刷牙的数据生产图表，反映口腔的健康状况；智能摄像头、窗户传感器、智能门铃、烟雾探测器、智能报警器等都是家庭不可或缺的安全监控设备，客户即使出门在外，都可以在任意时间、任何地点查看家中任何一角的实时状况，排除任何安全隐患。看似烦琐的种种家居生活因为物联网变得更加轻松、美好。

9.3.4.3 公共安全

　　近年来全球气候异常情况频发，灾害的突发性和危害性进一步加大，互联网可以实时监测环境的不安全情况，提前预防、实时预警、及时采取应对措施，降低灾害对人类生命财产带来的危害。美国布法罗大学早在 2013 年就提出研究深海互联网项目，通过将特殊处理的感应装置置于深海处，分析水下相关情况，可进行海洋污染的防治、海底资源的探测，甚至对海啸也可以提供更加可靠的预警。利用物联网技术可以智能感知大气、土壤、森林、水资源等方面的各指标数据，对于改善人类生活环境将发挥巨大作用。

9.4　区　　块　　链

9.4.1　区块链的概念

　　那么到底什么是区块链呢？工信部指导发布的《区块链技术和应用发展白皮书2016》的解释是：狭义来讲，区块链是一种按照时间顺序将数据区块以顺序相连的方式组合成的一种链式数据结构，并以密码学方式保证的不可篡改和不可伪造的分布式账本。广义来讲，区块链技术是利用块链式数据结构来验证和存储数据、利用分布式节点共识算法来生成和更新数据、利用密码学的方式保证数据传输和访问的安全性、利用由自动化脚本代码组成的智能合约来编程和操作数据的一种全新的分布式基础架构与计算范式。

　　顾名思义，区块链（block chain）是一种数据以区块（block）为单位产生和存储，并按照时间顺序首尾相连形成链式（chain）结构，同时通过密码学保证不可篡改、不可伪造及数据传输访问安全的去中心化分布式账本。区块链中所谓的账本，其作用和现实生活中的账本基本一致，按照一定的格式记录流水等交易信息。特别是在各种数字货币中，交易内容就是各种转账信息。只是随着区块链的发展，记录的交易内容由各种转账记录扩展至各个领域的数据。比如，在供应链溯源应用中，区块中记录了供应链各个环节中物品所处的责任方、位置等信息。

　　要探寻区块链的本质，什么是区块、什么是链，首先需要了解区块链的数据结构，即这些交易以怎样的结构保存在账本中。区块是链式结构的基本数据单元，聚合了所有交易相关信息，主要包含区块头和区块主体两部分。区块头主要由父区块哈希值（previous hash）、时间戳（timestamp）、默克尔树根（merkle tree root）等信息构成；区块主体一般包含一串交易的列表。每个区块中的区块头所保存的父区块的哈希值，唯一地指定了该区块的父区块，在区块间构成了连接关系，从而组成了区块链的基本数据结构。

9.4.2 区块链的特性

区块链是多种已有技术的集成创新，主要用于实现多方信任和高效协同。通常，一个成熟的区块链系统具备去中心化、开放性、独立性、安全性以及匿名性五大特性。

9.4.2.1 去中心化

区块链技术不依赖额外的第三方管理机构或硬件设施，没有中心管制，除了自成一体的区块链本身，通过分布式核算和存储，各个节点实现了信息的自我验证、传递和管理。去中心化是区块链最突出、最本质的特征。

9.4.2.2 开放性

区块链技术的基础是开源的，除了交易各方的私有信息被加密外，区块链的数据对所有人开放，任何人都可以通过公开的接口查询区块链数据和开发相关应用，因此整个系统信息高度透明。

9.4.2.3 独立性

基于协商一致的规范和协议（类似比特币采用的哈希算法等各种数学算法），整个区块链系统不依赖其他第三方，所有节点能够在系统内自动安全地验证、交换数据，不需要任何人为的干预。

9.4.2.4 安全性

只要不能掌控全部数据节点的 51%，就无法肆意操控和修改网络数据，这使区块链本身变得相对安全，避免了主观人为的数据变更。

9.4.2.5 匿名性

除非有法律规范要求，单从技术上来讲，各区块节点的身份信息不需要公开或验证，信息传递可以匿名进行。

9.4.3 区块链核心技术

9.4.3.1 分布式账本

分布式账本指的是交易记账由分布在不同地方的多个节点共同完成，而且每一个节点记录的是完整的账目，因此它们都可以参与监督交易合法性，同时也可以共同为其作证。

与传统的分布式存储有所不同，区块链的分布式存储的独特性主要体现在两个方面：一是区块链每个节点都按照块链式结构存储完整的数据，而传统分布式存储一般将数据按照一定的规则分成多份进行存储。二是区块链中每个节点的存储都是独立的、地位等同的，依靠共识机制保证存储的一致性，而传统分布式存储一般通过中心节点往其他备份节点同步数据。没有任何一个节点可以单独记录账本数据，从而避免了单一记账人被控制或者被贿赂而记假账的可能性。由于记账节点足够多，理论上讲，除非所有的节点都被破坏，否则账目就不会丢失，从而保证了账目数据的安全性。

9.4.3.2 非对称加密

存储在区块链上的交易信息是公开的，但是账户身份信息是高度加密的，只有在数据拥有者授权的情况下才能访问到，从而保证了数据的安全和个人的隐私。

9.4.3.3　共识机制

共识机制就是所有记账节点之间怎么达成共识，去认定一个记录的有效性，这既是认定的手段，也是防止篡改的手段。区块链提出了 4 种不同的共识机制，适用于不同的应用场景，在效率和安全性之间取得了平衡。

区块链的共识机制具备"少数服从多数"以及"人人平等"的特点，其中"少数服从多数"并不完全指节点个数，也可以是计算能力、股权数或者其他的计算机可以比较的特征量。"人人平等"是当节点满足条件时，所有节点都有权优先提出共识结果、直接被其他节点认同后并最后有可能成为最终的共识结果。以比特币为例，采用的是工作量证明，只有在控制了全网超过 51% 的记账节点的情况下，才有可能伪造出一条不存在的记录。当加入区块链的节点足够多的时候，这基本上是不可能的，从而杜绝了造假的可能。

9.4.3.4　智能合约

智能合约是基于这些可信的不可篡改的数据，可以自动化地执行一些预先定义好的规则和条款。以保险为例，如果说每个人的信息（包括医疗信息和风险发生的信息）都是真实可信的，那就很容易在一些标准化的保险产品中，去进行自动化的理赔。在保险公司的日常业务中，虽然交易不像银行和证券行业那样频繁，但是对可信数据的依赖是有增无减的。

9.4.4　区块链应用

随着区块链技术的逐步发展，其应用潜力正得到越来越多行业的认可。从最初的加密数字货币到金融领域的跨境清算，再到供应链、政务、数字版权、能源等领域，甚至已经有初创公司在探索基于区块链的电子商务、社交、共享经济等应用。只要涉及多方协同、不存在一个可信中心的场景，区块链均有用武之地。当前区块链应用处于发展初期，主流的区块链应用均是利用了区块链的特性在原有业务模式下进行的改进式创新，区块链作为从协议层面解决价值传递的技术理应有更广阔的应用场景。我们有理由相信下一个基于区块链技术的"爆款"应用将带来巨大的模式创新，并将颠覆原有的产业模式。

9.4.4.1　金融领域

区块链在国际汇兑、信用证、股权登记和证券交易所等金融领域有着潜在的巨大应用价值。将区块链技术应用在金融行业中，能够省去第三方中介环节，实现点对点的直接对接，从而在大大降低成本的同时，快速完成交易支付。

比如 Visa 推出基于区块链技术的 Visa B2B Connect，它能为机构提供一种费用更低、更快速和安全的跨境支付方式来处理全球范围的企业对企业的交易。要知道，传统的跨境支付需要 3～5 天，并为此支付 1%～3% 的交易费用。Visa 还联合 Coinbase 推出了首张比特币借记卡，花旗银行则在区块链上测试运行加密货币"花旗币"。

9.4.4.2　物联网和物流领域

区块链在物联网和物流领域也可以天然结合。通过区块链可以降低物流成本，追溯物品的生产和运输过程，并且提高供应链管理的效率。该领域被认为是区块链一个很有前景的应用方向。

区块链通过节点连接的散状网络分层结构，能够在整个网络中实现信息的全面传递，并能够检验信息的准确程度。这种特性一定程度上提高了物联网交易的便利性和智能化。"区块链+大数据"的解决方案就利用了大数据的自动筛选过滤模式,在区块链中建立信用资源,可双重提高交易的安全性,并提高物联网交易便利程度,为智能物流模式应用节约时间成本。区块链节点具有十分自由的进出能力,可独立地参与或离开区块链体系,不对整个区块链体系有任何干扰。"区块链+大数据"解决方案就利用了大数据的整合能力,促使物联网基础用户拓展更具有方向性,便于在智能物流的分散用户之间实现用户拓展。

9.4.4.3 公共服务领域

区块链在公共管理、能源、交通等领域都与民众的生产生活息息相关,但是这些领域的中心化特质也带来了一些问题,这些问题可以用区块链来改造。区块链提供的去中心化的完全分布式 DNS 服务通过网络中各个节点之间的点对点数据传输服务就能实现域名的查询和解析,可用于确保某个重要的基础设施的操作系统和固件没有被篡改,可以监控软件的状态和完整性,发现不良的篡改,并确保使用了物联网技术的系统所传输的数据没有经过篡改。

9.4.4.4 数字版权领域

通过区块链技术,可以对作品进行鉴权,证明文字、视频、音频等作品的存在,保证权属的真实、唯一性。作品在区块链上被确权后,后续交易都会进行实时记录,实现数字版权全生命周期管理,也可作为司法取证中的技术性保障。例如,美国纽约一家创业公司 Mine Labs 开发了一个基于区块链的元数据协议,这个名为 Mediachain 的系统利用 IPFS 文件系统,实现数字作品版权保护,主要是面向数字图片的版权保护应用。

9.4.4.5 保险领域

在保险理赔方面,保险机构负责资金归集、投资、理赔,往往管理和运营成本较高。通过智能合约的应用,既无须投保人申请,也无须保险公司批准,只要触发理赔条件,实现保单自动理赔。一个典型的应用就是 LenderBot,它是 2016 年由区块链企业 Stratumn、德勤与支付服务商 Lemonway 合作推出的,它允许人们通过 Facebook Messenger 的聊天功能,注册定制化的微保险产品,为个人之间交换的高价值物品进行投保,而区块链在贷款合同中代替了第三方角色。

9.4.4.6 公益领域

区块链上存储的数据,高可靠且不可篡改,天然地适合用在社会公益场景。公益流程中的相关信息,如捐赠项目、募集明细、资金流向、受助人反馈等,均可以存放于区块链上,并且有条件地进行透明公开公示,方便社会监督。

9.5 人 工 智 能

人工智能(AI)的生活应用领域极为广泛,涵盖了从医疗健康、金融服务到零售、电商等多个行业。在医疗健康领域,AI 技术正在改变诊断和治疗的方式,通过医学影像分析、疾病风险预测和个性化治疗,显著提高了诊断准确性和治疗效果。同时,AI 驱动的虚拟助手还可以提供患者支持和健康监控,提升医疗服务的整体质量。在金融服务方面,AI 被广泛用于风险管理、欺诈检测和客户服务。通过市场预测、信用评分和异常交易检测，AI可以帮助金融机构降低风险，提高运营效率。智能客服和个性化推荐系统则增强了客户体验，促进了金融服务的个性化和便捷性。

在零售和电子商务领域，AI的应用同样不可或缺。个性化推荐系统和动态定价策略使得企业能够更精准地满足消费者需求，提升销售转化率。库存管理中的需求预测和自动补货则优化了供应链，提高了库存周转率和运营效率。在制造业，AI通过预测性维护、质量控制和自动化生产，提升了生产效率和产品质量，降低了生产成本。此外，在交通和物流、教育、娱乐和媒体、农业等领域，AI技术也展现出强大的应用潜力，不断推动行业创新和发展。随着AI技术的不断进步和普及，其在各个领域的应用将会更加深入和广泛，为社会发展带来更多的机遇和挑战，以下是一些主要的应用领域。

9.5.1　AI 医疗健康

9.5.1.1　*医学诊断和预测*

（1）医学影像分析。

图像预处理：对医学影像进行去噪、增强对比度等预处理步骤，以提高图像质量。

特征提取：使用卷积神经网络（CNN）从图像中提取特征，识别病灶和异常区域。

分类和分割：通过训练有监督的机器学习模型，将图像分割成不同区域，并进行分类（如良性或恶性肿瘤）。

糖尿病视网膜病变（DR）是糖尿病常见的并发症之一，早期检测和治疗可以防止视力丧失。阿里巴巴达摩院利用AI技术进行眼底影像的分析。通过深度学习模型分析眼底影像，识别糖尿病视网膜病变的特征，如微血管瘤、硬性渗出和视网膜新生血管，系统自动对眼底图像进行筛查，判断是否存在病变，并分级病变程度，生成详细的诊断报告，提供治疗建议，辅助医生进行诊断和管理。

乳腺癌是女性中最常见的癌症之一，早期检测和诊断对治疗效果至关重要。腾讯优图利用AI技术进行乳腺癌的检测和诊断。通过深度学习模型分析乳腺X光片，识别微小钙化点和肿块，对可疑病变区域进行自动标记，提示医生进一步检查，提供乳腺癌诊断的辅助决策支持，提升医生诊断的准确性。

（2）预测疾病风险。

数据收集与清洗：收集患者基因、病史和生活习惯数据，进行数据清洗和标准化处理。

特征工程：从原始数据中提取有意义的特征，构建特征矩阵。

模型训练：使用回归模型、随机森林或神经网络等算法，训练疾病风险预测模型。

模型验证：通过交叉验证和ROC曲线等方法评估模型性能，确保其准确性和稳定性。

华大基因利用AI技术分析大规模基因组数据，预测个体在遗传水平上的患病风险。通过深度学习和机器学习算法，分析个体基因组数据中的突变和变异，预测遗传疾病的风险，根据基因组信息，评估个体在特定遗传疾病（如乳腺癌、糖尿病等）发生的概率，根据风险评估结果，提供个性化的健康管理建议，包括生活方式调整、定期筛查等。

阿里健康通过AI技术分析临床数据（如医疗影像、电子病历等），预测个体在疾病发展和复发方面的风险。利用深度学习算法分析MRI、CT等医疗影像数据，预测疾病（如肿瘤）的发展趋势，从电子病历中提取关键信息，建立个体的健康档案，分析患病风险的变化和趋势，基于大数据和 AI 算法构建风险评估模型，预测心血管疾病、糖尿病等慢性病的发生风险。

9.5.1.2　个性化治疗

（1）精准医疗。

基因组数据分析：使用 AI 工具分析患者的基因序列，识别基因突变和变异。

药物反应预测：基于基因数据和药物反应数据库，预测患者对不同药物的反应，选择最合适的治疗方案。

华大基因利用 AI 技术分析个体基因组数据，为患者提供个性化的药物治疗方案。通过高通量测序技术获取患者的基因组数据，利用 AI 算法分析基因变异对药物代谢酶（如 CYP450）活性的影响，预测个体对特定药物的代谢能力和药效，根据分析结果，推荐最适合患者的药物种类、剂量和治疗方案。

（2）药物研发。

虚拟筛选：通过分子对接和模拟，使用 AI 筛选潜在药物分子，缩小候选药物范围。

药效预测：使用机器学习模型预测候选药物的药效和副作用，加速药物开发进程。

复旦大学利用 AI 技术分析药物的代谢路径和毒性预测，提高药物的安全性和可预测性。通过深度学习算法分析药物的代谢途径和影响因素，预测药物在人体内的代谢动态，建立药物毒性评估模型，预测药物可能导致的不良反应和副作用，根据预测结果优化药物分子的结构和代谢途径，减少毒性风险。

9.5.1.3　虚拟医生

自然语言处理：使用自然语言处理（NLP）技术，理解和处理患者的问询和指令。

语音识别与合成：通过语音识别技术识别患者的语音输入，通过语音合成技术提供响应。

对话管理：设计对话流程，确保虚拟助手能够引导患者完成交互，提供准确信息和建议。

微软小冰是中国领先的虚拟医生助手，利用 AI 技术提供健康咨询和症状诊断服务。通过自然语言理解技术，与用户进行语音或文字交互，理解用户的健康问题和症状描述，基于医学知识库和机器学习算法，分析用户提供的症状信息，进行初步的疾病诊断和风险评估，根据诊断结果，向用户提供个性化的健康管理建议和医疗指导。

9.5.2　AI 金融服务

9.5.2.1　风险管理

（1）市场预测。

时间序列分析：使用时间序列模型（如 ARIMA、LSTM）分析历史市场数据，预测未来市场趋势。

特征工程：结合宏观经济指标、新闻情绪等多种数据源，构建多维特征。

（2）信用评分。

数据整合：整合个人或企业的财务数据、交易记录和社交数据，形成综合数据集。

模型构建：使用逻辑回归、决策树、支持向量机等算法，构建信用评分模型。

蚂蚁金服利用 AI 技术进行个人和企业的信用评估，防范金融欺诈风险。通过海量用户数据和交易行为数据，建立用户的信用档案和行为模型，利用机器学习算法分析用户特征和行为模式，预测个人或企业的信用风险，构建反欺诈模型，识别和预防涉及虚假信息或欺诈行为的交易和申请。

中国证券监督管理委员会（CSRC）利用 AI 技术进行金融市场监管和合规检查，分析证券市场交易数据、公司财务报表和市场行为，建立风险预警系统，识别异常交易和操纵市场行为，利用自然语言处理技术分析金融文本和新闻，监测市场动态和舆情变化。

9.5.2.2　欺诈检测

（1）交易监控。

实时数据流处理：使用大数据技术，实时监控和处理交易数据流。

异常检测：应用聚类分析、异常值检测算法（如孤立森林、LOF），识别可疑交易。

（2）身份验证。

生物识别技术：集成面部识别、指纹识别、语音识别等多种生物识别技术，增强身份验证的安全性。

中国银行利用 AI 技术提升客户身份认证的安全性和准确性，预防身份盗用和信用卡欺诈。采用人脸识别、声纹识别等生物特征技术，进行客户身份验证，分析客户的登录模式、交易行为和设备信息，检测异常操作和登录活动，通过实时报警系统和风险评分模型，及时阻止可疑交易和操作。

9.5.2.3　客户服务

（1）智能客服。

知识库构建：构建和维护常见问题解答的知识库，支持聊天机器人的智能响应。

对话系统训练：使用对话数据训练聊天机器人，优化其响应准确性和自然度。

（2）个性化推荐。

推荐算法：采用协同过滤、基于内容的推荐算法，分析客户行为和偏好，提供个性化推荐。

9.5.3　AI 零售和电子商务

9.5.3.1　推荐系统

（1）个性化推荐。

用户行为分析：收集和分析用户的浏览、点击、购买历史，构建用户画像。

推荐模型：使用协同过滤、矩阵分解、深度学习等算法，构建个性化推荐模型。

（2）动态定价。

市场监控：实时监控市场需求和竞争对手价格，动态调整产品价格。

价格优化模型：使用机器学习模型，优化定价策略，最大化收益。

京东利用 AI 技术实现了动态定价策略，根据市场需求和竞争情况调整商品价格。通过大数据分析市场供需变化、竞争对手价格等信息，建立机器学习模型预测商品价格变动趋势和最优价格点，根据预测结果和实时数据，动态调整商品定价策略，优化销售收益。

9.5.3.2　库存管理

（1）需求预测。

数据收集与预处理：收集销售数据、季节性因素和促销活动数据，进行数据预处理。

预测模型：使用时间序列模型、回归模型等预测未来需求，优化库存水平。

（2）自动补货。

库存监控：实时监控库存水平，触发自动补货流程。

供应链优化：使用 AI 优化供应链管理，确保及时补货和配送。

天猫超市利用 AI 技术进行实时库存管理和商品补货预测，优化供应链效率。监控销售数据、库存量和订单情况，实时更新库存信息，基于历史销售数据和市场趋势，建立补货需求预测模型，通过机器学习算法自动化生成补货订单，并优化配送路线和时间。

9.5.3.3　客户服务

（1）24/7 客服（7 天 24 小时全天候智能客服）。

对话系统设计：设计多轮对话流程，确保聊天机器人能够处理复杂的客户查询。

情感分析：通过 NLP 技术分析客户情感，提供情感化的服务响应。

（2）情感分析。

文本分析：使用情感分析算法，分析客户评论和反馈，识别客户情感和满意度。

服务改进：根据情感分析结果，改进产品和服务，提高客户满意度。

9.5.4　AI 制造业

9.5.4.1　预测性维护

（1）设备监控。

传感器数据采集：通过物联网（IoT）设备采集设备运行数据，如温度、振动、噪声等。

故障预测模型：使用机器学习模型（如随机森林、LSTM），预测设备故障，安排预防性维护。

宝武钢铁集团是中国最大的钢铁企业之一，使用智能机器人优化生产流程，提升生产效率和安全性。在高温和危险的生产环节，如炼钢和轧钢过程中，使用智能机器人进行操作，减少人工暴露在危险环境中的时间。使用巡检机器人对生产设备进行定期检查，发现和预防潜在故障，提高设备的运行效率和安全性。

（2）寿命预测。

寿命数据分析：分析设备历史运行数据，预测设备剩余寿命，优化维护计划。

华为利用 AI 技术进行网络设备的寿命预测和故障预防性维护。使用传感器和 IoT 设备收集设备的实时运行数据和工作状态，利用大数据平台存储和分析设备历史数据，建立设备健康模型，应用机器学习和深度学习算法，预测设备未来的寿命和可能的故障模式，基于预测结果制订维护计划，提前预防设备故障，减少停机时间和生产成本。

9.5.4.2　质量控制

（1）缺陷检测。

图像处理：使用计算机视觉技术，实时检测生产过程中的缺陷，提高产品质量。

实时监控：通过传感器和摄像头，实时监控生产过程，识别并纠正异常。

富士康是全球最大的电子产品制造服务商之一，主要为苹果、华为等品牌生产电子设备。随着劳动力成本的上升和生产需求的增加，富士康大量引入智能机器人进行电子元器件的精密装配，减少人为操作误差，提高生产精度。利用机器人进行电路板焊接，确保焊点的质量和一致性。采用机器视觉系统检测产品的外观和功能，确保每个出厂产品符合质量标准。

（2）过程优化。

数据分析：分析生产数据，识别瓶颈和优化点，改进生产流程。

优化模型：使用优化算法，改进生产调度和资源分配，提高效率。

作为全球领先的家电制造商，美的集团在生产中大量应用智能机器人，以提高生产效率和产品一致性。利用自动导引车（AGV）和仓储机器人，实现物料的自动搬运和管理，提高仓储和物流效率。

9.5.4.3 自动化生产

（1）机器人自动化。

任务编排：设计机器人执行任务的流程，确保其高效完成装配、包装和搬运任务。

协同工作：集成多种机器人协同工作，提高生产线的自动化程度和灵活性。

京东在其仓储和物流中心广泛使用 AI 技术，提升物流效率和准确性。利用 AI 优化仓库布局和货物存储策略，提高仓库空间利用率和拣货效率。通过 AGV（自动导引车）实现自动化的货物搬运，减少人工操作，提高搬运速度和准确性。AI 算法实时优化 AGV 的行驶路径，避免拥堵，提高物流效率，从而大幅提升了订单处理速度和准确性，减少了人力成本，提高了客户满意度。

（2）生产计划。

生产排程：使用 AI 优化生产排程，减少生产周期和库存成本。

资源优化：通过数据分析和优化算法，优化资源使用，提高生产效率。

9.5.5 AI 交通和物流

9.5.5.1 自动驾驶汽车

（1）环境感知。

传感器融合：整合激光雷达、摄像头、雷达等多种传感器数据，构建环境感知模型。

纯视觉算法：特斯拉的纯视觉技术是一种依靠摄像头和计算机视觉来实现自动驾驶的技术。与其他自动驾驶系统使用激光雷达（LiDAR）和雷达传感器不同，特斯拉选择依赖摄像头作为主要传感器，辅以强大的神经网络和 AI 处理能力。特斯拉车辆配备了 8 个摄像头，提供 360° 的视野覆盖。这些摄像头具有不同的视野和焦距，能够捕捉近距离和远距离的图像。前视、后视和侧视摄像头共同工作，以检测和识别周围环境中的各种物体，包括车辆、行人、交通信号和路标。摄像头捕获的图像通过计算机视觉算法进行处理，以识别和分类不同的物体和场景。特斯拉使用深度神经网络（DNN），特别是卷积神经网络（CNN），来处理和分析大量的图像数据。这些神经网络经过大规模训练，能够准确识别道路上的各种元素。

物体检测与跟踪：使用深度学习算法，实时检测和跟踪道路上的物体，如行人、车辆和障碍物。

（2）路径规划。

全局路径规划：使用 A*算法、Dijkstra 算法等，规划全局最优行驶路线。

局部路径优化：结合实时交通数据，动态调整行驶路线，避免拥堵和事故。

9.5.5.2　物流优化

（1）运输路线优化。

实时数据分析：通过大数据分析，实时监控交通状况和天气情况，优化运输路线。

路径优化算法：使用遗传算法、蚁群算法等优化运输路径，减少运输时间和成本。

（2）货物追踪。

物联网技术：通过 RFID、GPS 技术，实时追踪货物位置和状态，提供透明的物流信息。

物流管理平台：集成货物追踪和物流管理功能，提高物流效率和服务质量。

顺丰速运利用 AI 技术进行实时物流路线优化和车辆调度。通过物联网设备和 GPS 系统收集和分析货车位置、交通状况和订单数据，应用机器学习算法对实时数据进行分析，预测交通拥堵和路线状况，优化货车调度和路径规划，实时调整车辆运输路线和配送顺序，提升货物送达速度和准时率。

9.5.5.3　交通管理

（1）信号优化。

交通流量分析：使用 AI 分析交通流量数据，优化交通信号控制策略，减少拥堵。

动态信号控制：基于实时数据，动态调整交通信号，提高通行效率。

（2）交通预测。

交通模型构建：使用机器学习模型预测交通趋势，辅助城市规划和交通管理决策。

拥堵预警：通过分析实时交通数据，提前预警潜在拥堵，提供绕行建议。

上海利用 AI 技术对城市交通信号灯进行智能优化。安装传感器和监控设备，收集道路车流量、行驶速度等数据，利用大数据平台分析历史交通数据，建立交通流模型和信号灯优化算法，应用机器学习算法根据实时交通情况调整信号灯周期和绿灯时长。上海的智慧交通项目通过 AI 技术实现了交通信号灯的动态优化，减少了拥堵和排队时间，提升了道路通行效率和交通安全性。

广州利用 AI 技术实现交通事故预警和应急响应机制。通过视频监控和传感器设备，实时监测道路交通和事故发生情况，应用计算机视觉和深度学习算法，自动识别交通事故和异常情况，结合预测模型和实时数据，提前预警交通事故，实施智能化的应急调度和救援措施。

9.5.6　AI 教育

9.5.6.1　个性化学习

（1）学习路径推荐。

学习数据分析：分析学生的学习行为和成绩，构建个性化学习路径。

推荐算法：使用协同过滤和深度学习算法，推荐适合学生的学习资源。

（2）学习分析。

数据可视化：使用数据可视化工具，展示学生的学习进度和表现，提供直观的反馈。

智能辅导：基于学习数据，提供智能辅导和个性化学习建议。

中国MOOC利用AI技术进行在线教育资源的匹配和优化管理。分析学生的学科偏好、学习目标和知识水平，基于学习数据和课程评价，推荐适合的在线课程、教材和学习资源，根据学生反馈和数据分析结果，优化课程设置和内容更新，提高课程的教学效果和吸引力。中国MOOC的AI系统通过教育资源的智能匹配和优化，丰富了学生的学习选择和体验，提升了在线教育的参与度和效果。

9.5.6.2　自动化评分

（1）作业和考试评分。

自然语言处理：使用NLP技术自动评分主观题和作文，提高评分效率和一致性。

机器学习模型：训练评分模型，自动评估客观题和主观题的答案，提供准确评分。

（2）反馈生成。

自动反馈生成：基于评分结果，生成详细的学习反馈，帮助学生改进学习方法。

个性化建议：根据学生的表现，提供个性化的学习建议和改进措施。

在高考等重要考试中，一些科目的选择题和部分主观题已经可以通过AI系统进行自动阅卷。例如，数学和英语科目的选择题答案可以通过AI算法迅速判断正确与否，而简答题等主观题则依靠AI识别答案的完整性和合理性进行评分。这种方法大大加快了成绩发布的速度，同时保证了评分的客观性和准确性。

AI技术还被用于开发个性化学习反馈系统。这些系统根据学生在在线学习平台上的学习表现和答题数据，分析学生的学习习惯和错误模式，生成针对性的学习反馈。比如，系统可以提示学生在某个数学概念上常犯的错误，并推荐相关的视频教程或练习题目，帮助学生更有效地理解和掌握知识。

9.5.6.3　虚拟辅导

（1）智能导师。

对话系统设计：设计智能导师对话流程，确保其能够解答学生的疑问，提供学习帮助。

知识图谱构建：构建知识图谱，支持智能导师提供精准的学习建议和知识链接。

（2）在线教育平台。

内容推荐：基于学生的学习记录和兴趣，推荐适合的在线课程和学习资源。

互动学习：设计互动学习功能，如实时问答和在线讨论，提高学习参与度。

9.5.7　AI娱乐和媒体

9.5.7.1　内容推荐

（1）个性化推荐。

用户行为分析：分析用户的观看历史、点击行为和评分记录，构建用户兴趣模型。

推荐算法：使用协同过滤、矩阵分解和深度学习等算法，推荐个性化的内容。

（2）内容发现。

趋势分析：分析社交媒体和搜索引擎的趋势，推荐热门和新兴内容，吸引用户注意。

国内的视频平台如爱奇艺、优酷和腾讯视频利用 AI 技术开发了个性化推荐系统。这些系统根据用户的观看历史、点赞行为、收藏和评分等数据，推荐用户可能感兴趣的视频内容。通过分析用户的喜好和行为模式，系统能够精准地推送内容，提升用户观看体验和平台黏性。

在音乐领域，像网易云音乐和 QQ 音乐等平台采用 AI 技术进行音乐推荐。这些系统根据用户的收听历史、点赞和分享行为，推荐个性化的音乐列表或歌单，帮助用户发现新歌曲和艺术家，增强用户对平台的依赖和使用频率。

在微博、抖音等社交媒体平台上，AI 技术用于个性化内容推荐。根据用户的兴趣标签、互动行为和朋友圈动态，系统能够优化用户首页的内容展示，增加用户的参与度和分享率。

Netflix 利用 AI 和机器学习技术开发了强大的个性化推荐系统。该系统分析用户的观看历史、评分、停留时间等数据，预测用户的喜好，并推荐符合其口味的影视作品。这种个性化推荐不仅提升了用户的观看体验，还帮助 Netflix 优化内容投放和市场策略。

YouTube 利用 AI 技术开发了强大的视频推荐系统。该系统根据用户的观看行为、搜索历史和互动数据，推荐用户感兴趣的视频内容。这种个性化推荐不仅增加了用户的观看时长，还提高了广告投放的精准度和效果。

9.5.7.2 内容生成

（1）自动写作。

文本生成模型：使用 GPT-4o 等自然语言生成模型，自动生成新闻报道、文章和故事。

语义分析：通过语义分析，确保生成内容的逻辑一致性和可读性。

（2）音乐创作。

音乐生成模型：使用深度学习模型（如 LSTM、Transformer），自动生成音乐和歌曲。

创意辅助：提供创意辅助工具，帮助音乐创作者生成旋律和编曲。

今日头条利用 AI 技术开发了智能写稿机器人，能够基于大数据和事件数据库生成新闻稿件。这些稿件通常是简报性的新闻报道，能快速更新和发布，以增加新闻的覆盖范围和时效性。阿里巴巴推出了 AI 驱动的智能创意平台，可以根据广告主的需求和产品特性生成广告文案和创意设计。这些创意能够在短时间内生成多样化的广告内容，提升了广告创作的效率和质量。抖音引入了 AI 技术用于视频剪辑和特效生成。通过智能剪辑工具，用户可以快速编辑和发布吸引人的短视频内容，包括自动化的剪辑、特效添加和音乐配合。

OpenAI 开发的 GPT 系列模型（如目前最新的 GPT-4o）能够根据输入的提示生成连贯和具有逻辑结构的文章。这些模型在新闻报道、技术文档生成和教育内容创作等领域展示了强大的应用潜力。DeepArt 项目利用深度学习技术生成艺术风格的图像，从而创造出具有艺术性的作品。而 Google 的 Magenta 项目则专注于使用 AI 生成音乐作品，包括作曲和即兴演奏。

在直播和媒体行业，AI 技术被用于开发虚拟主播和 AI 主播。例如，国内的某些直播平台已经推出了 AI 主播，能够通过语音合成和虚拟人物形象，自动化地进行节目主持和新闻播报，为观众提供实时内容和互动体验。

虚拟主播通常通过人工智能语音合成技术生成其语音。这些技术能够模仿真人的语音特征和情感表达，使虚拟主播能够自动化地进行对话、节目主持和新闻播报。语音合成技术的进步使得虚拟主播的语音更加自然和接近人类表达。

虚拟主播的外观通常采用先进的 3D 建模和动画技术进行设计和制作。这些技术能够创建高度逼真的虚拟人物形象，包括面部表情、身体动作和衣着设计，使虚拟主播更加生动和具有视觉吸引力。为了实现实时直播和与观众的互动，虚拟主播的技术还涉及实时运算和互动技术。这些技术保证了虚拟主播能够在直播过程中实时响应观众的评论、提问和互动，增强了观众参与感和互动体验。

主流的中国直播平台如斗鱼、虎牙等已经开始使用虚拟主播技术。虚拟主播可以独立主持节目、进行游戏解说、进行新闻播报等，成为直播内容的一部分。这些平台通过虚拟主播吸引更多的观众和粉丝，提升了直播内容的创新性和娱乐性。

9.5.7.3　图像和视频处理

（1）图像增强。

图像修复：使用深度学习模型（如 GAN），修复和增强图像质量，去除噪点和模糊。

特效处理：通过计算机视觉技术，自动添加特效，提高图像和视频的视觉效果。

（2）视频编辑。

自动剪辑：使用 AI 算法，自动剪辑和编辑视频，添加字幕和特效，简化视频制作流程。

内容识别：通过图像识别和 NLP 技术，自动识别视频内容，生成视频摘要和标签。

剪映是一款流行的视频剪辑工具，利用 AI 技术支持智能剪辑和视频特效添加，用户可以通过简单的操作快速制作出专业水平的短视频，适用于社交媒体和在线营销等领域。剪映利用 AI 技术实现了智能剪辑功能，能够自动分析视频素材的内容和节奏，并根据用户选择的风格和主题快速生成高质量的剪辑视频。这种功能使得用户无需深入了解复杂的剪辑技术，也能快速制作出具有专业水平的视频内容，AI 技术使剪映能够智能地识别视频中的不同场景和内容特征，例如人物、运动、风景等，自动进行场景切换和剪辑优化。这种智能切换不仅节省了用户的时间，还提升了视频的视觉连贯性和观看体验，AI 技术使剪映能够将视频中的语音内容自动转换为文字，并生成相应的字幕文件。这种功能不仅方便了用户在视频中添加字幕，还改善了视频的可访问性和跨语言传播的效果。剪映通过 AI 技术分析用户的剪辑行为和喜好，能够智能推荐适合的特效、音乐和剪辑风格，以及优化视频的时间轴和结构，帮助用户快速完成和优化视频作品。

第 10 章

Microsoft Word

10.1　Microsoft Word 功能简介

Microsoft Word（以下简称 Word）是微软公司的一个文字处理器应用程序。

它最初是由 Richard Brodie 为了运行 DOS 的 IBM 计算机在 1983 年编写的。随后的版本可运行于 Apple Macintosh（1984 年）、SCO UNIX 和 Microsoft Windows（1989 年），并成了 Microsoft Office 的一部分。

Word 为用户创建专业文档提供了工具，帮助用户节省时间，并得到美观的结果。

一直以来，Microsoft Word 都是最流行的文字处理程序。

作为 Office 套件的核心程序，Word 提供了许多易于使用的文档创建工具，同时也提供了丰富的功能集供创建复杂的文档使用。哪怕只使用 Word 中的部分文本格式化操作或图片处理，就可以使简单的文档变得比只使用纯文本更具吸引力。

Microsoft Word 通过将一组功能完备的撰写工具与易于使用的 Microsoft Office Fluent 用户界面相结合，来帮助用户创建和共享具有专业外观的内容。下面是 Word 可以帮助用户更快地创建具有专业外观的内容的十大理由。

（1）减少设置格式的时间，将主要精力集中于撰写文档。Microsoft Office 用户界面可在需要时提供相应的工具，使用户可轻松快速地设置文档的格式。用户可以在 Word 中找到适当的功能来更有效地传达文档中的信息。使用"快速样式"和"文档主题"，用户可以快速更改整个文档中文本、表格和图形的外观，使之符合用户喜欢的样式或配色方案。

（2）借助 SmartArt 图示和新的制图工具可以更有效地传达信息。新的 SmartArt 图示和新的制图引擎可以帮助用户使用三维形状、透明度、投影及其他效果创建外观精美的内容。

（3）使用构建基块快速构建文档。Word 中的构建基块可用于通过常用的或预定义的内容（如免责声明文本、重要引述、提要栏、封面及其他类型的内容）来构建文档，这样就可以避免花费不必要的时间在各文档间重新创建或复制粘贴这些内容，还有助于确保在组织内创建的所有文档的一致性。

（4）可直接从 Word 另存为 PDF 或 XPS。Microsoft Office Word 2019 提供了与他人共享文档的功能。用户无须增加第三方工具，就可以将 Word 文档转换为可移植文档格式（PDF）或 XML 文件规范（XPS）格式，从而有助于确保与使用任何平台的用户进行广泛交流。

（5）用户可以直接从 Word 中发布和维护博客。用户可以将 Microsoft Office Word 配置为直接链接到用户的博客网站，使用丰富的 Word 功能来创建包含图像、表格和高级文本格式设置的博客。

（6）使用 Microsoft Office Word 和 Microsoft Office SharePoint Server 控制文档审阅过程。通过 Microsoft Office SharePoint Server 中内置的工作流服务，用户可以在 Microsoft Office Word 中启动和跟踪文档的审阅和批准过程，帮助加速整个组织的审阅周期，而无须强制用户学习新工具。

（7）将文档与业务信息连接。使用新的文档控件和数据绑定创建动态智能文档，这种文档可以通过连接到后端系统进行自我更新。组织可以利用新的 XML 集成功能来部署智能模板，以协助用户创建高度结构化的文档。

（8）删除文档中的修订、批注和隐藏文本。使用文档检查器检测并删除不需要的批注、隐藏文本或个人身份信息，以帮助确保在发布文档时不会泄露敏感信息。

（9）使用三窗格审阅面板比较和合并文档。使用 Microsoft Office Word 可以轻松地找出对文档所做的更改。它通过一个新的三窗格审阅面板来帮助用户查看文档的两个版本，并清楚地标出删除、插入和移动的文本。

（10）减小文件大小并提高恢复受损文件的能力。新的 Ecma Office Open XML 格式可使文件大小显著减小，同时可提高恢复受损文件的能力。这些新格式可大大节省存储和带宽需求，并可减轻 IT 人员的负担。

10.2　Microsoft Word 操作案例精选

10.2.1　任务 1：处理"A 大学"文档

"A 大学"原文如图 10.1 所示，使用 Word 文件使"A 大学"完成后的效果如图 10.2 所示。

图 10.1　"A 大学"原文示意图

Word 任务 1
视频

Word 任务 1
源文件

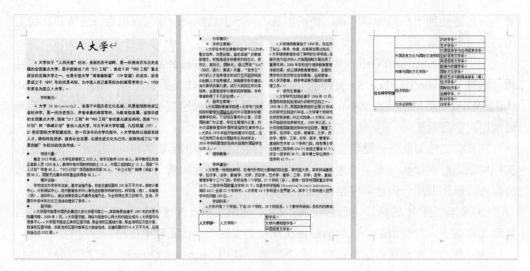

图 10.2　"A 大学"完成后效果图

10.2.1.1　任务 1 的操作要求

（1）将最后一段文字"A 大学位于……"所在段落，移动到第 1 页"学校概况"之前，并设置与"A 大学（A University），坐落于中国历史……"具有相同的段落格式。

（2）将文档中所有的英文字母设置成蓝色。

（3）设置纸张大小为"16 开"，左右页边距各为 2 厘米。

（4）将"办学模式"部分中的文字，即从"本科生教育"开始到"学科建设"之前的文字，设置分栏，要求分两栏。

（5）表格操作。将表格中多个"人文学院"合并为只剩一个，且将单元格设置为"中部两端对齐"。将"金融学系，财政学系"拆分成两行，分别为"金融学系"和"财政学系"。

（6）对文档插入页码，居中显示。

10.2.1.2　任务 1 的操作过程

（1）选中最后一段文字"A 大学位于……"所在的段落，单击鼠标右键，选择"剪切"或按快捷键 Ctrl+X，然后将光标定位于第 1 页"学校概况"之前，单击鼠标右键，选择"粘贴"或按快捷键 Ctrl+V。

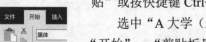

图 10.3　格式刷

选中"A 大学（A University），坐落于中国历史……"段落，单击"开始"→"剪贴板"→"格式刷"，如图 10.3 所示。此时，光标变成刷子形状，按鼠标左键用刷子将目标语句"A 大学位于……"所在的段落从头到尾刷一遍即可。

（2）在文档开头单击鼠标左键，即将光标定位于文档开头，单击"开始"→"编辑"→"替换"，打开"查找和替换"对话框，在对话框中单击"更多"按钮，如图 10.4 所示。

然后，设置"查找和替换"对话框，单击"查找内容"框，将光标停留于此后，单击下方的"特殊格式"按钮，在弹出的菜单中选择"任意字母"，此时"查找内容"框中即会出现"^\$"，如图 10.5 所示；然后单击"替换为"框，将光标停留于此后，单击下方的

"格式"按钮,在弹出菜单中选择"字体",在打开的对话框中设置字体颜色为"蓝色"。设置完毕后,单击"全部替换"按钮,即会弹出一个"全部完成,完成 68 处替换"的提示框,单击"确定",然后单击"关闭"按钮退出即完成了替换操作。

图 10.4 打开"查找和替换"对话框

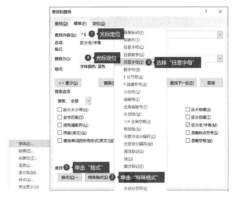

图 10.5 设置"查找和替换"对话框

(3)设置纸张大小与页边距。单击"布局"→"页面设置"→"纸张大小",在下拉列表中选择"16 开",如图 10.6 所示。

单击"布局"→"页面设置"→"页边距",在下拉列表中单击"自定义页边距",然后在打开的"页面设置"对话框中设置左、右页边距为 2 厘米,如图 10.7 所示。最后点击确定退出。

(4)设置分栏。选择从"本科教育"之后到"学科建设"之前的文本,单击"页面布局"→"页面设置"→"栏",选择"两栏",如图 10.8 所示。

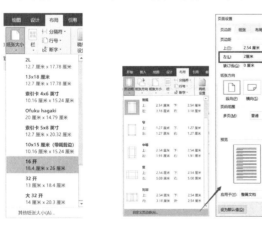

图 10.6 纸张大小   图 10.7 页边距设置

图 10.8 分栏

(5)表格操作。在表格中选中多个"人文学院"所在的连续 5 个单元格,单击"表格工具"中的"布局"→"合并单元格",如图 10.9 所示。

选中"人文学院",单击"表格工具"中的"布局"→"对齐方式"→"中部左对齐",如图 10.10 所示。然后再在"开始"选项卡("段落"组)中选择"两端对齐"命令,如图 10.11 所示。

　　设置拆分单元格。选中"金融学系，财政学系"单元格，单击"表格工具"中的"布局"→"拆分单元格"命令，在打开的"拆分单元格"对话框中设置"列数"为1、"行数"为2，单击"确定"按钮，如图10.12所示，然后调整文本即可。

图10.9　合并单元格

图10.10　中部左对齐

图10.11　两端对齐

图10.12　拆分单元格

　　（6）设置页码。在页面底端的页脚处双击，切换到"页眉和页脚工具"选项卡，单击"页码"→"页面底端"→"普通数字2"，如图10.13所示。

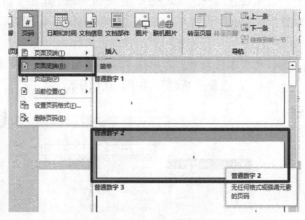

图10.13　插入页码

10.2.2　任务2：处理"蛇"文档

　　"蛇"原文如图10.14所示，利用Word处理"蛇"文档完成后的效果如图10.15所示。

10.2.2.1　任务2的操作要求

　　（1）在第一行前插入一行，输入文字"蛇"（不包括引号）并居中，字体为黑体，字号为三号。

　　（2）对文章中所有的"蛇"字（不包括图题注）加粗显示。

　　（3）使用多级符号对已有的章名、小节名进行自动编号。即对"第1章　蛇""1.1概述""1.2形态结构""第2章　蛇的种类及习性""2.1种类""2.2习性"进行自动编号。要求：

Word 任务 2
视频

Word 任务 2
源文件

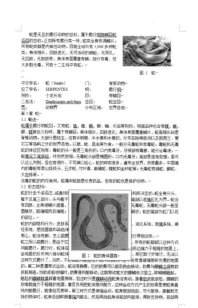

图 10.14　"蛇"原文示意图

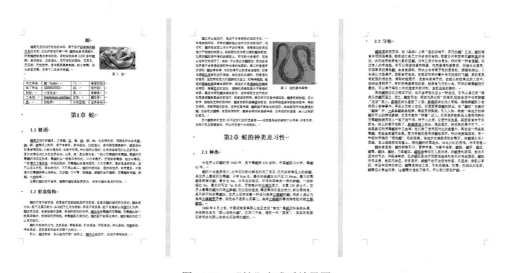

图 10.15　"蛇"完成后效果图

1）章号的自动编号格式为：第 X 章（例：第 1 章），其中，X 为自动排序，阿拉伯数字序号，将级别链接到样式"标题 1"，编号对齐方式为居中。

2）小节名自动编号格式为：X.Y，X 为章数字序号，Y 为节数字序号（例：1.1），X、Y 均为阿拉伯数字序号，将级别链接到样式"标题 2"，编号对齐方式为左对齐。

（4）对"第 1 章　蛇"起所有内容（不包括章名、小节名）使用首行缩进 2 字符。字号为小四号。

（5）表格操作。将"中文学名：蛇（Snake）门：脊索动物"所在行开始的 5 行内容转换成一个 4 列的表格，并要求"根据内容调整表格"，将整个表格的外框设置成红色。

（6）将"蛇的身体器官"对应的图放到"蛇之所以能爬行，是由于它有特殊的运动方式……"所在段落的右侧，设置环绕方式为"四周型环绕"，并去掉边柜线（提示：与"图1 蛇"的显示方式相同）。

10.2.2.2　任务 2 的操作过程

（1）将光标放于正文首字之前，按回车键插入一个空行。在空行中输入文字"蛇"，并

图 10.16　字体字号对齐方式的设定

选中后，单击"开始"→"段落"→"居中"按钮，并单击"字体"下拉箭头选择"黑体"，单击"字号"下拉箭头选择"三号"，如图 10.16所示。

（2）替换功能。

1）将光标放于文章开头，单击"开始"→"编辑"→"替换"按钮，打开"查找和替换"对话框。

2）如图 10.17 所示设置"查找和替换"对话框。

- 单击"更多"按钮，打开更多与替换相关的详细功能。
- "查找内容"框中输入被替换的关键字"蛇"。
- 鼠标单击"替换为"框，将光标停留于此。
- 单击"格式"→"字体"，在打开的对话框中设置"字形"为"加粗"。
- "搜索"选项中保持"向下"搜索。
- 单击"全部替换"按钮，会弹出对话框提示已经完成 131 处替换，关闭即可。

（3）设置多级编号对文章进行自动编号。

1）设置章和节的样式。将光标定位于"第 1 章　蛇"段落，在"开始"选项卡的"样式"组中单击"标题 1"样式；用相同的方法设置"第 2 章　蛇的种类及习性"为"标题 1"样式；将光标定位于"1.1　概述"段落，将其设置为"标题 2"样式，如图 10.18所示。

图 10.17　"查找和替换"对话框

图 10.18　标题样式

2）修改标题 1 和标题 2 的格式。将光标定位于标题 1 段落中，在"样式"组的"标题 1"样式上单击鼠标右键，在弹出的下拉列表中选择"修改"命令，此时会弹出"修改样式"对话框，在该对话框中单击"居中"按钮即可。如此，所有的使用标题 1 样式的段

落都使用了居中的对齐方式，如图 10.19 所示。

使用同样的方法，再将光标定位于标题 2 段落中，在"样式"组的"标题 2"样式上单击鼠标右键，在弹出的下拉列表中选择"修改"命令，此时会弹出"修改样式"对话框。在该对话框中单击"左对齐"按钮，点击确定即可，如此，所有的使用标题 2 样式的段落都使用了左对齐的对齐方式。

3）打开"定义新多级列表"对话框。将光标定位到"第 1 章　蛇"处，单击"开始"→"段落"→"多级列表"，在弹出的下拉列表中选择"定义新的多级列表"命令并打开"定义新多级列表"对话框，如图 10.20 所示。

图 10.19　样式修改

图 10.20　定义多级列表

4）设置"定义新多级列表"对话框。

a. 设置级别 1 的编号格式（图 10.21）：

在对话框左下角，单击"更多"按钮，将显示对话框高级选项。

在级别列表框中选择级别 1。

在对话框中部的"输入编号的格式"框中，在默认编号"1"前输入文字"第"，后面输入文字"章"，此时数字 1 有灰色底纹，代表章号将会自动递增，而文字"第"和"章"为常量，没有灰色底纹，也自然不会做出任何改变。

在对话框右上侧"将级别链接到样式"框中选择"标题 1"，此时级别 1 就设置完成。

b. 设置级别 2 的编号格式（图 10.22）：

在级别列表框中选择级别 2。

核对编号格式是否准确，注意："1.1"，前面的 1 表示第 1 章，后面的 1 表示第 1 节。

在"将级别链接到样式"框中选择"标题 2"。

确定后退出。

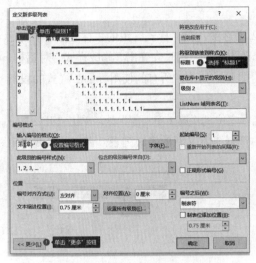

图 10.21 定义新的多级列表 1

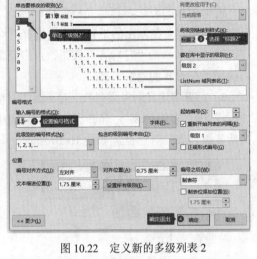

图 10.22 定义新的多级列表 2

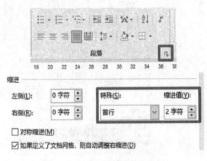

图 10.23 段落的特殊缩进

（4）设置缩进。选中所有需要设置缩进的段落为操作对象，单击"开始"→"段落"组的右下角的扩展按钮。在弹出的"段落"对话框中，在"缩进"的"特殊"中选择"首行"，"缩进值"设置为"2 字符"，确定后退出，如图 10.23 所示。

在"开始"→"字体"→"字号"中，选择"小四"。

（5）表格操作。选中"中文学名：蛇（Snake）"那 5 行文字，单击"插入"→"表格"，在弹出的下拉列表中选择"文本转换成表格"命令，此时会弹出"将文本转换成表格"对话框，在其中确定"列数"及选中"根据内容调整表格"，确定后退出即可，如图 10.24 所示。

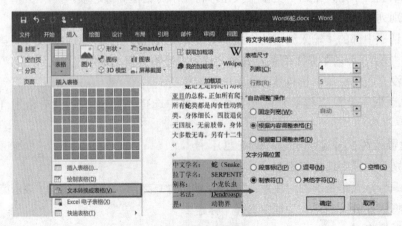

图 10.24 文本转换成表格

（6）设置图片环绕样式。根据提示，直接使用格式刷，将图 1 的格式复制到图 2 上，具体步骤如下。

1）单击选中"图 1　蛇"（注意不是只选中图片，而是要选中包含图题注的整个外框图）。

2）单击"开始"→"剪贴板"→"格式刷"按钮，此时光标形状变成刷子状。

3）用刷子形状的光标单击"图 2　蛇的身体器官"（注意单击的是带图题注的外框）。

4）利用鼠标将图片拖到"蛇之所以能爬行，是由于它特有的运动方式……"所在段落的右侧。

10.2.3　任务 3：处理"浙江省普通高校录取工作进程"文档

文档原文如图 10.25 所示。利用 Word 处理文档完成后的效果如图 10.26 所示。

Word 任务 3
视频

Word 任务 3
源文件

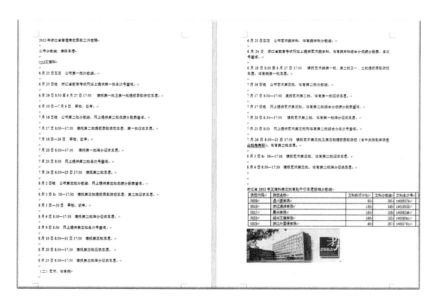

图 10.25　文档原文示意图

图 10.26（一）　文档完成后的效果图

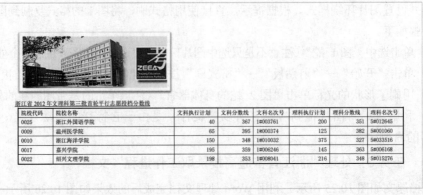

图 10.26（二） 文档完成后的效果图

10.2.3.1 任务 3 的操作要求

（1）删除文档中所有的多余空行。

（2）将首行"2012 年浙江省普通高校录取工作进程"设置文字效果为"渐变填充–预设渐变：径向渐变-个性色 2，类型：射线"，并设置为小一字号及居中。

（3）设置页面纸张方向为横向。

（4）对从"公布分数线、填报志愿"到表格"浙江省 2012 年文理科第三批首轮平行志愿投档分数线"之间的内容进行分栏，要求分两栏，并设置分隔线。将"（一）""（二）"改为自动编号。

（5）表格操作：按"文科执行计划"升序排序表格，并设置"重复标题行"。将表格外框线设置线宽为 1.5 磅。

（6）将文档末尾的图移动到"浙江省 2012 年文理科第三批首轮平行志愿投档分数线"上方，设置锐化 50%，图片样式：简单框架，白色。

（7）为"浙江省 2012 年文理科第三批首轮平行志愿投档分数线"设置链接，链接到"http://www.zjzs.net"。

10.2.3.2 任务 3 的操作过程

（1）删除多余空行。观察原文可见，所谓多余的空行实际上就是两个段落标记连续在一起，因此可以将两个连续在一起的段落标记替换成一个段落标记，也就是删除一个段落标记，视觉效果上就删除了一个空行。

1）单击文档正文开头，将光标定位于正文的最前方。

2）单击"文件"→"编辑"→"替换"按钮，打开"查找和替换"对话框。

3）单击左下角的"更多"按钮，显示高级选项功能，如图 10.27 所示。

4）单击"查找内容"右侧的文本框，将光标停留于此，准备设置要查找的内容。

5）单击下方的"特殊格式"按钮。

6）在弹出的菜单中选择"段落标记"，在"查找内容"框中将会出现一个"^P"，表示已经插入了一个段落标记。再次单击"特殊格式"→"段落标记"，又在"查找内容"框中插入一个"^P"，如图 10.28 所示。

7）单击"替换为"右侧的文本框，将光标停留于此，表示将设置替换框的内容。

图 10.27　查找和替换

8）用同样的方法插入"^P"。

上一步完成后，"查找内容"框和"替换为"框设置的内容如图 10.29 所示。接着单击"全部替换"按钮，此时弹出一个对话框，提示已经完成了 34 处替换。

图 10.28　查找和替换　　　　　　图 10.29　替换功能正确的操作

多次单击"全部替换"按钮，直到显示 0 次替换为止。此操作是因为文档内有些地方可能有 3 个以上甚至更多的连续段落标记，需要多次替换实现删除所有空行的目的。

（2）设置文本效果（图 10.30）。

1）选中首行文字"2012 年浙江省普通高校录取工作进程"，单击"开始"→"字体"组右下角的扩展按钮，弹出"字体"对话框。

2）单击"字体"对话框下方的"文字效果"按钮，弹出"设置文本效果"对话框。

3）单击"渐变填充"。

4）设置"预设渐变"为"径向渐变-个性色 2"，"类型"为"射线"。单击"确定"按钮回到"字体"对话框。再单击"确定"按钮退出"字体"对话框。

5）继续保持选中文字不变，单击"开始"→"字体"→"字号"，设置字号为"小一"。单击"段落"组中的"居中"按钮。

（3）设置纸张方向（图 10.31）。单击"布局"→"页面设置"→"纸张方向"按钮，选择"横向"。

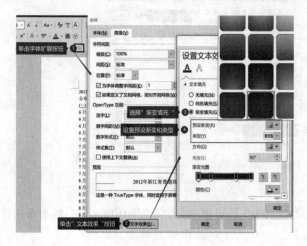

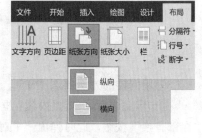

图 10.30　文本效果　　　　　　　　　　图 10.31　纸张方向

（4）设置分栏（图 10.32）。选中从"公布分数线、填报志愿"到表格"浙江省 2012 年文理科第三批首轮平行志愿投档分数线"之间的内容，单击"布局"→"页面设置"→"栏"命令，选择"更多栏"，即可打开"栏"对话框。选择"两栏"，勾选"分隔线"前面的复选框。单击"确定"按钮后退出。

设置自动编号如下（图 10.33）：

选中"（一）文理科"，按住 Ctrl 键，继续选择"（二）艺术、体育类"，其中按 Ctrl 键的作用是可以将不连续的两行文本同时选中，可以同时处理编号。

单击"开始"→"段落"→"编号"，在弹出的下拉编号库中选择"（一）（二）（三）"选项即可。

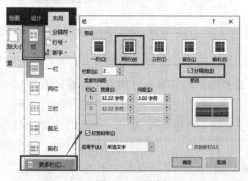

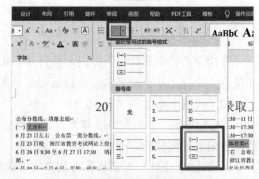

图 10.32　分栏　　　　　　　　　　　　图 10.33　自动编号

（5）表格处理。选中整个表格，单击"表格工具"→"布局"→"数据"→"排序"按钮，弹出"排序"对话框。设置"主要关键字"为"文科执行计划"，对应右侧的单选按钮选择"升序"。单击"确定"按钮后退出。排序的操作如图 10.34 所示。

设置重复标题行如下：

1）选中表格标题行。

图 10.34　排序

2）单击"表格工具"→"布局"→"数据"→"重复标题行"，如图 10.35 所示。

选中整表，单击"表格工具"→"设计"→"边框"，设置"边框线宽度"为"1.5 磅"，单击"边框"按钮，在弹出的下拉列表中选择"外侧框线"，如图 10.36 所示。

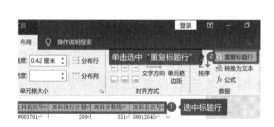

图 10.35　重复标题行

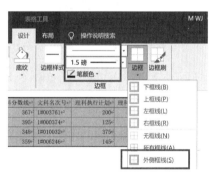

图 10.36　设置表格框线

（6）图片处理。单击选中文档末尾的图片，按下鼠标左键拖动图片，直到光标停留在"浙江省 2012 年文理科第三批首轮平行志愿投档分数线"第一个字的前面，松开鼠标，并按一下回车键，让图片和文字不同行。

选中刚才拖动的图片，单击"图片工具"→"格式"→"校正"，在弹出的下拉列表中选择"锐化 50%"，如图 10.37 所示。

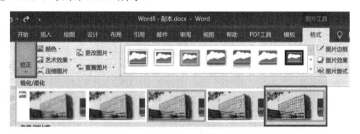

图 10.37　图片校正

图 10.38 设置图片样式

设置图片样式如下：选中刚才处理的图片，单击"图片工具—格式"→"图片样式"，选择"简单框架，白色"，如图 10.38 所示。

（7）设置超链接（图 10.39）。选中文字"浙江省 2012 年文理科第三批首轮平行志愿投档分数线"，单击鼠标右键，在弹出的快捷菜单中选择"链接"，或者单击"插入"→"链接"→"超链接"按钮，打开"插入超链接"对话框。在该对话框中设置"链接到"为"现有文件或网页"，在"地址"框中输入"http://www.zjzs.net"。

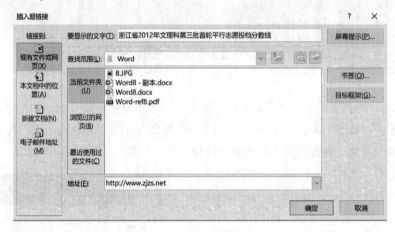

图 10.39 超链接

10.2.4 任务 4：处理"A 大学 2"文档

Word 任务 4
视频

Word 任务 4
源文件

文档原文如图 10.40 所示。利用 Word 处理"A 大学 2"文档完成后的效果如图 10.41 所示。

图 10.40 "A 大学 2"原文示意图

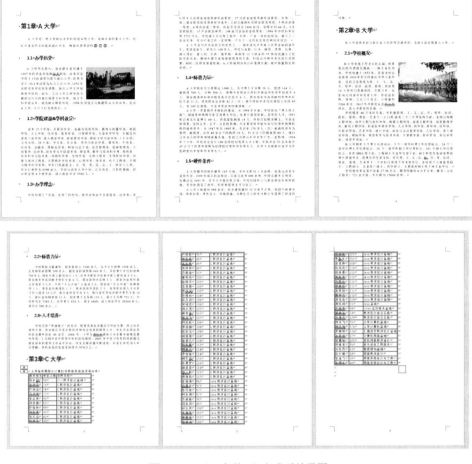

图 10.41 "A 大学 2"完成后效果图

10.2.4.1 任务 4 的操作要求

（1）将本题文件夹中的 word1.docx 文档内容插入到 word.docx 文件的末尾。删除文档中所有制表符。

（2）设置全文字体为加宽 1 磅。设置"西子湖"三个汉字为带圈字符，并使用增大圈号。设置"A 大学历史悠久。"所在段落行距为 1.1 倍行距。

（3）设置多级列表，使单行的"A 大学""B 大学""C 大学"前分别使用"第 1 章""第 2 章""第 3 章"；"A 大学"中的"办学历史""学院建设&学科设定""办学理念""师资力量""硬件条件"前分别使用 1.1、1.2、…、1.5；"B 大学"中的"学校概况""师资力量""人才培养"前分别使用 2.1、2.2、2.3。要求：章中的编号是自动编号的。

（4）表格操作。对 C 大学中的表格，设置表格"根据内容自动调整表格"，然后按课程名称为第一关键字、学生人数为第二关键字升序排序表格，设置表格外框线为蓝色双线。

（5）将第一张图片放置于"A 大学历史悠久。"段落右侧，并设置为四周型环绕。将第二张图片放置于"B 大学坐落于历史文化名城"段落右侧，同样也设置为四周型环绕，并设置该图片的艺术效果为"铅笔灰度"。

10.2.4.2 任务 4 的操作过程

（1）插入文档（图 10.42）。将光标定位于文档末尾单击，单击"插入"→"对象"→"文件中的文字"，在弹出的"插入文件"对话框中，选择要插入的"word1.docx"，单击"插入"按钮即可。

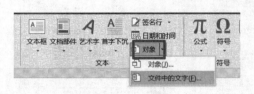

图 10.42 插入对象

单击"开始"→"替换"，弹出"查找和替换"对话框。单击左下角的"更多"按钮，检查"搜索"选项中的搜索范围是否为"全部"，然后将光标定位在"查找内容"框中，单击左下角"特殊格式"→"制表符"，"查找内容"框中显示为"^t"，在"替换为"框中不输入任何信息，即将文档中的制表符替换成无，实现删除制表符的目的，最后单击"全部替换"按钮，确定后关闭，如图 10.43 所示。

（2）设置带圈文字、字符间距及行距。按 Ctrl+A 组合键选中全文，单击"开始"→"字体"右下角的扩展按钮，在弹出的"字体"对话框的上部，单击"高级"选项卡，设置"间距"为"加宽"，"磅值"为"1 磅"，如图 10.44 所示。

图 10.43 查找和替换

图 10.44 字符间距

选中文中第三行的"西子湖"三个字中的"西"字，单击"开始"→"字体"→"带圈字符"按钮，打开"带圈字符"对话框。按要求设置"样式"为"增大圈号"，单击"确定"按钮即可，如图 10.45 所示。

然后分别对"子"和"湖"重复以上步骤。

选中"A 大学历史悠久。"所在段落，单击"开始"→"段落"组右下角的扩展按钮。在弹出的"段落"对话框中部，设置"行距"为"多倍行距"，"设置值"为"1.1"，如图 10.46 所示。

（3）设置多级列表。

1）选中章节名"A 大学"，单击"开始"→"样式"中的"标题 1"，同样设置"B 大学""C 大学"。

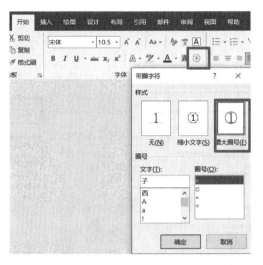
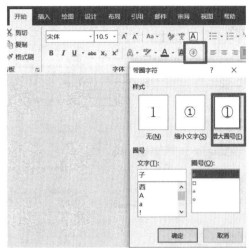

图 10.45　带圈字符　　　　　　　　图 10.46　段落格式

按 Ctrl 键的同时，利用鼠标分别选中"办学历史""学院建设&学科设定""办学理念""师资力量""硬件条件""学校概况""人才培养"这些小节名，单击"样式"组中的"标题 2"进行样式应用。

2）单击"开始"→"段落"中的"多级列表"→"定义新的多级列表"，打开"定义新多级列表"对话框。单击"更多"按钮显示全部选项。

● 单击级别"1"，"输入编号的格式"框中在编号"1"前输入"第"，"1"后输入"章"，然后在"将级别链接到样式"框中选择"标题 1"，如图 10.47 所示。

● 单击级别"2"，"输入编号的格式"默认，然后在"将级别链接到样式"框中选择"标题 2"，单击"确定"按钮。

（4）设置表格。

1）选中 C 大学中的表格，在"表格工具—布局"选项卡中单击"自动调整"按钮，在下拉列表中选择"根据内容自动调整表格"。

2）继续选中表格，单击"表格工具—布局"选项卡下的"排序"按钮，在弹出的"排序"对话框中先选中下方的"有标题行"，再在"主要关键字"中选择"课程名称"，右侧选择"升序"，"次要关键字"选择"学生人数"，也选择"升序"，单击"确定"按钮，如图 10.48 所示。

3）继续选中表格，在"表格工具—设计"选项卡下的"边框"中，设置"笔颜色"为蓝色，"笔样式"为"双线"，单击"边框"按钮，在下拉列表中选择"外侧框线"。

（5）设置图片环绕样式。

1）选中第一张图片，在"图片工具—格式"选项卡下单击"环绕文字"按钮，选择"四周型"，如图 10.49 所示。然后将图片拖到"A 大学历史悠久。"段落右侧的合适位置。

2）选中第二张图片，如上述方法同样设置为四周型，将其拖拉到"B 大学坐落于历史文化名城"段落右侧的合适位置；在"图片工具—格式"选项卡中单击"艺术效果"按钮，选择"铅笔灰度"，如图 10.50 所示。

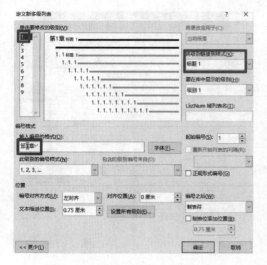

图 10.47 "级别 1"的多级列表设置

图 10.48 表格排序

图 10.49 图片环绕样式

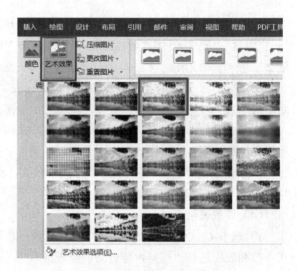

图 10.50 图片艺术效果

10.2.5 任务 5：处理"爱因斯坦"文档

Word 任务 5
视频

"爱因斯坦"文档原文如图 10.51 所示。利用 Word 处理"爱因斯坦"文档完成后的效果如图 10.52 所示。

10.2.5.1 任务 5 的操作要求

（1）清除首行"阿尔伯特·爱因斯坦"，不同颜色突出显示文本的效果（无颜色，不突出显示文本）。设置字符间距缩放为 120%。

（2）表格操作。将第 1 页中的表格转换为以制表符分隔的文本。

（3）将"部分年表"中的内容转换成表格，并"根据窗口调整"表格。

Word 任务 5
源文件

（4）为"部分年表"对应的表格上方添加题注，题注行内容为"表Ⅰ二十岁前年表"（不包括引号），其中的Ⅰ使用的编号格式为"Ⅰ，Ⅱ，Ⅲ，…"（如果前面插入另一张表并添加题注，则此处的Ⅰ自动变为Ⅱ），题注居中。

图 10.51　"爱因斯坦"文档原文示意图

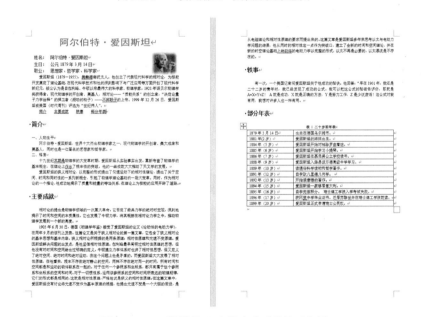

图 10.52　"爱因斯坦"文档完成后效果示意图

（5）删除文档"主要成就"部分第二段中所有的空格。

（6）为"简介　主要成就　轶事　　部分年表"所在行的各项设置链接，分别链接到其后各对应内容的标题上。

10.2.5.2　任务 5 的操作过程

（1）清除 Highlight 效果、设置字符间距。利用鼠标选中文字"阿尔伯特·爱因斯坦"，然后单击"开始"→"文本突出显示颜色"按钮，在弹出的下拉列表中选中"无颜色"即可，如图 10.53 所示。

继续保持选中文字，单击"开始"选项卡右下角的扩展按钮，打开"字体"对话框。在"字体"对话框中单击"高级"选项卡，并设置"缩放"为 120%，要注意与字符间距加宽的区别，如图 10.54 所示。

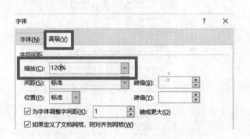

图 10.53　突出显示文本　　　　　　　　图 10.54　字符间距缩放

（2）设置表格。

1）选中整张表格。

2）单击"表格工具—布局"选项卡下的"转换为文本"按钮，弹出"表格转换成…"对话框。

3）在对话框中设置"文本分隔符"为"制表符"，单击"确定"按钮，如图 10.55 所示。

（3）文字转换为表格（图 10.56）。利用鼠标拖拉选中"部分年表"下面的所有文字，单击"插入"→"表格"，在弹出的下拉列表中选择"文本转换成表格"命令，此时会弹出"将文字转换成表格"对话框，选中"根据窗口调整表格"，单击"确定"按钮退出。

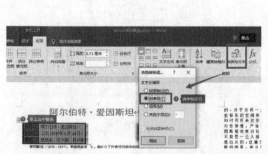

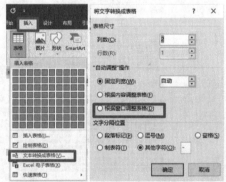

图 10.55　表格转换成文本　　　　　　　图 10.56　文本转换成表格

（4）设置题注。

1）选择"部分年表"表格，单击"引用"→"题注"→"插入题注"，如图 10.57 所示，弹出"题注"对话框，如图 10.58 所示。

2）单击"新建标签"按钮，在弹出的对话框中输入"表"，单击"确定"按钮返回。

3）单击"编号"按钮，弹出"题注编号"对话框，"格式"中选择"Ⅰ,Ⅱ,Ⅲ,…"，单击"确定"按钮返回。

4）"位置"选择"所在项目上方"，单击"确定"按钮退出。

图 10.57　插入题注

图 10.58　设置表格题注

5）在出现的题注行后输入题注文字"二十岁前年表"，并设置水平居中。

（5）替换功能应用。选中操作对象"1905 年 6 月 30 日"段落，单击"开始"→"替换"，在弹出的"查找和替换"对话框的"查找内容"框中输入空格，"替换为"框中无输入，即将所有空格替换为无。单击"全部替换"按钮，最后在弹出的提示框中询问"是否重新搜索文档其余部分"时，要注意选择"否"，不然将会把文章的其余段落内容的空格也一并删除。

（6）设置文档内链接（图 10.59）。下面以设置"简介"为例。

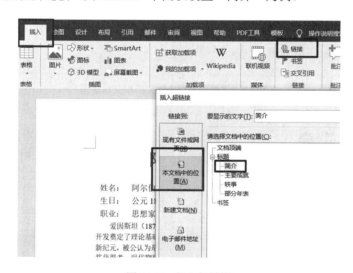

图 10.59　插入超链接

1）选中该行中文字"简介"，单击"插入"→"链接"按钮，弹出"插入超链接"对话框。

2）在对话框的"链接到"列表中选择"本文档中的位置"，在"请选择文档中的位置"框中选择"简介"，单击"确定"按钮即可实现链接。

3）同样对"主要成就""轶事""部分年表"设置链接。

10.2.6　任务 6：处理"爱因斯坦 2"文档

"爱因斯坦 2"文档原文如图 10.60 所示。利用 Word 处理"爱因斯坦 2"文档完成后的效果如图 10.61 所示。

图 10.60 "爱因斯坦 2"文档原文示意图

图 10.61 "爱因斯坦 2"文档完成后的效果示意图

10.2.6.1 任务 6 的操作要求

（1）将本题文件夹中的 Word1-11.docx 文档内容插入到"word11-阿尔伯特·爱因斯坦.docx"中"职业：思想家、哲学家、科学家"所在行之后。将"E=mc2"中的 2 设置为上标。

（2）统计文档中"相对论"的个数，将个数输入到文档尾"统计："之后。设置首行"阿尔伯特·爱因斯坦"字体为黑体，文字颜色为深蓝色，字符间距缩放为 80%。

（3）将"简介""主要成就""轶事""部分年表"设置为"标题 2"样式。为"部分年表"中 1879 年到 1899 年所在行设置制表位，设置制表位位置为 13 字符，并设置前导符为"……"。

（4）表格操作。将第 2 行至第 4 行（姓名~职业）文本转换成表格，并"根据内容调整自动表格"，设置表格样式选项为无标题行，并套用"网格表 4-着色 4"的表格样式。

（5）将文档最后一页上的图设置浮于文字上方，然后移到第 1 页表格的右边，并设置缩放的高度、宽度均为 70%，图片样式为"柔化边缘椭圆"。

10.2.6.2 任务 6 的操作过程

（1）设置上标。

1）将光标定位于"职业：思想家、哲学家、科学家"之后，单击"插入"→"对象"→"文件中的文本"，在弹出的"插入文件"对话框中选择文件"word1-11.docx"，单击"插入"按钮即可。

2）选择"E=mc2"中的 2，单击"开始"→"字体"组中的"上标"按钮，如图 10.62 所示。

（2）统计字数及设置字体。

1）勾选"视图"选项卡下的"导航窗格"，然后在左侧的"导航"窗格的框内输入文字"相对论"，下面出现统计结果共 61 个，如图 10.63 所示。

图 10.62　设置上标

图 10.63　统计字数

将光标定位到文档末尾"统计："之后，输入 61。

2）选中标题文字"阿尔伯特·爱因斯坦"，在"开始"→"字体"中选择黑体，文字颜色设为"深蓝"，单击"字体"组右下角的扩展按钮，在"字体"对话框的"高级"选项卡下设置"字符间距"→"缩放"为"80%"，如图 10.64 所示。

（3）设置标题样式及制表位。

1）选中"简介"，单击"开始"选项卡下"样式"框中的"标题 2"样式。其他"主要成就""轶事""部分年表"也进行同样操作。

2）选中"部分年表"中 1879 年到 1899 年所在行，单击鼠标右键，选择"段落"命令，打开"段落"对话框，单击下方的"制表位"按钮，打开"制表位"对话框。在"制表位位置"框中输入"13 字符"，在"引导符"下选择"5……（5）"，单击"确定"按钮，如图 10.65 所示。

（4）将文本转换为表格。

1）选中文档第 2 行至第 4 行（姓名～职业），单击"插入"→"表格"→"文本转换成表格"，在打开的对话框中选择"根据内容调整表格"，单击"确定"按钮，如图 10.66 所示。

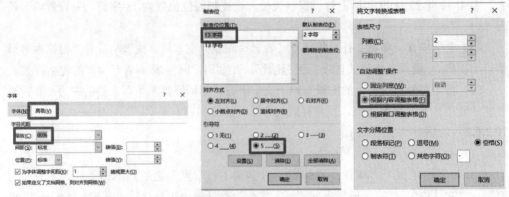

图 10.64　字符间距　　　　图 10.65　制表位位置及引导符　　　　图 10.66　将文字转换成表格

2）选中转换完的表格，在"表格工具—设计"选项卡中，取消勾选"标题行"，并在"表格样式"框中选择"网格表 4-着色 4"，如图 10.67 所示。

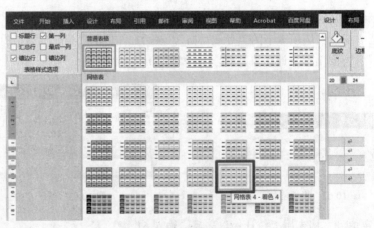

图 10.67　表格样式

（5）设置图片。选中文档末尾的图片，单击鼠标右键，选择"环绕文字"→"浮于文字上方"，再次单击鼠标右键选中该图片，选择"大小和位置"，在弹出的"布局"对话框中，设置"缩放"下的"高度"和"宽度"都为 70%，拖动图片到第 1 页表格右边，如图 10.68 所示。选中图片，在"图片工具→格式"选项卡中选择"图片样式"为"柔化边缘椭圆"。

图 10.68　图片缩放大小

10.2.7　任务 7：处理"杭州国际马拉松赛"文档

"杭州国际马拉松赛"文档原文如图 10.69 所示。利用 Word 处理"杭州国际马拉松赛"文档完成后的效果如图 10.70 所示。

Word 任务 7
视频

Word 任务 7
源文件

图 10.69　"杭州国际马拉松赛"文档原文示意图

图 10.70　"杭州国际马拉松赛"文档完成后的效果图

10.2.7.1　任务 7 的操作要求

（1）去掉文档中所有数字的倾斜效果（非数字的倾斜不变）。

（2）从"赛事规则"开始的内容另起一页，并要求设置第一页页面垂直对齐方式为居中。对"项目　距离（公里）　关门时间（小时）"到"全程马拉松　30　3.5"所在各行设置 2 个制表位，制表位位置和对齐方式分别为"15 字符、小数点对齐""25 字符、右对齐"。

（3）设置页眉，使第 1 页页眉文字为"杭州国际马拉松赛赛事简介"，第 2 页及后面各页的页眉文字为"赛事规则"。为后面两张表格在表格上方（居中）分别设置题注"表甲 名次奖金"和"表乙 报名收费标准"（要求，如果删除了表甲，则表乙会自动变为表甲）。

（4）表格操作。对第 1 张表格套用表格样式"网格表 4-着色 2"；并设置表格"居中"。对第 2 张表格，设置表格行高为 1 厘米，各单元"水平居中"。

（5）为文档添加图片水印，图片文件为本题文件夹中的"0.png"。将文档最后的图片置于第 3 页的右下角，设置环绕方式为"紧密型环绕"，并裁剪图片形状为正五边形。

10.2.7.2　任务 7 的操作过程

（1）替换实现去掉数字倾斜效果。

1）在文章开头处单击鼠标左键，将光标停留于文首，单击"开始"→"替换"，打开"查找和替换"对话框。

2）单击"更多"按钮。

3）然后将光标定位在"查找内容"文本框内，单击"特殊格式"按钮，选择"任意数字"，即查找内容为"^#"，再单击"格式"按钮，选择"字体"，在打开的对话框中设置"字形"为"倾斜"，至此设置查找的内容为带倾斜字体格式的任意数字。

4）将光标定位于"替换为"后的文本框内，单击"格式"按钮，选择"字体"，在弹出的"字体"对话框中设置"字形"为"常规"，确定后返回"查找和替换"对话框，可见替换为字体非加粗，非倾斜格式，如图 10.71 所示。

5）单击"全部替换"按钮，替换完成，再单击"确定"按钮关闭替换结果窗口，最后关闭"查找和替换"对话框。

（2）设置页面对齐居中及制表位。

1）将光标定位于"赛事规则"之前，单击"布局"→"分隔符"→"分节符下一页"。注意：因为下面要设置不同的页眉垂直对齐方式，因此此处选择"分节符"，而不是分页符，如图 10.72 所示。

2）将光标定位于第一页中，单击"布局"→"页面设置"中右下角的扩展按钮，弹出"页面设置"对话框，在对话框的"布局"选项卡下，设置"页面"下"垂直对齐方式"为"居中"，如图 10.73 所示。

3）选中"项目　距离（公里）　关门时间（小时）"到"全程马拉松　30　3.5"所在各行，单击"开始"→"段落"右下角的扩展按钮，弹出"段落"对话框。单击对话框下方的"制表位"按钮进入"制表位"对话框。

在"制表位位置"框中输入"15 字符"，并设置"对齐方式"为"小数点对齐"，单击"设置"按钮实现设置；继续在"制表位位置"框输入"25 字符"，并设置"对齐方式"为"右对齐"，单击"设置"按钮实现设置，如图 10.74 所示。

图 10.71　查找和替换

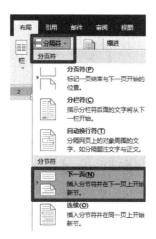

图 10.72　分节符

图 10.73　页面垂直对齐方式

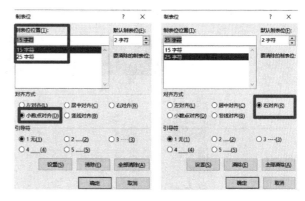

图 10.74　制表位

（3）设置页眉页脚、题注。

1）设置页眉。单击"插入"→"页眉"，并选择下拉列表中的"编辑页眉"进入页眉编辑状态。

在"页眉和页脚工具"下的"设计"选项卡的"选项"组中勾选"首页不同"，如图10.75 所示。在第 1 页的页眉处输入文字"杭州国际马拉松赛赛事简介"，在第 2 页的眉处输入"赛事规则"。单击"页眉和页脚工具"下的"关闭页眉和页脚"按钮，退出页眉和页脚设置。

图 10.75　首页不同

2）插入题注。选择"名次"所在表格，单击鼠标右键，选择"插入题注"命令。在打开的"题注"对话框的"标签"框中输入"表"，设置"位置"为"所选项目上方"，并单击"编号"按钮，在打开的对话框中设置"编号格式"为"甲，乙，丙，…"，关闭"题注"对话框后，在表格上方自动插入的"表甲"后面输入文字"名次奖金"，最后单击"开始"→"段落"→"居中"命令实现题注居中。

选择"国内"所在表格，单击鼠标右键，选择"插入题注"命令，在"题注"对话框中设置"标签"为"表"，设置"位置"为"所选项目上方"，因延续上表编号，因此这里无须设置编号格式，关闭"题注"对话框后，在表格上方自动插入的"表乙"后面输入文字"报名收费标准"，最后单击"开始"→"段落"→"居中"命令实现题注居中。操作的示例图片参看 10.2.5 任务 5 的步骤（4）。

（4）设置表格。

1）选中表甲，单击"表格工具—设计"→"表格样式"→"网格表 4-着色 2"，如图10.76 所示。保持表格选中状态，单击"开始"→"段落"→"居中"实现表格水平居中。

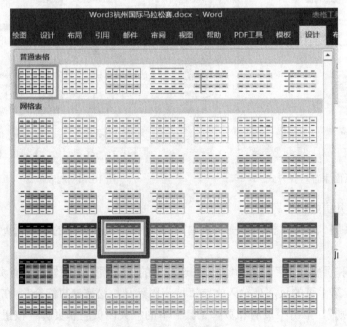

图 10.76　表格样式

2）选中表乙，在"表格工具—布局"选项卡中设置"高度"为"1 厘米"，同时在"对齐方式"组中单击"水平居中"按钮，如图 10.77 所示。

图 10.77　表格高度和对齐方式

（5）设置水印和图片环绕样式。

1）单击"设计"→"页眉背景"→"水印"→"自定义水印"命令，打开"水印"对话框。选中"图片水印"，并单击下方的"选择图片"按钮，在任务文件夹中选择图片"0.png"，单击"确定"按钮退出，如图 10.78 所示。

2）设置图片环绕方式。选中文档最后一页的图片，单击"图片工具—格式"→"环绕文字"→"紧密型环绕"，然后用鼠标将图片拖拉到第 3 页的右下角，如图 10.79 所示。

单击"图片工具—格式"→"大小"→"裁剪"→"裁剪为形状"，选择"五边形"形状，如图 10.80 所示。

图 10.78　图片水印

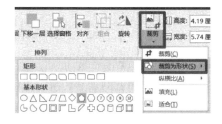

图 10.79　图片环绕　　　　　　　　　　　　图 10.80　图片裁剪

10.2.8　任务 8：处理"杭州国际马拉松赛 2"文档

"杭州国际马拉松赛 2"文档原文如图 10.81 所示。利用 Word 处理"杭州国际马拉松赛 2"文档完成后的效果如图 10.82 所示。

图 10.81　"杭州国际马拉松赛 2"文档示意图

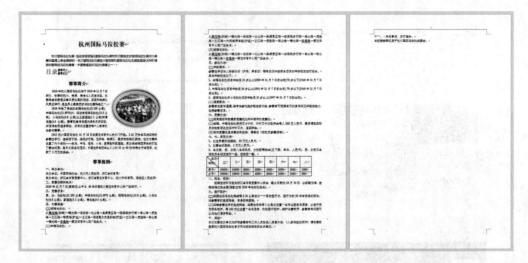

图 10.82　"杭州国际马拉松赛 2"文档完成后的效果图

10.2.8.1　任务 8 的操作要求

（1）将文档中所有的数字加粗，蓝色。

（2）将首行"杭州国际马拉松赛"设置为"标题 1"样式并居中。将"杭州国际马拉松赛，是……"所在段落简体字转换为繁体字。将"目录"下的两行文字"赛事简介"和"赛事规则"设置为中文版式中的"双行合一"，自行调整字体后，置于"目录"的右侧。

（3）对所有的一、二、三、…改为编号列表（当删除了前面的编号后，后面编号自动改变）。

174

（4）表格操作要求。

1）对文档中的表格左上"名次"所在单元格，添加左上右下斜线，斜线以上为"名次"，斜线以下为"性别"。

2）对其右边"一、二、三、四、五、六、七、八"所在的 8 个单元格，设置文字在单元格内垂直、水平都居中显示。

（5）为第 1 页上的图设置"金属椭圆"的图片样式。

10.2.8.2　任务 8 的操作过程

（1）查找和替换功能（图 10.83）的运用。

1）在文档开头单击鼠标左键，将光标停留于此的意义是设置从此处开始查找并替换，单击"开始"→"替换"命令按钮，弹出"查找和替换"对话框。

2）单击"更多"按钮。

3）单击"查找内容"框后，再单击下方的"特殊格式"，选择"任意数字"，显示为"^#"。

4）单击"替换为"框，再单击左下方的"格式"，选择"字体"，在"字体"对话框中设置"字形"为"加粗"，文字"颜色"为"蓝色"。

5）单击"全部替换"按钮，弹出确认框，单击"确定"按钮退出。

图 10.83　查找和替换

（2）设置字体样式、简繁体转换以及双行合一。

1）选中首行文字"杭州国际马拉松赛"，在"开始"→"样式"框中选择"标题 1"样式，再单击"段落"组中的"居中"按钮。

2）选中"杭州国际马拉松赛，是……"所在段落，单击"审阅"选项卡的"中文简繁转换"组中的"简转繁"按钮，如图 10.84 所示。

3）将光标定位于"赛事规则"的前面，按 BackSpace（撤销）键将它移到和"赛事简介"4 个字变为同一行。然后选中该行文字"赛事简介赛事规则"，单击"开始"→"段落"组中的"中文版式"命令，在弹出的下拉列表中选择"双行合一"，如图 10.85 所示，弹出"双行合一"对话框，确定后退出。

图 10.84　简转繁

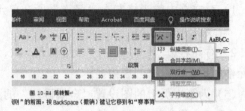

图 10.85　双行合一

4）将光标放在"双行合一"后的"赛事简介赛事规则"文字前，将其移到"目录"行的右侧，然后选中文字再在"字号"框中设置合适的大小，例如设置为"小二"。

（3）设置编号。利用 Ctrl 键选中不连续的文本，将文档中的"一、举办单位""二、竞赛日期和地点"……全部选中，然后单击"开始"→"段落"→"编号"的下拉菜单，选择"一、二、三、"形式的编号格式。根据题目删除其他多余的文字。

（4）设置表格。

1）将光标置于"名次"所在左上角单元格，单击"表格工具—设计"→"边框"下拉菜单，选择"斜下框线"，如图 10.86 所示，就可以在单元格中添加斜线；然后在"名次"的后面按回车键，并输入"性别"两字，可以适当调整"名次"位置。

图 10.86　单元格斜线设置

2）选中"一、二、三、四、五、六、七、八"所在的 8 个单元格，在"表格工具—布局"选项卡下的"对齐方式"组中选择"水平居中"，如图 10.87 所示。

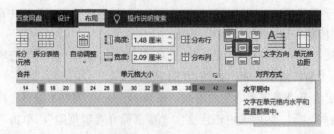

图 10.87　表格内容水平居中

（5）设置图片样式。选中第 1 页上的图，在"图片工具—格式"选项卡下的"图片样式"中选择"金属椭圆"样式，如图 10.88 所示。

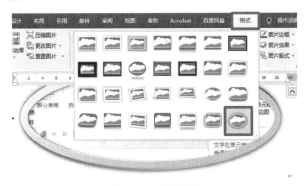

图 10.88　图片样式

10.2.9　任务 9：处理"杭州西湖"文档

"杭州西湖"文档原文如图 10.89 所示。利用 Word 处理"杭州西湖"文档完成后的效果如图 10.90 所示。

Word 任务 9
视频

Word 任务 9
源文件

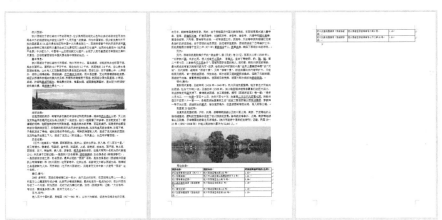

图 10.89　"杭州西湖"文档原文示意图

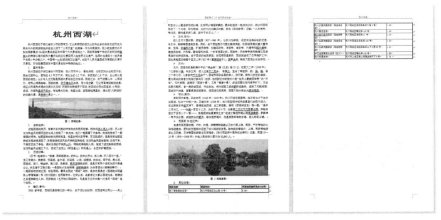

图 10.90　"杭州西湖"文档完成后效果图

177

10.2.9.1　任务 9 的操作要求

（1）将第 1 行"杭州西湖"设置为"标题"样式，并设置字体为隶书，字号为初号。

（2）为文档设置页眉，奇数页页眉文字为"杭州西湖"，偶数页页眉文字为"国家重点 5A 级风景名胜区"（均不包括引号）。

（3）为"基本信息""名称由来""历史沿革""周边住宿"设置序号"1.2.3."，该序号将随着某个序号的删除或增加而自动改变。

（4）为"秦汉-唐代""五代-宋代""元代""明代-清代""民国至 20 世纪末"设置形如➤的项目符号。

（5）表格操作。对表格按"距西湖直线距离约（公里）"升序排序。设置表格外框线及标题行下的线条线宽为 3.0 磅，颜色为蓝色。

（6）为文档中的两张图插入题注（下方，居中），题注内容分别为，第 1 幅："图 1 西湖全景"，第 2 幅："图 2 西湖美景"（均不包含引号，而其中图 1、图 2 中的数字应随着前面图片及题注的添加而自动改变）。

10.2.9.2　任务 9 的操作过程

（1）设置标题样式。选中标题文字"杭州西湖"，在"开始"→"样式"组中选中"标题"样式，然后在"字体"组中设置"字体"为"隶书"，"字号"为"初号"。

（2）设置页眉页脚。

1）单击"插入"→"页眉"→"编辑页眉"，进入页眉编辑状态。

2）在"页眉和页脚工具"选项卡下的"选项"组中勾选"奇偶页不同"，如图 10.91 所示。

3）将光标定位于第一页（奇数页）的页眉处，输入文字"杭州西湖"。

4）将光标定位于第二页（偶数页）的页眉处，输入文字"国家重点 5A 级风景名胜区"。

（3）设置自动编号。选中文字"基本信息"，然后再按住 Ctrl 键，继续选择文字"名称由来""历史沿革"等，保持都选中的状态下，单击"开始"→"段落"→"编号"，在"编号库"中选择"1.2.3."，如图 10.92 所示。

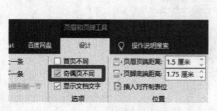

图 10.91　设置页眉奇偶页不同　　　　　图 10.92　项目编号

选中"秦汉-唐代",然后再按住 Ctrl 键,继续选择"五代-宋代""元代""明代-清代""民国至 20 世纪末",单击"开始"→"段落"→"项目符号",在"项目符号库"中选择"➢",如图 10.93 所示。

(5)设置表格。选中表格,单击"表格工具"→"布局"→"数据"→"排序"命令按钮,在弹出的"排序"对话框中设置"主要关键字"为"距西湖直线距离约(公里)",并选择"升序",单击"确定"按钮,如图 10.94 所示。

图 10.93　项目符号

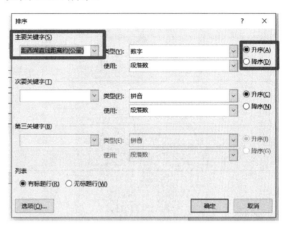

图 10.94　表格排序

继续选中表格,在"表格工具"→"设计"选项卡下"边框"组中先设置"笔颜色"为"蓝色","笔画粗细"为 3.0 磅,然后单击"边框"命令按钮的下半部,在下拉列表中选择"外侧框线",如图 10.95 所示。然后选中表格中的第一行,单击"边框"命令按钮的下半部,在下拉列表框中选择"下框线"。

(6)设置图片题注。

1)在第一幅图后按回车键插入一个空行,将光标定位于空行,单击"引用"→"插入题注"命令按钮,弹出"题注"对话框。

2)在"题注"对话框中单击"新建标签"按钮,在弹出的对话框中输入"图",单击"确定"按钮退出,如图 10.96 所示。此时在图下方出现"图 1",在其后输入文字"西湖全景",并居中。

3)用同样的方法为第 2 幅图插入题注。

图 10.95　表格框线

图 10.96　题注设置

10.2.10　任务 10：处理"杭州西湖 2"文档

Word 任务 10
视频

Word 任务 10
源文件

"杭州西湖 2"文档原文如图 10.97 所示。利用 Word 处理"杭州西湖 2"文档完成后的效果如图 10.98 所示。

图 10.97　"杭州西湖 2"文档原文示意图

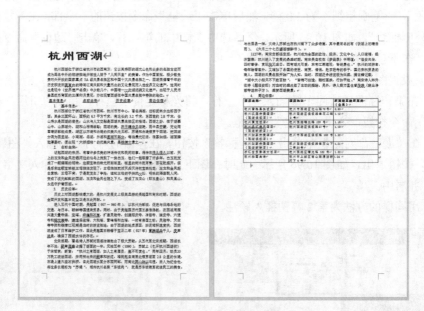

图 10.98　"杭州西湖 2"文档完成后效果图

10.2.10.1　任务 10 的操作要求

（1）设置文字对齐字符网格，每行 38 个字符数。

（2）删除所有页眉，包括原页眉处的横线。

（3）表格操作。

1）不显示第1页"基本信息""名称由来""历史沿革""周边住宿"表格的框线。

2）对"周边住宿"中的表格，在"杭州鼎红假日酒店"所在行前，插入一行，内容为"杭州黄龙饭店，杭州西湖曙光路120号，1.16"。

（4）为第1页表格中的"基本信息""名称由来""历史沿革""周边住宿"设置超链接，分别链接到后面的"1.基本信息""2.名称由来""3.历史沿革""4.周边住宿"处（链接点位置在编号后、汉字前，如"基本信息"的"基"字之前）。

（5）删除文档"历史沿革"部分中所有的空格。

（6）将正文中所有的数字设置为"红色"（注意不包括标题中的数字，如"基本信息""名称由来""历史沿革""周边住宿"等之前的编号）。

10.2.10.2　任务 10 的操作过程

（1）设置字符网格。单击"布局"→"页面设置"组中的扩展按钮，弹出"页面设置"对话框。

在"页面设置"对话框的"文档网格"选项卡下，选中"文字对齐字符网格"，并在"字符数"中设置"每行"为"38"，如图 10.99 所示。

此时发现表格显示有问题，可以选中表格后，在"表格工具"→"布局"下选择"自动调整"→"根据窗口自动调整表格"即可，如图 10.100 所示。

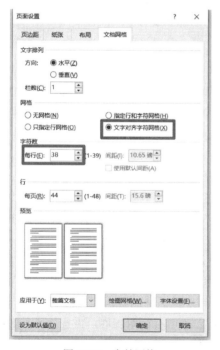

图 10.99　字符网格

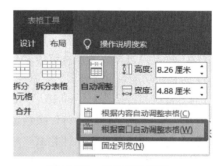

图 10.100　表格自动调整

（2）删除页眉及页眉生成的横线。在文档页眉处双击，进入页眉编辑状态，将光标定位于奇数页页眉，单击"页眉和页脚工具"选项卡下"页眉"命令按钮，选择"删除页眉"，如图 10.101 所示。继续将光标定位于偶数页页眉处，同理删除页眉。

最后单击"关闭页眉和页脚"按钮退出。

（3）设置表格。

1）选中表格，单击"表格工具"→"设计"→"边框"，在下拉列表中选择"无框线"。

2）选中表格行"杭州鼎红假日酒店"，单击"表格工具"→"布局"→"在上方插入"，再在新插入的行中输入文字"杭州黄龙饭店，杭州西湖曙光路 120 号，1.16"。

（4）设置文档内链接。

1）插入书签。将光标定位于"1. 基本信息"的"基"字之前，单击"插入"→"链接"→"书签"，在弹出的"书签"对话框中输入"书签名"为"基本信息"，单击"添加"按钮实现书签添加。用相同的方法添加书签"名称由来"等，如图 10.102 所示。

图 10.101 删除页眉　　　　　图 10.102 插入书签

2）插入超链接。选中表格内文字"基本信息"，单击"插入"→"链接"，在打开的对话框的"链接到"列表中选择"本文档中的位置"，在"请选择文档中的位置"框中选择"基本信息"，单击"确定"按钮即可实现链接。用同样的方法实现"名称由来"等超链接。

（5）利用替换功能删除多余空格。选中"历史沿革"下几段目标文字，单击"开始"→"替换"，弹出"查找和替换"对话框。在弹出的"查找和替换"对话框的"查找内容"框中输入空格，"替换为"框中无输入，单击"全部替换"按钮，最后在弹出的提示框询问"是否重新搜索文档其余部分"时选择"否"即可。

（6）为替换功能设置字体颜色。将光标置于文档开头，单击"开始"→"替换"按钮，在弹出的"查找和替换"对话框中，单击左下角的"更多"按钮，然后将光标定位在"查找内容"框中，单击"特殊字符"按钮选择"任意数字"，"查找内容"框中变为"^#"；单击"替换为"文本框，单击"格式"→"字体"，在打开的对话框中设置字体"颜色"为"红色"，确定后返回"查找和替换"对话框，最后单击"全部替换"按钮。

10.2.11　任务 11：处理"西溪国家湿地公园"文档

"西溪国家湿地公园"文档原文如图 10.103 所示。利用 Word 处理"西溪国家湿地公园"文档完成后的效果如图 10.104 所示。

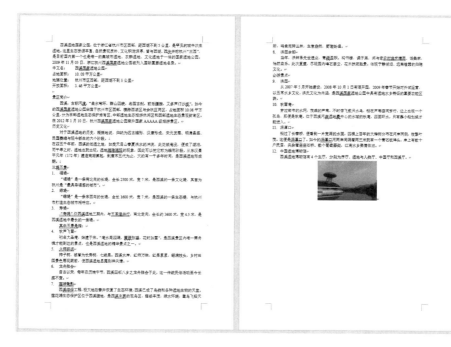

Word 任务 11
视频

Word 任务 11
源文件

图 10.103　"西溪国家湿地公园"文档原文示意图

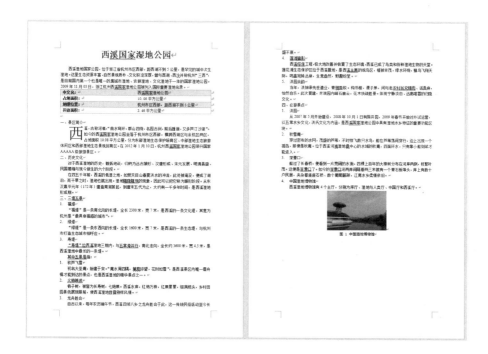

图 10.104　"西溪国家湿地公园"文档完成后效果图

10.2.11.1　任务 11 的操作要求

（1）在第一行前插入一行，输入文字"西溪国家湿地公园"（不包括引号），设置字号为 24 磅、加粗、居中、无首行缩进，段后距为 1 行。

（2）对"景区简介"下的第一个段落，设置首字下沉。

（3）将"历史文化"和"三堤五景"部分中间段落存在的手动换行符，替换成段落标记。

（4）使用自动编号。

1）对"景区简介""历史文化""三堤五景""必游景点"设置编号，编号格式为"一、二、，三、，四、"。

2）对"三堤五景"中的"秋芦飞雪"和"必游景点"中的"洪园"重新编号，使其从 1 开始，后面的各编号应能随之改变。

（5）表格操作。将"中文名：西溪国家湿地公园"所在行开始的 4 行内容转换成一个 4 行 2 列的表格，并设置无标题行。套用表格样式为"清单表 4-着色 1"。

（6）为文档末尾的图加上题注，标题内容为"中国湿地博物馆"。

10.2.11.2 任务 11 的操作过程

（1）文本设置。单击第一行开头，按回车键插入一行，在新生成的行中输入文字"西溪国家湿地公园"。选中文字"西溪国家湿地公园"，设置字体并居中。

单击"开始"→"段落"右下角的扩展按钮，打开"段落"对话框。切换到"缩进和间距"选项卡，"缩进"下的"特殊"选择"无"，"间距"下的"段后"设置为"1 行"，如图 10.105 所示。

（2）设置首字下沉。选择"景区简介"下的第一个段落，单击"插入"→"文本"→"首字下沉"命令，在下拉列表中选择"下沉"，如图 10.106 所示。

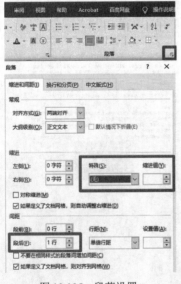

图 10.105 段落设置

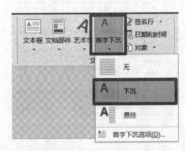

图 10.106 首字下沉

（3）替换。选中"历史文化"和"三堤五景"部分目标段落，单击"开始"→"编辑"→"替换"，弹出"查找和替换"对话框。

单击左下角的"更多"按钮，单击"查找内容"框，再单击左下角的"特殊格式"，选择"手动换行符"，"查找内容"框中显示为"^l"；单击"替换为"，再单击"特殊格式"，选择"段落标记","替换为"框中显示为"^p",再单击"全部替换"按钮,弹出提示框,选择"否",最后关闭对话框。

（4）设置自动编号（图 10.107）。

1）使用 Ctrl 键选中不连续的文字"景区简介""历史文化""三堤五景""必游景点",单击"开始"→"段落"→"编号",在下拉列表中选择"一、二、三、"。

若发现"三堤五景"编号有异,可以使用鼠标单击"三堤五景"之前,按减少缩进量或增加缩进量键使其正常。

2）修正编号起始值。将光标定位于编号"4."之后,单击鼠标右键,选择"重新开始于 1"即可重新编号。如果"莲滩鹭影""洪园余韵"编号不正常,也可以在编号处单击鼠标右键,选择"继续编号"。同样,在"洪园"编号处也单击右键,选择"重新开始于 1",如图 10.108 所示。当需要自定义编号时,也可以在快捷菜单中选择"设置编号值",手动设置当前编号的数字大小。

图 10.107　自动编号

图 10.108　编号重新开始

（5）设置表格。选中"中文名：西溪国家湿地公园"所在行开始的 4 行文字,单击"插入"→"表格"→"文本转换成表格",表格生成。

选中表格,在"表格工具—设计"下去掉"标题行"复选框前面的"√",并设置表格样式为"清单表 4-着色 1",如图 10.109 所示。

图 10.109　表格样式

（6）设置图片的题注。选中文档末尾的图,单击"引用"→"题注"→"插入题注",在弹出的"题注"对话框中新建标签"图",编号默认,位置为"所选项目下方",确定后,在新生成的"图 1"后输入文字"中国湿地博物馆"。

10.2.12　任务 12：处理"西溪国家湿地公园 2"文档

Word 任务 12
视频

Word 任务 12
源文件

"西溪国家湿地公园 2"文档原文如图 10.110 所示。利用 Word 处理"西溪国家湿地公园 2"文档完成后的效果如图 10.111 所示。

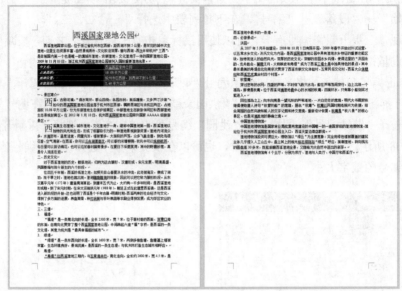

图 10.110　"西溪国家湿地公园 2"文档原文示意图

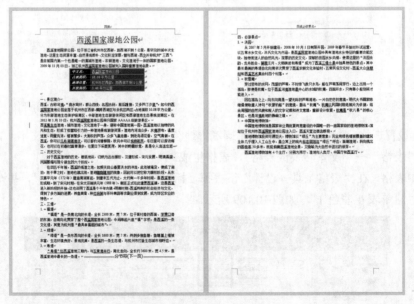

图 10.111　"西溪国家湿地公园 2"文档完成后效果图

10.2.12.1　任务 12 的操作要求

（1）在"在四五千年前，西溪的低湿之地……"所在段落中，对其中"到了宋元时期……"起的内容另起一段。

（2）对文档中所有的"西溪"两字添加下划线（单线）。

（3）以修订方式执行操作，去掉"景区简介"中的两个段落的首字下沉效果。

（4）以下各小题操作任务在非修订状态下进行。

1）对"四、必游景点"之后开始的内容另起一页。

2）对"四、必游景点"之前的每一页使用页眉文字"西溪"。

3）对"四、必游景点"之后开始的每一页使用页眉文字"西溪必游景点"。

（5）设置第一页中表格。

1）根据内容自动调整表格，表格居中。

2）整个表格的外框线使用红色双线。

10.2.12.2　任务 12 的操作过程

（1）文本分段。将光标置于"到了宋元时期……"之前，按回车键，即可分段。

（2）替换功能。

1）单击文档开头，单击"开始"→"替换"，弹出"查找和替换"对话框。

2）单击左下角的"更多"按钮。

3）在"查找内容"框中输入文字"西溪"。

4）将光标置于"替换为"框中，单击"格式"按钮，选择"字体"，在弹出的"字体"对话框中设置文字的下划线线型为单线，单击"确定"按钮后返回。

5）单击"全部替换"按钮，弹出结果提示框，确定后关闭即可。

（3）修订方式删除首字下沉。单击"审阅"→"修订"按钮，使文档处于修订状态，如图 10.112 所示。

图 10.112　修订

分别选中"景区简介"中的两个段落，在"插入"选项卡"文本"组下的"首字下沉"命令中选择"无"即可。

（4）取消修订后编辑页眉。

1）单击"审阅"→"修订"，保持"修订"按钮未选中，取消文档的修订状态。

2）将光标定位于"四、必游景点"的编号"四、"后，在"布局"选项卡的"分隔符"命令中选择"下一页"分节符。

3）双击第一页的页眉处，进入页眉编辑状态，输入文字"西溪"。

4）将光标定位于"四、必游景点"页面的页眉处，单击"页眉和页脚工具"下的"链接到前一节"命令，保持"链接到前一节"按钮未选中，以取消和上一节的联系，完成后再去掉"西溪"文字，输入文字"西溪必游景点"，如图 10.113 所示。

（5）设置表格。选中表格，单击"表格工具"→"布局"→"自动调整"，选择"根据内容自动调整表格"，再单击"开始"→"段落"→"居中"，使表格居中。

在"表格工具"→"设计"下的边框组中设置"笔颜色"为红色，"笔样式"为双线，最后单击"边框"按钮，选择"外侧框线"，如图 10.114 所示。

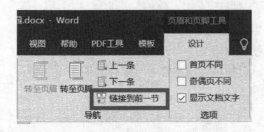

图 10.113　链接到前一节

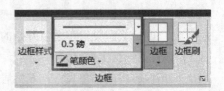

图 10.114　表格边框

第 11 章

Microsoft Excel

11.1　Microsoft Excel 功能简介

Microsoft Excel（以下简称 Excel）是办公室自动化中非常重要的一款软件，很多巨型国际企业都是依靠 Excel 进行数据管理的。它不仅能够方便地处理表格和进行图形分析，其强大的功能还体现在对数据的自动处理和计算等方面。Excel 是微软公司的办公软件 Microsoft Office 的组件之一，是由微软公司为 Windows 和 Apple Macintosh 操作系统编写的一款软件。其直观的界面、出色的计算功能和强大的图表工具，再加上成功的市场营销，使 Excel 成为流行的微机数据处理软件。

11.2　Microsoft Excel 操作案例精选

11.2.1　任务 1：处理"期中考试成绩表"表格

11.2.1.1　任务 1 的操作要求

（1）删除 Sheet1 表中"平均分"所在行。

（2）求出 Sheet1 表中每位同学的总分并填入"总分"列相应单元格中。

（3）将 Sheet1 表中 A3:B105 和 I3:I105 区域内容复制到 Sheet2 表的 A1:C103 区域。

（4）将 Sheet2 表内容按"总分"列数据降序排列。

（5）在 Sheet1 表的"总分"列后增加一列"等级"，要求利用公式计算每位同学的等级。

要求：如果"高等数学"和"大学语文"的平均分大于等于 85 分，显示"优秀"，否则显示为空。

说明：显示为空也是根据公式得到的，如果修改了对应的成绩使其平均分大于等于 85 分，则该单元格能自动变为"优秀"。

（6）在 Sheet2 工作表后添加工作表 Sheet3，将 Sheet1 复制到 Sheet3。

（7）对 Sheet3 各科成绩设置条件格式，凡是不及格（小于 60 分）的，一律显示为红色，加粗；凡是大于等于 90 分的，一律使用浅绿色背景色。

Excel 任务 1
视频

Excel 任务 1
源文件

189

11.2.1.2 任务 1 的操作过程

（1）删除 Sheet1 表中"平均分"所在行。如图 11.1 所示，单击工作表 Sheet1 的行号 106、选择该行，单击"删除"按钮，完成操作。

也可以选择 106 行后，右键单击，选择"删除"。

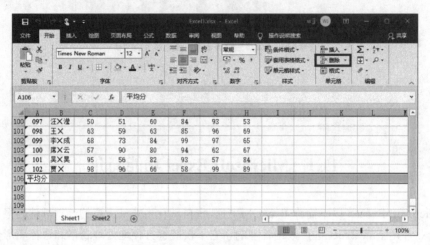

图 11.1　删除行

（2）使用 SUM 函数计算总分。如图 11.2 所示，单击选中 I4 单元格，单击"开始"→"编辑"组的∑下拉框，单击"求和"按钮，按回车键确认。熟悉公式的话，也可以在公式编辑栏中，单击"*fx*"按钮，输入公式：=SUM(C4:H4)，按回车键确认。I4 单元格的总分计算完毕后，双击 I4 单元格右下角的填充柄，自动填充"总分"列。

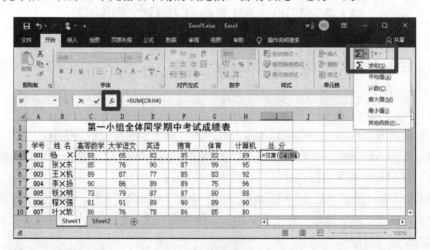

图 11.2　求和功能

（3）复制表格。

1）选择 A3:B105。

• 单击 Sheet1 表的 A3 单元格，下拉垂直滚动条可见 B105 单元格。

• 再按住 Shift 键，单击 B105 单元格。

2）选择 I3:I105。

- 松开键盘 Shift 键，拉动垂直滚动条可见 I3 单元格。

- 按住键盘 Ctrl 键，单击 I3 单元格，松开 Ctrl 键。

- 再拉动滚动条至可见 I105 单元格，再按下 Shift 键，单击 I105 单元格。

3）复制区域内容。最后，按下键盘 Ctrl+C 快捷键复制，如图 11.3 所示。

4）粘贴。打开 Sheet2 表，单击 A1 单元格，使用快捷键 Ctrl+V 粘贴即可。

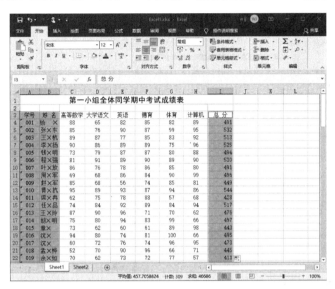

图 11.3　多列同选

（4）关键字排序。

1）打开 Sheet2 表，单击"总分"列的某个单元格，如 C4。

2）单击"开始"→"编辑"→"排序和筛选"，选择"降序"。

3）Sheet2 表内容自动按"总分"列降序排列。

（5）IF 函数的使用。

1）在 Sheet1 表的 J3 单元格中，输入"等级"，按回车键确定。

2）单击 J4 单元格，再单击公式编辑栏中的"fx"按钮，进行公式编辑。

- 按题意，选择逻辑函数中的 IF 函数，单击"确定"按钮，如图 11.4 所示。

- 编辑公式。在"Logical_test"中，输入：AVERAGE(C4:D4)>=85，表示高等数学和语文的平均分大于或等于 85。这是一个逻辑表达式，如果成立，它的返回值是 TRUE，否则返回值为 FALSE。

在"Value_if_true"中，输入："优秀"；注意，优秀两字必须用英文双引号。

在"Value_if_false"中，输入：""；注意，这里是一对英文双引号，里面未含任何内容，如图 11.5 所示。

单击"确定"按钮，完成公式输入。

3）填充"等级"列。双击 J4 单元格右下角的填充柄，"等级"列计算完成，如图 11.6 所示。

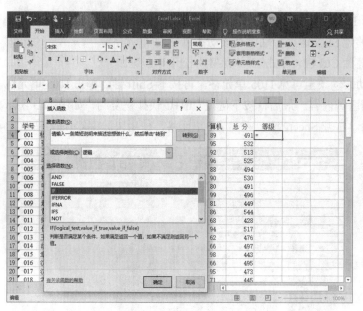

图 11.4 插入函数

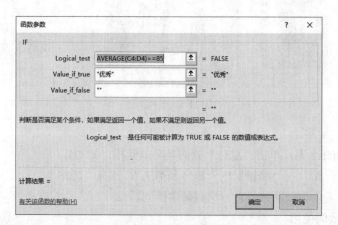

图 11.5 函数对话框编辑

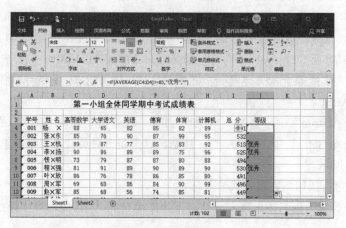

图 11.6 公式填充

（6）工作表复制。

1）添加工作表 Sheet3。如图 11.7 所示，单击"新工作表"按钮，生成 Sheet3 工作表；若工作表标签未按 Sheet1、Sheet2、Sheet3 顺序排列，则可以通过拖曳工作表标签的方式实现正确排序。

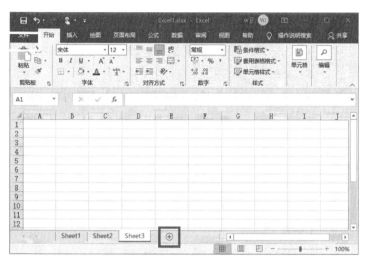

图 11.7　新建工作表

2）将 Sheet1 复制到 Sheet3。选中 Sheet1 全表，如图 11.8 所示，单击工作表 Sheet1 左上角的行号和列号交叉点，选择全表；或者按 Ctrl+A 快捷键进行选择。

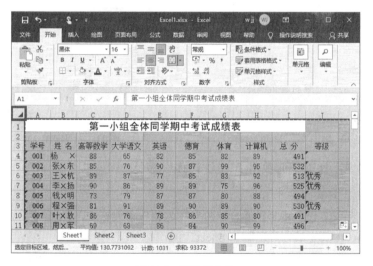

图 11.8　工作表全选

按 Ctrl+C 快捷键进行复制，切换到 Sheet3 工作表，单击 A1 单元格，按 Ctrl+V 快捷键粘贴即可。

（7）设置条件格式。选择成绩区域 C4:H105，单击"开始"→"条件格式"→"突出显示单元格规则"→"小于"，如图 11.9 所示。

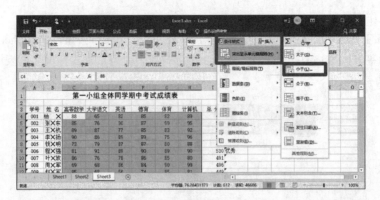

图 11.9　条件格式

在"小于"对话框中,设置值为"60";"设置为"设为"自定义格式…",如图 11.10 所示,在弹出的对话框中设置格式为"红色,加粗"。

继续单击"开始"→"条件格式"→"突出显示单元格规则"→"其他规则";设置"单元格值""大于或等于""90";单击"格式"按钮,在弹出的对话框中设置颜色为"浅绿色背景",如图 11.11 所示。

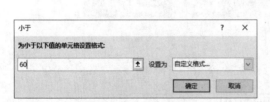

图 11.10　条件格式对话框

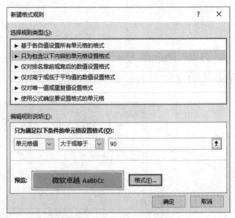

图 11.11　编辑条件格式规则

Excel 任务 2
视频

Excel 任务 2
源文件

11.2.2　任务 2:处理"月失业人口统计表"表格

11.2.2.1　任务 2 的操作要求

(1)求出 Sheet1 表中每个月的合计数并填入相应单元格中。

(2)将 Sheet1 表中的内容复制到 Sheet2 中。

(3)求出 Sheet2 表中每个国家的月平均失业人数(小数取 2 位)填入相应单元格中。

(4)将 Sheet1 表的 A3:A15 和 L3:L15 区域的各单元格"水平居中"及"垂直居中"。

(5)在 Sheet2 表的"月平均"后增加一行"平均情况"(A17 单元格),该行各对应单元格内容为:如果月平均失业人数大于 5 万,则显示"高",否则显示"低"(不包括引号),要求利用公式完成。

(6)在 Sheet2 工作表后添加工作表 Sheet3,将 Sheet1 表的第 3 行~第 15 行复制到 Sheet3

表中 A1 开始的区域。

（7）对 Sheet3 表的 B2:K13 区域，设置条件格式：对于数值小于 1 的单元格，使用红、绿、蓝颜色成分为 100、255、100 的背景色填充；对于数值大于等于 7 的单元，数据使用红色加粗效果。

11.2.2.2 任务 2 的操作过程

（1）使用 SUM 函数求和。

1）单击 L4 单元格，单击"开始"→"编辑"→"∑求和"，或直接在公式编辑栏中输入公式：=SUM(B4:K4)，按回车键确定即可，如图 11.12 所示。

2）再使用 L4 单元格右下角的填充柄，双击填充"合计"列，或利用鼠标按住填充柄，向下填充"合计"列相关单元格，完成求和计算。

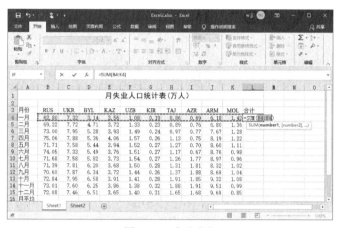

图 11.12　自动求和

（2）工作表复制。选择 Sheet1，按 Ctrl+A 快捷键全选工作表；按 Ctrl+C 快捷键复制；最后，切换至 Sheet2，按 Ctrl+V 快捷键粘贴即可。

（3）利用 AVERAGE 函数求平均及设置单元格格式。

1）单击 B16 单元格，再单击"开始"→"编辑"→"∑平均值"，或直接输入公式：=AVERAGE(B4:B15)，如图 11.13 所示。按回车键确定。

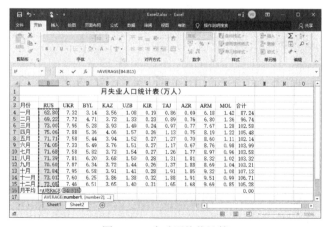

图 11.13　自动平均值计算

2）拖动 B16 单元格右下角的填充柄向右填充至 K16 单元格，完成"月平均"计算。

3）选择 B16:K16 单元格，右键单击，选择"设置单元格格式"，如图 11.14 所示。

4）在打开的对话框中"分类"选择"数值"，"小数位数"设为 2，单击"确定"按钮，结果如图 11.15 所示。

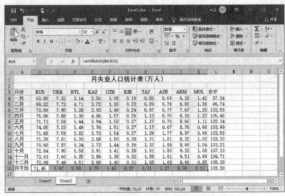

图 11.14　设置单元格格式　　　　图 11.15　水平填充

（4）设置居中，尤其是垂直居中。

1）单击单元格 A3，再按下 Shift 键，单击单元格 A15，选中 A3:A15，松开 Shift 键。

2）再按下 Ctrl 键，单击单元格 L3，松开 Ctrl 键，再按下 Shift 键，单击单元格 L15，选中 L3:L15。松开 Shift 键，这样就同时选中了 A3:A15 和 L3:L15 区域。

3）在"开始"→"对齐方式"中，分别单击"居中""垂直居中"按钮，完成操作，如图 11.16 所示。

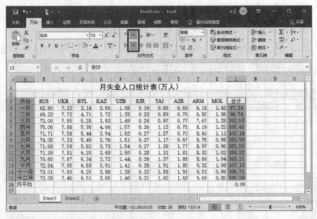

图 11.16　对齐操作

（5）IF 函数的应用。

1）单击 A17 单元格，输入"平均情况"，按回车键确定。

2）单击 B17 单元格，单击公式编辑栏中的"fx"按钮，选择 IF 函数，设计函数参数，如图 11.17 所示。公式内容为：=IF(B16>5,"高","低")。

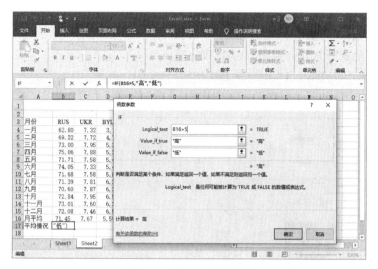

图 11.17　函数对话框编辑

3）使用 B17 单元格右下角的填充柄，水平拉动填充"平均情况"B17:K17，如图 11.18 所示。

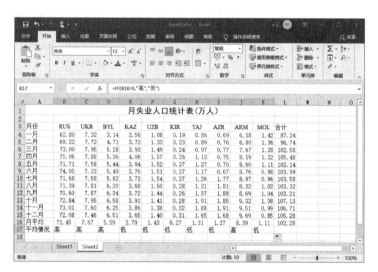

图 11.18　水平填充

（6）新增工作表及复制单元格。

1）单击工作簿底部"新工作表"按钮，创建 Sheet3；如有需要，可以拖曳工作表标签，使之排列为 Sheet1、Sheet2、Sheet3。

2）选择表 Sheet1 的第 3 行到第 15 行，按 Ctrl+C 快捷键复制；在 Sheet3 表中，单击 A1 单元格，按 Ctrl+V 快捷键粘贴，完成复制。

（7）设置条件格。

1）选择 B2:K13 区域，单击"开始"→"条件格式"→"突出显示单元格规则"，在输入框中输入为 1；"设置为"设为"自定义格式"，在打开的"设置单元格格式"对话框中，按如图 11.19 所示进行设置。

2）单击"填充"选项卡，再单击"其他颜色"按钮，在打开的"颜色"对话框中输入红、绿、蓝色成分为 100、255、100，确定完成。

3）完成的"数值小于 1"的条件格式规则，如图 11.20 所示。

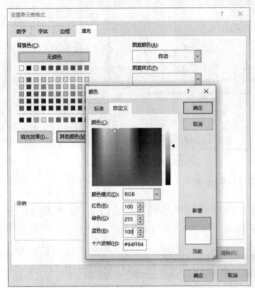

图 11.19　填充颜色设置　　　　　　　　图 11.20　设置条件格式规则

4）继续单击"开始"→"条件格式"→"其他规则"；设置"单元格值""大于或等于""7"；"设置为"设为"自定义格式"，在打开的对话框中设置格式为字体，红色，加粗。确定后完成操作，效果如图 11.21 所示。

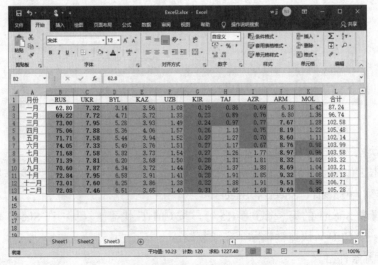

图 11.21　条件格式应用

11.2.3　任务 3：处理"档案表"表格

11.2.3.1　任务 3 的操作要求

（1）将 Sheet1 表中的内容复制到 Sheet2 和 Sheet3 中，并将 Sheet1 更名为"档案表"。

（2）将 Sheet2 表中第 3 行至第 7 行、第 10 行及 B、C 和 D 三列删除。

（3）将 Sheet3 表中的"工资"列每人增加 10%。

（4）将 Sheet3 表中"工资"列数据保留两位小数，并降序排列。

（5）在 Sheet3 表中利用公式统计已婚职工人数，并把数据放入 G2 单元格。

（6）在 Sheet3 工作表后添加工作表 Sheet4，将"档案表"的 A 到 E 列复制到 Sheet4 表。

（7）对 Sheet4 表中的数据进行筛选操作，要求只显示"已婚"的且工资在 3500～4000 元之间（含 3500 元和 4000 元）的信息行。

Excel 任务 3 视频

Excel 任务 3 源文件

11.2.3.2　任务 3 的操作过程

（1）复制工作表，修改工作表表名。

1）选择 Sheet1 表，按 Ctrl+A 快捷键全选工作表，按 Ctrl+C 快捷键复制；单击 Excel 底部工作表标签，依次单击切换至 Sheet2、Sheet3，按 Ctrl+V 快捷键粘贴即可。

2）若出现如图 11.22 所示 C 列中的数据不能完整显示即显示"#"符号时，可以选择功能区中的"开始"→"单元格"→"格式"→"自动调整列宽"即可完整显示内容。

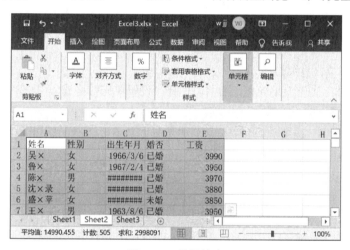

图 11.22　数据粘贴

3）双击 Excel 底部工作表 Sheet1 标签，修改标签名为"档案表"，按回车键确定。

（2）删除不连续的行和不连续的列。

1）单击 Sheet2 工作表左侧的行号 3，再按住 Shift 键，并单击行号 7；然后松开 Shift 键，按住 Ctrl 键；最后单击行号 10，完成行区域的选择。

2）在选中区域中，右击，选择"删除"，即完成行区域的删除。要注意的是，删除相关行后，Excel 会自动把下面的行进行填充，务必防止再次进行操作删除而导致误删。

3）与行删除操作类似，单击列号 B，再按下 Shift 键，之后单击列号 D，同时选中三列目标；最后，在选中区域中，右击，选择"删除"，即完成列区域的删除。

（3）"工资"列增加 10%。

1）在 Sheet3 工作表的"工资"列的右侧，选择任意单元格，输入 1.1，按回车键确定。

2）再单击 1.1 所在单元格，按 Ctrl+C 快捷键复制该单元格，此时该单元格出现虚线框。

3）选择全部"工资"单元格 E2:E101，在该区域右击，选择"选择性粘贴"，打开"选择性粘贴"对话框，如图 11.23 所示。选中"运算"→"乘"，再单击"确定"按钮完成。

操作完成后，完成每人工资增加 10%，如 E2 单元格的值从 3990 增加到 4389。

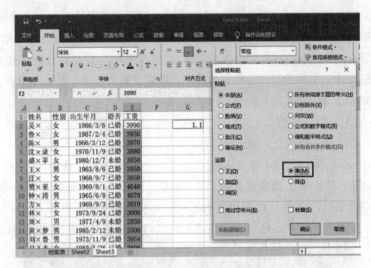

图 11.23　选择性粘贴

（4）保留小数位数及排序。

1）选择全体"工资"单元格，右击，选择"设置单元格格式"，打开"设置单元格格式"对话框，如图 11.24 所示。

2）选择"数字"选项卡，在"分类"中选择"数值"，设置"小数位数"为 2，其余默认，单击"确定"按钮即可。

3）单击"工资"列的任意一个单元格，再单击功能区中的"开始"→"编辑"→"排序和筛选"→"降序"即可完成。

（5）COUNTIF 函数进行条件统计。

1）单击选择 G2 单元格，输入公式"=COUNTIF(D2:D101,"已婚")"。

2）按回车键确定，G2 单元格显示数值为 89，完成已婚职工人数的统计。

（6）新建工作表及复制。

1）单击 Excel 底部的"新工作表"按钮，创建新工作表。

2）双击该表的标签，将其修改为"Sheet4"，按回车键确定。

3）切换至"档案表"，选择 A～E 列全部内容，按 Ctrl+C 快捷键复制。

4）在 Sheet4 中，按 Ctrl+V 快捷键完成粘贴。

（7）筛选功能。

1）单击功能区中的"数据"→"排序和筛选"→"筛选"按钮，激活自动筛选。

2）单击"婚否"列标题的下拉框，仅勾选"已婚"。

3）在"工资"列下拉框中，选择"数字筛选"→"介于"。

4）在"自定义自动筛选方式"对话框中输入"大于或等于""3500""小于或等于""4000"，并单击"与"单选按钮，最后单击"确定"按钮即可，如图 11.25 所示。

 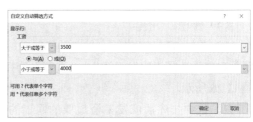

图 11.24　小数位数设置　　　　图 11.25　"自定义自动筛选方式"对话框设置

11.2.4　任务 4：处理"工资表"表格——筛选

11.2.4.1　任务 4 的操作要求

（1）将 Sheet1 表中的内容复制到 Sheet2 表并将 Sheet2 表更名为"工资表"。

（2）求出"工资表"中"应发工资"和"实发工资"数据并填入相应单元格中。

（应发工资=基本工资+岗位津贴+工龄津贴+奖励工资）

（实发工资=应发工资-应扣工资）

（3）求出"工资表"中除"编号"和"姓名"外其他栏目的平均数（小数取 2 位），并填入相应单元格中。

（4）将"工资表"中每个职工的内容按"应发工资"升序排列（不包括平均数所在行），并将应发工资最低的职工的所有内容的字体颜色改为蓝色。

（5）在"工资表"中利用公式统计 4000≤实发工资≤4100 的人数，并存放入 K2 单元格，并设置 K2 单元格格式为"常规"。

（6）在"工资表"后添加工作表 Sheet2，将"工资表"中 A 列到 I 列的内容复制到 Sheet2。

（7）对 Sheet2 工作表启用筛选，筛选出姓"李"或姓"陈"的且"基本工资"大于等于 3100 的数据行。其中筛选出姓"李"或姓"陈"的，要求采用自定义筛选方式。

11.2.4.2　任务 4 的操作过程

（1）复制工作表。

1）选择 Sheet1，按 Ctrl+A 快捷键全选工作表，按 Ctrl+C 快捷键复制；单击 Excel 底部工作表标签，切换至 Sheet2，按 Ctrl+V 快捷键粘贴即可完成复制。

2）双击 Excel 底部工作表 Sheet1 标签，将其修改标签为"工资表"，按回车键确定。

（2）单元格求和及求差。

1）选择"工资表"，单击 G3 单元格，按要求输入公式"=C3+D3+E3+F3"。按回车键

Excel 任务 4
视频

Excel 任务 4
源文件

确定，再双击 G3 单元格右下角的填充柄，完成全部"应发工资"的公式计算。

2）单击 I3 单元格，按要求输入公式"=G3.H3"。再按回车键确定，然后双击 I3 单元格右下角的填充柄，完成全部"实发工资"的公式计算。

（3）求平均数及保留小数位数。

1）选择工资表，单击 C103 单元格，编辑公式计算平均分"=AVERAGE(C3:C102)"。

2）右击 C103 单元格，选择"设置单元格格式"，在打开的对话框中设置"分类"为"数值"，设置"小数位数"为 2，其他默认，单击"确定"按钮。

3）选中 C103 单元格的填充柄，按住鼠标左键往右填充至 I103 单元格，完成相关设置。

（4）排序。

1）选择 A1:I102 区域，单击功能区中的"数据"→"排序"。在打开的对话框中"主要关键字"选择"应发工资"，"次序"选择"升序"，单击"确定"按钮，完成排序，如图 11.26 所示。

2）选中排序后应发工资最低的职工的所有内容（第 3 行），单击功能区中的"开始"→"字体"，选择蓝色。

（5）COUNTIFS 函数多个条件统计。

选择 K2 单元格，输入公式"=COUNTIFS(I3:I102,">=4000",I3:I102,"<=4100")"。按回车键确定，得到统计结果为 9，如图 11.27 所示。

图 11.26 "排序"对话框设置   图 11.27 COUNTIFS 函数参数设置

COUNTIFS 是一个支持多条件设定范围的统计函数，本例中实现了在一个公式中统计 4000≤实发工资≤4100 的人数的计算。

默认的 K2 单元格格式即为"常规"。

（6）新增工作表及复制。

1）单击 Excel 底部的"新工作表"按钮，添加新工作表 Sheet2，确保工作表顺序为 Sheet1、工资表、Sheet2。

2）单击"工资表"标签，选择 A～I 列内容；按 Ctrl+C 快捷键进行复制；单击 Sheet2 工作表标签，按 Ctrl+V 快捷键完成粘贴。

（7）筛选功能及通配符*。

1）选择 Sheet2 工作表，单击功能区中的"数据"→"筛选"，进行自动筛选。

2）单击"姓名"列下拉框，选择"文本筛选"→"自定义筛选"，打开"自定义自动筛选方式"对话框，如图 11.28 所示，设置姓名"开头是""李*""或""开头是""陈*"。

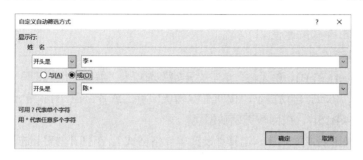

图 11.28　"自定义自动筛选方式"对话框设置

3）单击"基本工资"列下拉框，选择"数字筛选"→"大于或等于"。在打开的对话框中输入 3100，单击"确定"按钮即可。最终的筛选结果如图 11.29 所示。

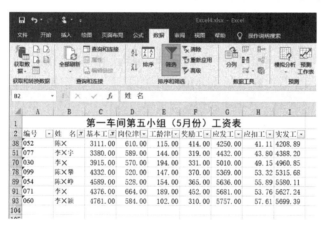

图 11.29　自动筛选结果

11.2.5　任务 5：处理"全年销售量统计表"表格

11.2.5.1　任务 5 的操作要求

（1）求出 Sheet1 表中每项产品全年平均月销售量并填入"平均"行相应单元格中（小数取 2 位）。

（2）将 Sheet1 表中的数据复制到 Sheet2，求出 Sheet2 中每月总销售量并填入"总销售量"列相应单元格中。

（3）将 Sheet2 表中的内容按总销售量降序排列（不包括平均数）。

（4）将 Sheet1 表套用表格格式为"红色，表样式中等深浅 3"（不包括文字"2012年全年销售量统计表"）。

（5）在 Sheet2 工作表总销量的右侧增加 1 列，在 Q3 单元格中填入"超过 85 的产品数"，并统计各月销量超过 85（含 85）的产品品种数填入 Q 列相应单元格。

Excel 任务 5
视频

Excel 任务 5
源文件

（6）在 Sheet2 工作表后添加工作表 Sheet3，将 Sheet2 的 A3:A15 及 P3:P15 的单元格内容复制到 Sheet3。

（7）对 Sheet3 工作表，对月份采用自定义序列"一月""二月"……次序排序。

（8）对 Sheet3 中数据，产生二维簇状柱形图。其中"一月""二月"等为水平（分类）轴标签。"总销售量"为图例项，并要求添加对数趋势线。图表位置置于 D1:K14 区域。

11.2.5.2　任务 5 的操作过程

（1）设置单元格格式。

1）选中 Sheet1 的 B16 单元格，单击"开始"选项卡"编辑"组的∑下拉框，单击"平均值"按钮；按 Excel 自动提示，按回车键确认即可。或者，在 B16 单元格中输入公式"=AVERAGE(B4:B15)"，按回车键确认即可。

2）选择 B16 单元格，右击，选择"设置单元格格式"。在打开的对话框中选择"分类"为"数值"，"小数位数"设置为 2，单击"确定"按钮。

3）选择 B16 单元格右下角的填充柄，向右填充至 O16 单元格，完成"平均"行的计算操作。

（2）工作表复制及 SUM 函数求和。

1）选择 Sheet1 表，按 Ctrl+A 快捷键全选工作表；按 Ctrl+C 快捷键复制；最后，切换至 Sheet2 表，按 Ctrl+V 快捷键粘贴即可。

2）选中 P4 单元格，单击"开始"选项卡"编辑"组的∑下拉框，单击"求和"按钮；按 Excel 自动提示 [公式内容为"=SUM(B4:O4)"]，按回车键确认即可。

3）选择 P4 单元格右下角的填充柄，向下填充至 P15 单元格，完成"总销售量"行的计算操作。

（3）排序功能。单击总销售量的某个单元格，如 P5；单击功能区中的"开始"→"编辑"→"排序和筛选"→"降序"，Sheet2 表中的内容完成排序（底部的"平均"行内容不受影响）。

（4）套用表格样式。单击 Sheet1 表的某个数据单元格，如 H5；单击功能区中的"开始"→"样式"→"套用表格格式"→"红色，表样式中毒等深浅"，Sheet1 表内容完成表格格式套用（不包括文字"2012 年全年销售量统计表"）。

（5）条件计数 COUNTIF 函数。

1）选中 Sheet2 的 Q3 单元格，填入"超过 85 的产品数"，按回车键确认。

2）选中 Q3 单元格，单击"*fx*"按钮，找到 COUNTIF 函数，并打开函数参数对话框，如图 11.30 所示。输入"Range"内容为 B4:O4，输入"Criteria"内容为">=85"（注意使用英文双引号），单击"确定"按钮。也可以在公式编辑栏中直接输入公式"=COUNTIF(B4:O4,">=85")"。

3）选择 Q4 单元格右下角的填充柄，向下填充至 Q15 单元格，完成"超过 85 的产品数"列的公式统计应用。

（6）新建工作表及复制。

1）单击工作簿底部的"新工作表"按钮，创建 Sheet3 表；如有需要，拖曳工作表标签，使之排列为 Sheet1、Sheet2、Sheet3。

2）选择表 Sheet2 的 A3:A15，并按下 Ctrl 键单击 P3 单元格，松开 Ctrl 键，按下 Shift 键并单击 P15 单元格，松开 Shift 键，按 Ctrl+C 快捷键复制；在 Sheet3 表中，单击 A1 单元格，按 Ctrl+V 快捷键粘贴，完成复制。

（7）自定义排序。

1）单击 Sheet3 工作表的 A1:B13 区域的某个单元格，如 A3；单击功能区中的"开始"→"排序和筛选"→"自定义排序"，打开"排序"对话框，如图 11.31 所示。

图 11.30　设置 COUNTIF 函数参数　　　　图 11.31　"排序"对话框

2）设置"主要关键字"为"月份"，单击次序的下拉列表，选择"自定义序列"；在打开的对话框中，选择"一月，二月，三月，四月，五月，六月，…"，单击"确定"按钮，如图 11.32 所示。

3）最后，单击"排序"对话框中的"确定"按钮，Sheet3 工作表的内容完成自定义序列排序。

（8）根据表格数据生成二维簇状柱形图。

1）单击 Sheet3 表中数据的任一单元格，单击功能区中的"插入"→"图表"→"二维簇状柱形图"，自动生成图表。

2）单击新生成的图表，再单击功能区中的"图表工具"→"设计"→"数据"→"选择数据"，打开"选择数据源"对话框，如图 11.33 所示。确认"水平（分类）轴标签"为"一月""二月"等，"图例项（系列）"为"总销售量"。

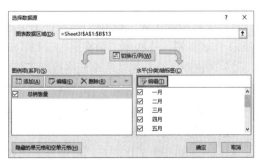

图 11.32　排序次序的自定义序列　　　　图 11.33　"选择数据源"对话框图表数据源设置

3）单击新生成的图表，再单击功能区中的"图表工具"→"设计"→"添加图表元素"→"趋势线"→"其他趋势线选项"。在"设置趋势线格式"任务窗格中，单击"对数"。

4）拖曳图表，调整大小，使其位于 D1:D14 区域，如图 11.34 所示。

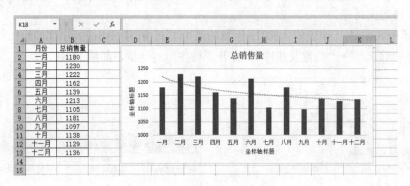

图 11.34　二维簇状柱形图完整显示

11.2.6　任务 6：处理"出货单"表格

11.2.6.1　任务 6 的操作要求

（1）将 Sheet1 表中的数据复制到 Sheet2 和 Sheet3 表中，并将 Sheet1 更名为"出货单"。

（2）将 Sheet3 表的第 5 行至第 7 行及"规格"列删除。

（3）将 Sheet3 表中单价低于 50（不含 50）的商品单价上涨 10%（小数位取两位）。将上涨后的单价放入"调整价"列，根据"调整价"重新计算相应"货物总价"（小数位取两位）。

（4）将 Sheet3 表中的数据按"货物量"降序排列。

（5）在 Sheet2 表的 G 列后增加一列"货物量估算"，要求利用公式统计每项货物属于量多，还是量少。条件是：如果货物量≥100，显示"量多"，否则显示"量少"。

（6）在 Sheet3 工作表后添加工作表 Sheet4、Sheet5，将"出货单"的 A～G 列分别复制到 Sheet4 和 Sheet5。

（7）对 Sheet4 表，删除"调整价"列，进行筛选操作，筛选出单价最高的 30 项。

（8）对 Sheet5 表，进行筛选操作，筛选出名称中含有"垫"（不包括引号）字的商品。

11.2.6.2　任务 6 的操作过程

（1）新建工作表，工作表重命名。

1）选择 Sheet1 表，按 Ctrl+A 快捷键全选工作表，按 Ctrl+C 快捷键复制；单击 Excel 底部工作表标签，依次单击切换至 Sheet2、Sheet3 表，按 Ctrl+V 快捷键粘贴内容。

2）若出现粘贴后的某些单元格数据不能完整显示只显示"#"符号时，可以选择功能区中的"开始"→"单元格"→"格式"→"自动调整列宽"，即可完整显示内容。

3）双击 Excel 底部工作表 Sheet1 标签，将其修改标签为"出货单"，按回车键确定。

（2）删除不连续的行或列。

1）单击 Sheet3 工作表左侧的行号 5 再按住 Shift 键，并单击行号 7；然后松开 Shift 键再按住 Ctrl 键，完成行区域的选择。

2）在选中区域中，右击，选择"删除"，即完成行区域的删除。要注意的是，删除相关行后，Excel 会自动把下面的行进行填充，务必防止再次执行删除操作而导致误删。

3）与行删除操作类似。单击"规格"列的列号 C，在选中区域中，右击，选择"删除"，即完成列区域的删除。

（3）数值上涨 10%。

1）单击 Sheet3 工作表"单价"列中的任一单元格，如 C5 单元格；单击功能区中的"开始"→"编辑"→"排序和筛选"→"筛选"。

2）在"单价"列的下拉框中选择"数字筛选"→"小于"，打开"自定义自动筛选方式"对话框；设置单价"小于""50"，单击"确定"按钮，完成筛选。

3）单击"调整价"列中的 D2 单元格，输入公式"=C2*(1+10%)"。确定后，双击 D2 单元格右下角的填充柄，完成对应调整价的上涨 10%计算。选择已重新计算的"调整价"单元格，右击，选择"设置单元格格式"。在打开的对话框中选择"数字"选项卡，"分类"选择"数值"，设置"小数位数"为 2，其余默认，单击"确定"按钮。

4）选择"货物总价"列的第一个单元格 F2，输入公式"=D2*E2"。确定后，双击 F2 单元格右下角的填充柄，完成重新计算"货物总价"。

5）选择"货物总价"的单元格区域，右击，选择"设置单元格格式"。在打开的对话框中选择"数字"选项卡，"分类"选择"数值"，设置"小数位数"为 2，其余默认，单击"确定"按钮。

6）完成上述操作后，再单击功能区中的"开始"→"编辑"→"排序和筛选"→"筛选"，取消筛选状态，确保后续其他操作的正常使用。

（4）排序。单击 Sheet3 表"货物量"列的某个单元格，如 E5 单元格；单击功能区中的"开始"→"编辑"→"排序和筛选"→"降序"，Sheet3 表内容完成降序排序。

此时可见，E2 单元格显示为"300"，E97 单元格显示为"2"。

（5）IF 函数应用。

1）选中 Sheet2 的 H1 单元格，填入"货物量估算"，按回车键确认。

2）选中 H2 单元格，单击"*fx*"按钮，打开公式编辑对话框，或在公式编辑栏中直接输入如下公式"=IF(F2>=100,"量多","量少")"。

3）选择 H2 单元格右下角的填充柄双击，向下填充至 H100 单元格，完成公式统计。

（6）新建工作表及复制单元格。

1）单击工作簿底部"新工作表"按钮，添加 Sheet4、Sheet5；如有需要，拖曳工作表标签，使之排列为出货单、Sheet2、Sheet3、Sheet4、Sheet5。

2）选择　"出货单"表的 A:G 列，按 Ctrl+C 快捷键复制；依次在 Sheet4、Sheet5 表中，单击 A1 单元格，按 Ctrl+V 快捷键粘贴，完成复制。

（7）自动筛选。

1）选择 Sheet4 表，单击"调整价"列的列号 E，在选中区域中，右击，选择"删除"，即完成列区域的删除。

2）单击功能区中的"开始"→"编辑"→"排序和筛选"→"筛选"，打开"单价"列下拉框，选择"数字筛选"→"前 10 项"，打开如图 11.35 所示对话框。在对话框中进

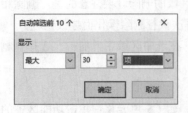

图 11.35　自动筛选设置

行相应修改设置：最大、30、项，单击"确定"按钮。完成筛选。

（8）筛选功能。选择 Sheet5，单击功能区中的"开始"→"编辑"→"排序和筛选"→"筛选"。打开"名称"列下拉框，选择"文本筛选"→"包含"，在打开的对话框中设置"包含""垫"，单击"确定"按钮，完成筛选。

11.2.7　任务 7：处理"线材库存表"表格

Excel 任务 7
视频

Excel 任务 7
源文件

11.2.7.1　任务 7 的操作要求

（1）在 Sheet1 表后插入工作表 Sheet2 和 Sheet3，并将 Sheet1 中的内容复制到 Sheet2 和 Sheet3 表中。

（2）将 Sheet2 表第 2、4、6、8、10 行及 A 列和 C 列删除。

（3）在 Sheet3 表第 E 列的第一个单元格中输入"总价"，并求出对应行相应总价，保留两位小数（总价=库存量×单价）。

（4）对 Sheet3 表设置套用表格格式为"白色，表样式浅色 1"格式，各单元格内容水平对齐方式为"居中"，各列数据以"自动调整列宽"方式显示，各行数据以"自动调整行高"方式显示。

（5）在 Sheet3 表中利用公式统计单价>25 的货物的总价和，并放入 G2 单元格。

（6）在 Sheet3 表工作表后添加工作表 Sheet4，将 Sheet1 表的 A～D 列复制到 Sheet4 表。

（7）在 Sheet4 表中，以"库存量"为第一关键字（降序）、"单价"为第二关键字（升序）对数据行进行排序。

11.2.7.2　任务 7 的操作过程

（1）新建工作表并复制。

1）单击工作簿底部的"新工作表"按钮，添加 Sheet2、Sheet3 表；如有需要，拖曳工作表标签，使之排列为 Sheet1、Sheet2、Sheet3。

2）选择 Sheet1，按 Ctrl+A 快捷键全选工作表，按 Ctrl+C 快捷键复制；单击 Excel 底部工作表标签，单击依次切换至 Sheet2、Sheet3，按 Ctrl+V 快捷键粘贴即可完成复制。

（2）删除不连续的行或列。

1）单击 Sheet2 工作表左侧的行号 2，再按住 Ctrl 键，并依次单击行号 4、6、8、10；然后松开 Ctrl 键，完成行区域的选择；在选中的区域中，右击，选择"删除"，即完成行区域的删除。

2）与行删除操作类似，单击"规格"列的列号 A，再按住 Ctrl 键，再单击列号 C；在选中区域中，右击，选择"删除"，即完成列区域的删除。

（3）乘法运算。

1）单击 Sheet3 表的 E1 单元格，输入"总价"，按回车键确定；再选择"总价"列的第一个单元格 E2，输入公式"=C2*D2"。按回车键确定；然后双击 E2 单元格右下角的填充柄，完成"总价"列的计算。

2）选择当前"总价"列的数据单元格区域，右击，选择"设置单元格格式"。在打开的对话框中选择"数字"选项卡，"分类"选择"数值"，设置"小数位数"为 2，其余默认，单击"确定"按钮即可。

（4）套用表格样式。

1）单击 Sheet3 表的某个数据单元格，如 B5 单元格；单击功能区中的"开始"→"样式"→"套用表格格式"→"白色，表样式浅色 1"，Sheet3 表内容完成表格格式套用。

2）在完成格式套用后的选定状态，单击功能区中的"开始"→"对齐方式"→"居中"，实现水平居中对齐；依次单击功能区中的"开始"→"单元格"→"格式"→"自动调整列宽"，再依次单击"开始"→"单元格"→"格式"→"自动调整行高"，完成相关设置。

（5）条件求和 SUMIF 函数。单击 Sheet3 表中的 G2 单元格，输入公式"=SUMIF(D2:D100,">25",E2:E100)"。按回车键确定，完成公式统计计算。

（6）新建工作表及复制。

1）单击工作簿底部的"新工作表"按钮，添加 Sheet4 表；如有需要，拖曳工作表标签，使之排列为 Sheet1、Sheet2、Sheet3、Sheet4。

2）选择表 Sheet1 中的 A:D 列，按 Ctrl+C 快捷键复制；在 Sheet4 表中，单击 A1 单元格，按 Ctrl+V 快捷键粘贴，完成复制。

（7）多关键字排序。

1）单击功能区中的"开始"→"编辑"→"排序和筛选"→"自定义排序"，打开"排序"对话框。

2）设置"主要关键字"为库存量、降序；单击"添加条件"按钮，设置"次要关键字"为单价、升序。单击"确定"按钮，完成排序，如图 11.36 所示。

图 11.36　"排序"对话框设置

11.2.8　任务 8：处理"计算机书籍销售周报表"表格

11.2.8.1　任务 8 的操作要求

（1）将 Sheet1 表中的内容复制到 Sheet2 表中，并将 Sheet1 更名为"销售报表"。

（2）在 Sheet2 表的第 6 行后增加一行："计算机病毒，50，80，40，20，45"。

（3）在 Sheet2 表的 G2 单元格中输入"小计"，在 A126 单元格中输入"合计"，求出第 G 列和第 126 行有关统计值（G126 单元格不计算）。

（4）将 Sheet2 表中的内容复制到 Sheet3 表，在 Sheet3 表中对各种书按小计值降序排列（"合计"行不动）。

Excel 任务 8
视频

（5）在 Sheet2 表中利用公式统计周销售量在 650 以上（含 650）的图书种类，并把数据放入 J2 单元格。

（6）在 Sheet3 工作表后添加工作表 Sheet4，将 Sheet2 表中第 2 行和"合计"行中的内容复制到 Sheet4 表。

（7）对 Sheet4 表，删除"小计"列及右边各列，在 A1 单元格中输入"图书"（不包括引号）。对星期一到星期五的数据，生成"分离型三维饼图"，要求：

1）图例项为"星期一、星期二、…、星期五"（图例项位置默认）。

Excel 任务 8
源文件

2）图表标题改为"图书合计"，并添加数据标签。

3）数据标签格式为值和百分比（如 1234，15%）。

4）将图表置于 A6:G20 的区域。

11.2.8.2 **任务 8 的操作过程**

（1）新建工作表与复制。

1）选择表 Sheet1，按 Ctrl+A 快捷键全选，按 Ctrl+C 快捷键复制；在 Sheet2 表中，单击 A1 单元格，按 Ctrl+V 快捷键粘贴，完成复制。

2）双击 Excel 底部工作表 Sheet1 标签，修改标签为"销售报表"，按回车键确定。

（2）插入空白行。

1）选择 Sheet2 表中的第 7 行，右击，选择"插入"，此时会在第 6 行后产生一个空白行。注意，此时的 A6 单元格为"多媒体教程（二）"，A7 单元格空白。

2）在 A7～F7 单元格中，依次输入内容"计算机病毒，50，80，40，20，45"。

（3）利用 SUM 函数求和。

1）单击 Sheet2 表的 G2 单元格，输入"小计"，按回车键确定；再选择"小计"列的第一个单元格 G3，输入公式"=SUM(B3:F3)"。

按回车键确定，然后双击 G3 单元格右下角的填充柄，填充至 G125 单元格，完成"小计"计算。

2）单击 Sheet2 表的 A126 单元格，输入"合计"，按回车键确定；再选择 B126 单元格，输入公式"=SUM(B3:B125)"。

按回车键确定，然后拖动 B126 单元格右下角的填充柄，填充至 G126 单元格，完成"合计"计算。

（4）排序。

1）选择表 Sheet2，按 Ctrl+A 快捷键全选，按 Ctrl+C 快捷键复制；在 Sheet3 表中，单击 A1 单元格，按 Ctrl+V 快捷键粘贴，完成复制。

2）单击 Sheet3 表"小计"列的某个单元格，如 G5 单元格；单击功能区中的"开始"→"编辑"→"排序和筛选"→"降序"，Sheet3 表内容完成降序排序。

（5）利用 COUNTIF 函数统计。单击 Sheet2 表的 J2 单元格，输入公式"=COUNTIF(G3:G125，">=650")"。按回车键确定，单元格 J2 显示为"29"，完成公式统计。

（6）新建工作表及复制。

1）单击工作簿底部的"新工作表"按钮，添加 Sheet4；如有需要，拖曳工作表标签，使之排列为销售报表、Sheet2、Sheet3、Sheet4。

2）选择表 Sheet2 的第 2 行、"合计"行，按 Ctrl+C 快捷键复制；在 Sheet4 表中，单击 A1 单元格，按 Ctrl+V 快捷键粘贴，完成复制。

（7）根据工作表数据生成分离性饼图。

1）删除 Sheet4 的 G2 单元格内容"小计"，单击 A1 单元格，输入"图书"，按回车键确定。

2）单击数据单元格，再单击功能区中的"插入"→"图表"→"三维饼图"，自动生成图表。

3）单击新生成的图表，再单击功能区中的"图表工具—设计"→"数据"→"选择数据"，打开"选择数据源"对话框。确认"水平（分类）轴标签"为"星期一""星期二"等。

4）单击新生成的图表，把图表标题从默认的"合计"改为"图书合计"；单击功能区中的"图表工具—设计"→"添加图表元素"→"数据标签"→"数据标签内"；在"设置数据标签格式"任务窗格中，勾选"值""百分比"，取消其他项的勾选。

5）拖曳图表，调整大小，使其位于 A6:G20 区域，最终效果如图 11.37 所示。

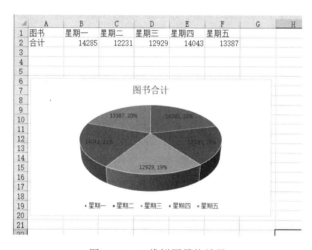

图 11.37　三维饼图最终效果

11.2.9　任务 9：处理"工资表"表格——条件格式

11.2.9.1　任务 9 的操作要求

（1）将工作表 Sheet1 中的内容复制到 Sheet2 中，并将 Sheet1 更名为"工资表"。

（2）在 Sheet2 表的"叶×"所在行后增加一行"邹×萍，2600，700，750，150"。

（3）在 Sheet2 表的第 F 列第 1 个单元格中输入"应发工资"，F 列其余单元格存放对应行"岗位工资""薪级工资""业绩津贴""基础津贴"之和。

（4）将 Sheet2 表中"姓名"和"应发工资"两列复制到 Sheet3 中。

（5）在 Sheet2 表中利用公式统计应发工资≥4500 的人数，并把数据放入 H2 单元格。

（6）在 Sheet3 工作表后添加工作表 Sheet4，将 Sheet2 的 A～F 列复制到 Sheet4 表。对 Sheet4 表中的应发工资列设置条件格式，凡是低于 4000 的，一律显示为红色。

Excel 任务 9
视频

Excel 任务 9
源文件

11.2.9.2　任务 9 的操作过程

（1）复制工作表及重命名。

1）选择表 Sheet1，按 Ctrl+A 快捷键全选，按 Ctrl+C 快捷键复制；在 Sheet2 表中，单击 A1 单元格，按 Ctrl+V 快捷键粘贴，完成复制。

2）双击 Excel 底部工作表 Sheet1 标签，修改标签为"工资表"，按回车键确定。

（2）插入空白行。

1）选择 Sheet2 表中的第 6 行，右击，选择"插入"，此时会在第 5 行后产生一个空白行。注意，此时的 A5 单元格为"叶×"，A6 单元格空白。

2）在 A6～E6 单元格中，依次输入内容"邹×萍，2600，700，750，150"。

（3）利用 SUM 函数求和。单击 Sheet2 表的 F1 单元格，输入"应发工资"，按回车键确定；再选择"应发工资"列的第一个单元格 F2，输入公式"=SUM(B2:E2)"。

按回车键确定，然后双击 F2 单元格右下角的填充柄，填充至 F101 单元格，完成"应发工资"计算。

（4）复制不连续的两列。在 Sheet2 表中，按住 Ctrl 键，单击列号 A、F，按 Ctrl+C 快捷键复制；单击 Sheet3 的 A1 单元格，按 Ctrl+V 快捷键粘贴，完成复制。

（5）利用 COUNTIF 函数统计。单击 Sheet2 表的 H2 单元格，输入公式"=COUNTIF(F2:F101,">=4500")"。按回车键确定，单元格 H2 显示为"78"，完成公式统计。

（6）条件格式。

1）单击工作簿底部的"新工作表"按钮，添加 Sheet4 表；如有需要，拖曳工作表标签，使之排列为工资表、Sheet2、Sheet3、Sheet4。

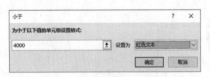

图 11.38　条件格式设置

2）选择表 Sheet2 的 A～F 列，按 Ctrl+C 快捷键复制；在 Sheet4 表中，单击 A1 单元格，按 Ctrl+V 快捷键粘贴，完成复制。

3）选择"应发工资"列 F2:F101 区域，单击"开始"→"条件格式"→"突出显示单元格规则"→"小于"，在打开的对话框中按要求设置单元格格式，如图 11.38 所示，确定完成。

11.2.10　任务 10：处理"库存表"表格

Excel 任务 10 视频

Excel 任务 10 源文件

11.2.10.1　任务 10 的操作要求

（1）将"库存表"中除仪器名称仅为"万用表"的行外，全部复制到 Sheet2 表中。

（2）将 Sheet2 表中名称仅为"电流表"和"压力表"的"库存"分别改为 20 和 30，并重新计算"库存总价"（库存总价=库存×单价）。

（3）将"库存表"中"仪器名称""单价""库存"三列复制到 Sheet3 中，并将 Sheet3 设置套用表格格式为"红色，表样式浅色 10"格式。

（4）将 Sheet2 表"库存总价"列宽调整为 10，设置"进货日期"的列宽为"自动调整列宽"，并按"库存总价"降序排列。

（5）在 Sheet2 表中利用公式统计库存量小于 10 的仪器种类数，并把数据放入 H2 单元格。

（6）在 Sheet3 工作表后添加工作表 Sheet4，将 Sheet2 的 A 到 F 列中的内容复制到 Sheet4。

（7）对 Sheet4 表进行高级筛选，筛选出单价大于等于 1000 的或库存大于等于 60 的数据行（提示：在原有区域显示筛选结果，高级筛选的条件可以写在 H 和 I 列的任意区域）。

11.2.10.2　任务 10 的操作过程

（1）复制行。全选"库存表"，按 Ctrl+C 快捷键复制；在 Sheet2 表中，单击 A1 单元格，按 Ctrl+V 快捷键粘贴；再单击 Sheet2 表中"万用表"所在的行号 4，删除该行，完成复制。若出现单元格的数据不能完整显示只显示"#"符号时，可以单击功能区中的"开始"→"单元格"→"格式"→"自动调整列宽"，即可完整显示内容。

（2）乘法运算。将 Sheet2 表的"电流表"的"库存"单元格 E2（可用筛选的方法）改为 20，按回车键确定；再选择 F2 单元格，输入公式"=E2*D2"。

按回车键确定，同样方法重新计算"压力表"的"库存总价"。

（3）套用表格样式。

1）在"库存表"中按住 Ctrl 键，单击"仪器名称""单价""库存"三列所在的列号 B、D、E；再按 Ctrl+C 快捷键复制；在 Sheet3 表中，单击 A1 单元格，按 Ctrl+V 快捷键粘贴，完成复制。

2）单击 Sheet3 表的某个数据单元格，如 B5；单击功能区中的"开始"→"样式"→"套用表格格式"→"红色，表样式浅色 10"，Sheet3 表内容完成表格格式套用。

（4）设置格式及排序。

1）单击 Sheet2 表"库存总价"列号 F，单击功能区中的"开始"→"格式"→"列宽"。在打开的对话框中输入 10，确定；单击"进货日期"列号 C，再单击功能区中的"开始"→"格式"→"自动调整列宽"。

2）单击 Sheet2 表"库存总价"列的某个单元格，如 F5；单击功能区中的"开始"→"编辑"→"排序和筛选"→"降序"，Sheet3 表内容完成降序排序。

此时可见，B2 单元格显示为"高精度噪音计"，F2 单元格显示为"105270"。

（5）COUNTIF 函数统计。单击 Sheet2 表中的 H2 单元格，输入公式"=COUNTIF(E2:E101,"<10")"。按回车键确定，单元格 H2 显示为"11"，完成公式统计。

（6）新建工作表及复制。

1）单击工作簿底部的"新工作表"按钮，添加 Sheet4 表；如有需要，拖曳工作表标签，使之排列为库存表、Sheet2、Sheet3、Sheet4。

2）选择 Sheet2 表的 A 到 F 列，按 Ctrl+C 快捷键复制；在 Sheet4 表中，单击 A1 单元格，按 Ctrl+V 快捷键粘贴，完成复制。

（7）高级筛选。

1）选择 Sheet4 表，创建条件区域，如设置 H1 单元格为"单价"，I1 单元格为"库存"，H2 单元格为">=1000"，I3 单元格为">=60"。注意两个"或者"条件的单元格设计。

2）单击 Sheet4 表数据表中的任一单元格，如 C5，单击功能区中的"数据"→"排序和筛选"→"高级"，在打开的对话框中"列表区域"系统会自动框选；"条件区域"，选择上述自建区域 H1:I3，其他默认设置。

单击"确定"按钮，高级筛选的结果如图 11.39 所示。

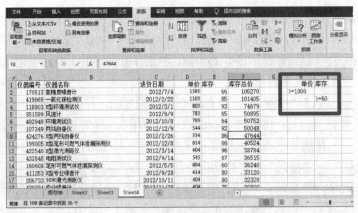

图 11.39　高级筛选后的结果

11.2.11　任务 11：处理"材料表"表格

11.2.11.1　任务 11 的操作要求

（1）将 Sheet1 表中的内容复制到 Sheet2 和 Sheet3 表中，并将 Sheet1 更名为"材料表"。

（2）将 Sheet3 表中"物质编号"和"物质名称"分别改为"编号"和"名称"，为"比重"（D1 单元格）添加批注，文字是"15.6 至 21℃"，并将所有比重等于 1 的行删除。

（3）在 Sheet2 表的 A90 单元格中输入"平均值"，并求出 D、E 两列相应的平均值。

（4）在 Sheet2 表的第 1 行前插入标题行"常用液体、固体、气体比重-比热表"，并设置为楷体，字号 20，合并 A1～E1 单元格，以及设置水平对齐方式为居中，并设置 A～E 列的列宽为 12。

（5）在 Sheet2 表中，利用公式统计液态物质种类，并把统计数据放入 G1 单元格。

（6）在 Sheet3 表后添加工作表 Sheet4，将"材料表"中的内容复制到 Sheet4 表。

（7）对 Sheet4 表采用高级筛选，筛选出比重在 1～1.5（含 1 和 1.5），或比热大于等于 4.0 的数据行。

11.2.11.2　任务 11 的操作过程

（1）复制工作表。

1）全选 Sheet1，按 Ctrl+C 快捷键复制；依次在 Sheet2、Sheet3 表中，单击 A1 单元格，按 Ctrl+V 快捷键粘贴，完成复制。若出现单元格的数据不能完整显示只显示"#"符号时，可以单击功能区中的"开始"→"单元格"→"格式"→"自动调整列宽"，即可完整显示内容。

2）双击 Excel 底部工作表 Sheet1 标签，修改标签为"材料表"，按回车键确定。

（2）新建批注及删除行。

1）依次单击 Sheet3 表中"物质编号""物质名称"的单元格 A1、B1，分别改为"编号"和"名称"。

2）右击 D1 单元格，选择"插入批注"，输入内容"15.6 至 21℃"。注意：关于符号"℃"的输入，可以单击功能区中的"插入"→"符号"，打开"符号"对话框。其中，选择符号的"子集"为"类似字母的符号"，即可找到该符号并插入，或者直接用中文拼音输入"sheshidu"，也能弹出该符号选择插入。

3）选择"比重"列进行自动筛选，打开"比重"下拉框，选择"数字筛选"→"等于"。在打开的对话框中输入数值1，单击"确定"按钮。筛选后，选择相关记录的行号，右击，选择"删除行"。单击功能区中的"开始"→"排序和筛选"→"筛选"，取消自动筛选状态即可。

（3）利用 AVERAGE 函数求平均。

先选中 Sheet2 表的 A90 单元格，输入文字"平均值"，再单击 D90 单元格，然后单击"开始"选项卡"编辑"组中的∑下拉框，单击"平均值"按钮。或者，在 D90 单元格中输入公式"=AVERAGE(D2:D89)"。

按回车键确认即可。同样方法，完成 E90 单元格的平均值计算，也可以双击 D90 单元格的填充柄完成。

（4）设置单元格格式。

1）选中 Sheet2 表的行号 1，右击，选择"插入"，并在 A1 单元格中输入文字"常用液体、固体、气体比重-比热表"。选择 A1:E1 区域，单击功能区中的"开始"→"合并后居中"，再单击功能区的"开始"→"字体"，设置字体和字号。

2）选择列号 A:E，单击功能区中的"开始"→"格式"→"列宽"。在打开的对话框中设置数值为 12，确定后完成。

（5）利用 COUNTIF 函数统计。单击 Sheet2 表中的 G1 单元格，输入公式"=COUNTIF(C3:C90,"液")"。按回车键确定，单元格 G1 显示为"53"，完成公式统计。

（6）新建工作表及复制。

1）单击工作簿底部的"新工作表"按钮，添加 Sheet4 表；如有需要，拖曳工作表标签，使之排列为材料表、Sheet2、Sheet3、Sheet4。

2）选择"材料表"，按 Ctrl+A 快捷键全选，再按 Ctrl+C 快捷键复制。在 Sheet4 表中，单击 A1 单元格，按 Ctrl+V 快捷键粘贴，完成复制。

（7）高级筛选。

1）选择 Sheet4 表，创建条件区域，如设置 G1 和 H1 单元格为"比重"，I1 单元格为"比热"，G2 单元格为">=1"，H2 单元格为"<=1.5"，I3 单元格为">=4.0"（输入内容不含双引号）。注意："并且"条件必须同行输入，"或者"条件必须隔行输入。

2）单击 Sheet4 数据表中的任一单元格，如 C5，单击功能区中的"数据"→"排序和筛选"→"高级"。在打开的对话框中，列表区域系统会自动框选；"条件区域"选择上述自建区域 G1:I3，其他默认设置。

单击"确定"按钮，高级筛选的结果，如图 11.40 所示。

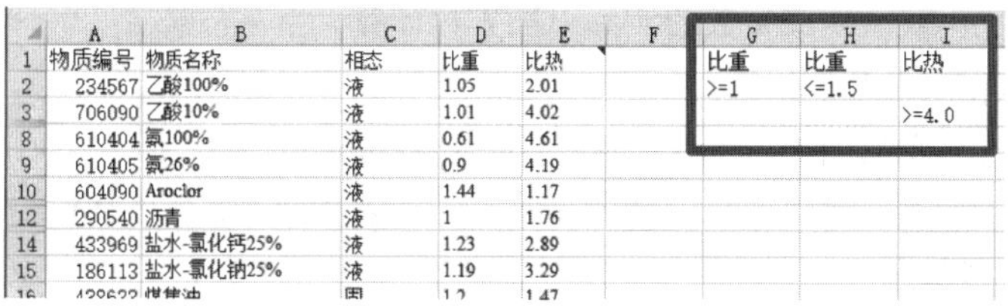

图 11.40　高级筛选后的结果

11.2.12 任务 12：处理"考勤表"表格

Excel 任务 12
视频

Excel 任务 12
源文件

11.2.12.1 任务 12 的操作要求

（1）求出 Sheet1 表中每班本周平均每天缺勤人数（小数取 1 位），并填入相应单元格中（本周平均缺勤人数=本周缺勤总数/5）。

（2）求出 Sheet1 表中每天实际出勤人数并填入相应单元格中。

（3）在 Sheet1 表后插入 Sheet2 表，将 Sheet1 表中的内容复制到 Sheet2 表，并重命名 Sheet2 为"考勤表"。

（4）在 Sheet1 表的第 1 行前插入标题行"年级周考勤表"，设置为隶书，字号 22，加粗，合并 A1 至 M1 单元格并设置水平居中显示。

（5）在 Sheet1 表的最后增加一行，输入文字为"缺勤班数"，利用公式在该行每天的"本日缺勤人数"中统计有缺勤的班级数（例如 C104 的统计值为 71）。

（6）在"考勤表"工作表后添加工作表 Sheet2，将 Sheet1 表中的第 2 行（"星期一"等所在行）和第 104 行（"缺勤班数"所在行）复制到 Sheet2。

（7）在 Sheet2 表中，删除 B、D、F、H、J、L、M 列，为周一到周五的缺勤班级数制作三维簇状柱形图，要求：

1）以星期一、星期二等为水平（分类）轴标签。

2）以"缺勤班数"为图例项。

3）图表标题使用"缺勤班数统计"（不包括引号）。

4）删除网格线。

5）设置坐标轴选项使其最小值为 0.0。

6）将图表放置于 A4:F15 的区域。

11.2.12.2 任务 12 的操作过程

（1）求平均数。

1）单击 Sheet1 表的 M3 单元格，输入公式"=(C3+E3+G3+I3+K3)/5"。按回车键确定，单元格 M3 显示为"0.40"。右击 M3 单元格，选择"设置单元格格式"。在打开的对话框中，选择"数字"选项卡，"分类"选择"数值"，"小数位数"设为 1，单击"确定"按钮。

2）双击 M3 单元格右下角的填充柄，填充至 M102 单元格，完成计算。

（2）减法运算。

1）单击 Sheet1 表的 D3 单元格，输入公式"=B3-C3"。按回车键确定，单元格 D3 显示为"49"；双击 D3 单元格右下角的填充柄，填充至 D102 单元格。

2）同样方法，依次完成每天的实际出勤人数计算。

（3）新建工作表及复制。

1）单击工作簿底部的"新工作表"按钮，添加 Sheet2 表。

2）全选 Sheet1 表，按 Ctrl+C 快捷键复制。在 Sheet2 表中，单击 A1 单元格，按 Ctrl+V 快捷键粘贴，完成复制。

3）双击 Excel 底部工作表 Sheet2 标签，修改标签为"考勤表"，按回车键确定。

（4）插入行及字体设置。

单击 Sheet1 表中的行号 1，右击，选择"插入"，并在 A1 单元格中输入文字"年级周考勤表"。选择 A1:M1 区域，单击功能区中的"开始"→"合并后居中"；再单击功能区中的"开始"→"字体"，设置为隶书，字号 22，加粗。

（5）利用 COUNTIF 函数统计。

单击 Sheet1 表中的 A104 单元格，输入文字"缺勤班数"；再单击 C104 单元格，输入公式"=COUNTIF(C4:C103,">0")"。

按回车键确定，单元格 C104 显示为"71"；复制 C104 单元格，在 E104、G104、I104 和 K104 单元格中粘贴，完成公式统计。

（6）新建工作表及复制。

1）单击工作簿底部的"新工作表"按钮，添加 Sheet2 表；如有需要，拖曳工作表标签，使之排列为 Sheet1、考勤表、Sheet2。

2）在 Sheet1 表中，选择第 2 行和第 104 行中的内容复制粘贴到 Sheet2 表中的 A1 开始的区域。

（7）根据工作表数据生成三维簇状柱形图。

1）选择 Sheet2 表中的列号 B、D、F、H、J、L、M，右击，选择"删除"。

2）单击数据单元格，再单击功能区中的"插入"→"图表"→"三维簇状柱形图"，自动生成图表。

3）单击新生成的图表，单击功能区中的"图表工具—设计"→"数据"→"选择数据"，打开"选择数据源"对话框，确认"水平（分类）轴标签"为"星期一""星期二"等。

4）单击新生成的图表，把图表标题从默认的"缺勤班数"改为"缺勤班数统计"。单击功能区中的"图表工具—设计"→"添加图表元素"→"网格线"→"更多网格线选项"，在"设置主要网格线格式"任务窗格中，选择"无线条"。

5）右击图表左侧的纵坐标数字，选择"设置坐标轴格式"。在 Excel 右侧的"设置坐标轴格式"任务窗格中，设置最小值为 0.0，按回车键。

6）拖曳图表，调整大小，使其位于 A4:F15 区域，如图 11.41 所示。

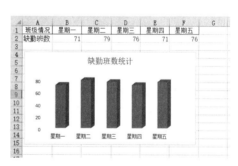

图 11.41　三维簇状柱形图最终效果

11.2.13　任务 13：处理"进货单"表格

11.2.13.1　任务 13 的操作要求

（1）将 Sheet1 表中的内容复制到 Sheet2 表中，并将 Sheet1 更名为"进货单"。

（2）将 Sheet2 表中"名称""单价""货物量"三列复制到 Sheet3 表中。

（3）对 Sheet3 表中的内容按"单价"升序排列。

Excel 任务 13
视频

Excel 任务 13
源文件

（4）将 Sheet2 表中的"波波球"的"单价"改为 38.5，并重新计算"货物总价"。

（5）在 Sheet2 表中，利用公式统计单价低于 50 元（不含 50 元）的货物种类数，并把数据存入 I2 单元格。

（6）在 Sheet3 工作表后添加工作表 Sheet4，将 Sheet2 表的 A～F 列中的内容复制到 Sheet4 表。

（7）对 Sheet4 表，设置 B 列宽度为 28，所有行高为"自动调整行高"；对"货物总价"列设置条件格式：凡是小于 10000 的，一律显示为红色；凡是大于等于 100000 的，一律填充黄色背景色。

11.2.13.2　任务 13 的操作过程

（1）复制工作表、修改工作表名。

1）全选 Sheet1 表，按 Ctrl+C 快捷键复制；在 Sheet2 表中，单击 A1 单元格，按 Ctrl+V 快捷键粘贴，完成复制。

2）双击 Excel 底部工作表 Sheet1 标签，修改标签为"进货单"，按回车键确定。

（2）复制不连续的列。在 Sheet2 表中，按住 Ctrl 键，单击列号 B、D、E，按 Ctrl+C 快捷键复制。在 Sheet3 表中，单击 A1 单元格，按 Ctrl+V 快捷键粘贴，完成复制。

（3）排序。单击 Sheet3 表"单价"列的某个单元格，如 B5；单击功能区中的"开始"→"编辑"→"排序和筛选"→"升序"，Sheet3 表内容完成降序排序。

（4）乘法运算。

1）单击 Sheet2 表中的 D44 单元格，修改为 38.5。

2）单击 F44 单元格，输入公式"=D44*E44"。

（5）利用 COUNTIF 函数计数。在 Sheet2 表中，单击 I2 单元格，输入公式"=COUNTIF(D2:D105,"<50")"。

（6）新建工作表及复制单元格。

1）单击工作簿底部的"新工作表"按钮，添加 Sheet4 表；如有需要，拖曳工作表标签，使之排列为进货单、Sheet2、Sheet3、Sheet4。

2）在 Sheet2 表中，选择列号 A:F，按 Ctrl+C 快捷键复制。在 Sheet4 表中，单击 A1 单元格，按 Ctrl+V 快捷键粘贴，完成复制。

（7）条件格式。

1）选择列号 B，单击功能区中的"开始"→"格式"→"列宽"，在打开的对话框中，设置数值 28，确定后完成；选择行号 1:105，单击功能区中的"开始"→"格式"→"自动调整行高"。

图 11.42　条件格式规则管理

2）选择"货物总价"列 F2:F105 区域，单击"开始"→"条件格式"→"管理规则"。在打开的对话框中，单击"新建规则"按钮，按要求设置单元格格式，设置如图 11.42 所示，单击"确定"按钮完成。

11.2.14　任务 14：处理"成绩表"表格——排序

11.2.14.1　任务 14 的操作要求

（1）在 Sheet1 表后插入工作表 Sheet2 和 Sheet3，并将 Sheet1 表中的内容复制到 Sheet2 中。

（2）在 Sheet2 表中，将学号为"131973"的学生的"微机接口"成绩改为 75 分，并在 G 列的右边增加 1 列"平均成绩"，求出相应的平均值，保留且显示两位小数。

Excel 任务 14
视频

（3）将 Sheet2 表中"微机接口"成绩低于 60 分的学生复制到 Sheet3 表中（连标题行）。

（4）对 Sheet3 表中的内容按"平均成绩"降序排列。

（5）在 Sheet2 表中利用公式统计"电子技术"60～69 分（含 60 和 69）的人数，将数据放入 J2 单元格。

（6）在 Sheet3 工作表后添加工作表 Sheet4，将 Sheet2 表中的 A～H 列复制到 Sheet4。

Excel 任务 14
源文件

（7）在 Sheet4 工作表的 I1 单元格中输入"名次"（不包括引号），下面的各单元格利用公式按平均成绩，从高到低填入对应的名次（说明：当平均成绩相同时，名次相同，取最佳名次）。

11.2.14.2　任务 14 的操作过程

（1）插入工作表及复制。

1）单击工作簿底部的"新工作表"按钮，添加 Sheet2、Sheet3 表；如有需要，拖曳工作表标签，使之排列为 Sheet1、Sheet2、Sheet3。

2）全选 Sheet1 表中的内容，按 Ctrl+C 快捷键复制。在 Sheet2 表中，单击 A1 单元格，按 Ctrl+V 快捷键粘贴，完成复制。

（2）查找单元格并修改，利用 AVERAGE 函数求平均。

1）在 Sheet2 表中，按 Ctrl＋F 快捷键，打开"查找和替换"对话框。在"查找内容"框中输入学号"131973"；查找定位后，将该学生"微机接口"成绩（G81 单元格）改为 75。

2）在 H1 单元格中输入文字"平均成绩"，单击 H2 单元格，输入公式"=AVERAGE(C2:G2)"。

按回车键确定，单元格 H2 显示为"67.8"；右击 H2 单元格，选择"设置单元格格式"。在打开的对话框中选择"数字"选项卡，"分类"选择"数值"，"小数位数"设为 2，单击"确定"按钮，单元格 H2 显示为"67.80"。

3）双击 H2 单元格右下角的填充柄，填充至 H101 单元格，完成计算。

（3）自动筛选。

1）在 Sheet2 表中，使用自动筛选，筛选出"微机接口"成绩低于 60 分的全部数据；选择标题行和相关数据，复制粘贴到 Sheet3 的 A1 单元格开始的区域，完成复制。

2）取消 Sheet2 表中的自动筛选，恢复正常显示。

（4）排序功能。

单击 Sheet3 表中"平均成绩"列的某个单元格，如 H5；单击功能区中的"开始"→"编辑"→"排序和筛选"→"降序"，Sheet3 表内容完成降序排序。

（5）利用 COUNTIFS 函数进行多个条件统计。

单击 Sheet2 表中的 J2 单元格，输入公式"=COUNTIFS(F2:F101,">=60",F2:F101,"<=69")"。

（6）新建工作表及复制。

1）单击工作簿底部的"新工作表"按钮，添加 Sheet4 表；如有需要，拖曳工作表标签，使之排列为 Sheet1、Sheet2、Sheet3、Sheet4。

2）在 Sheet2 表中，选择列号 A:H，按 Ctrl+C 快捷键复制。在 Sheet4 表中，单击 A1 单元格，按 Ctrl+V 快捷键粘贴，完成复制。

（7）利用 RANK.EQ 函数求名次。在 Sheet4 表的 I1 单元格中，输入文字"名次"，单击 I2 单元格，输入公式"=RANK.EQ(H2,$H$2:$H$101)"。

11.2.15　任务 15：处理"成绩表"表格——分类汇总

Excel 任务 15
视频

Excel 任务 15
源文件

11.2.15.1　任务 15 的操作要求

（1）在 Sheet1 表前插入工作表 Sheet2 和 Sheet3，使 3 张工作表次序为 Sheet2、Sheet3 和 Sheet1，并将 Sheet1 中的内容复制到 Sheet2 中。

（2）在 Sheet2 表的第 A 列之前增加一列"学号，0001，0002，0003，…，0100"（其中……为具体编号）。

（3）在 Sheet2 表的第 F 列后增加一列"平均成绩"，在最后一行后增加一行"各科平均"（A102），并求出相应平均值（不包括 G 列）。

（4）将 Sheet2 中的内容复制到 Sheet3 表中，并对 Sheet2 表中的学生按"平均成绩"降序排列（"各科平均"行位置不变）。

（5）在 Sheet3 表的第 G 列后增加一列"通过否"，利用公式给出具体通过与否的数据：如果平均成绩≥80，则给出文字"通过"，否则给出文字"未通过"（不包括引号）。

（6）在 Sheet1 工作表后添加工作表 Sheet4，将 Sheet3 表中除"各科平均"行外的 A～H 列复制到 Sheet4 表。

（7）在 Sheet4 表中进行分类汇总，按通过否统计学生人数（显示在"学号"列），要求先显示通过的学生人数，再显示未通过的学生人数，显示到第 2 级（即不显示具体的学生信息）。

11.2.15.2　任务 15 的操作过程

（1）新建工作表及复制。

1）单击工作簿底部的"新工作表"按钮，添加 Sheet3 表。拖曳工作表标签，使之排列为 Sheet2、Sheet3、Sheet1。

2）全选 Sheet1 表中的内容，按 Ctrl+C 快捷键复制。在 Sheet2 表中，单击 A1 单元格，按 Ctrl+V 快捷键粘贴，完成复制。

（2）插入一个空白列。

1）选择 Sheet2 表中的第 A 列，右击，选择"插入"，此时会在第 A 列前产生一个空白列。注意，此时的 B1 单元格为"学生姓名"，A1 单元格空白。

2）在 A1 单元格中，输入内容"学号"；选择 A 列，设置单元格格式为"文本"。

3）在 A2 单元格中，输入内容"0001"，按回车键确定；使用 A2 单元格右下角的填充柄，填充至 A101 单元格。

（3）使用 AVERAGE 函数求平均。

1）选择 Sheet2 表中的 G1 单元格，输入文字"平均成绩"；在 G2 单元格中，输入公式"=AVERAGE(C2:F2)"。

按回车键确定，使用 G2 单元格右下角的填充柄，填充至 G101 单元格，完成计算。

2）选择 Sheet2 表中的 A102 单元格，输入文字"各科平均"；在 C102 单元格中，输入公式"=AVERAGE(C2:C101)"。

按回车键确定，使用 C102 单元格右下角的填充柄，填充至 F102 单元格，完成计算。

（4）排序。

1）全选 Sheet2 表中的内容，按 Ctrl+C 快捷键复制。在 Sheet3 表中，单击 A1 单元格，按 Ctrl+V 快捷键粘贴，完成复制。

2）单击 Sheet2 表中"平均成绩"列的某个单元格，如 G5 单元格。单击功能区中的"开始"→"编辑"→"排序和筛选"→"降序"，Sheet2 表中的内容完成降序排序。

（5）IF 函数的应用。

在 Sheet3 表的 H1 单元格中，输入文字"通过否"，单击 H2 单元格，输入公式"=IF(G2>=80,"通过","未通过")"。

按回车键确定，双击 H2 单元格右下角的填充柄，自动填充至 H101 单元格，完成计算。

（6）新建工作表及复制。

1）单击工作簿底部的"新工作表"按钮，添加 Sheet4 表；拖曳工作表标签，使之排列为 Sheet2、Sheet3、Sheet1、Sheet4。

2）在 Sheet3 表中选择 A1:H101 区域，按 Ctrl+C 快捷键复制。在 Sheet4 表中，单击 A1 单元格，按 Ctrl+V 快捷键粘贴，完成复制。

（7）分类汇总。

1）单击 Sheet4 表"通过否"列的某个单元格，如 H5 单元格。单击功能区中的"开始"→"编辑"→"排序和筛选"→"降序"，Sheet2 表内容完成升序排序（先显示通过的学生人数）。

2）选择 Sheet4 表中的 A1:H101 区域，单击功能区中的"数据"→"分级显示"→"分类汇总"，打开"分类汇总"对话框，如图 11.43 所示。设置"分类字段"为"通过否"，"汇总方式"为"计数"，"选定汇总项"仅勾选"学号"，单击"确定"按钮。

图 11.43　分类汇总设置

3）调整显示级别，分类汇总后的结果如图 11.44 所示。

图 11.44　分类汇总结果

11.2.16 任务 16：处理"参考工资表"表格

Excel 任务 16
视频

Excel 任务 16
源文件

11.2.16.1 任务 16 的操作要求

（1）将工作表 Sheet1 中的内容复制到 Sheet2 表中，并将 Sheet1 表更名为"参考工资表"。

（2）将"参考工资表"的第 2、4、6、8 行删除。

（3）在 Sheet2 表的第 F1 单元格中输入"工资合计"，相应单元格存放对应行"基本工资""职务津贴""奖金"之和。

（4）将 Sheet2 表中"姓名"和"工资合计"两列复制到 Sheet3 表中，并将 Sheet3 表设置套用表格格式为"冰蓝，表样式浅色 16"格式。

（5）利用公式在 Sheet2 表中分别统计"工资合计＜4000""4000≤工资合计＜4500""工资合计≥4500"的数据，分别存入 H2、I2、J2 单元格。

（6）在 Sheet3 工作表后添加工作表 Sheet4，将 Sheet2 表中的 A:F 区域复制到 Sheet4 中 A1 开始的区域。对 Sheet4 工作表以姓名的笔画进行升序排序；然后启用筛选，筛选出"工资合计"高于平均值的数据行。

11.2.16.2 任务 16 的操作过程

（1）复制工作表及工作表重命名。全选 Sheet1 表中的内容，按 Ctrl+C 快捷键复制。在 Sheet2 表中，单击 A1 单元格，按 Ctrl+V 快捷键粘贴，完成复制。双击 Excel 底部工作表 Sheet1 标签，修改标签为"参考工资表"，按回车键确定。

（2）删除不连续的行。单击"参考工资表"左侧的行号 2，再按住 Ctrl 键，并依次单击行号 4、6、8；然后松开 Ctrl 键，完成行区域选择；在选中的区域中，右击，选择"删除"，即完成行区域的删除。

（3）求和计算。选择 Sheet2 表中的 F1 单元格，输入文字"工资合计"；在 F2 单元格中，输入公式"=B2+D2+E2"。

（4）套用表格样式。

1）在 Sheet2 表中，按住 Ctrl 键同时选择 A、F 两列区域，按 Ctrl+C 快捷键复制。在 Sheet3 表中，单击 A1 单元格，按 Ctrl+V 快捷键粘贴，完成复制。

2）单击 Sheet3 表的某个数据单元格，如 B5 单元格。单击功能区中的"开始"→"样式"→"套用表格格式"→"冰蓝，表样式浅色 16"，Sheet3 表中的内容完成表格格式套用。

（5）COUNTIF 函数及 COUNTIFS 函数。

1）选择 Sheet2 表中的 H2 单元格，输入公式"=COUNTIF(F2:F101,"<4000")"。按回车键确定，H2 单元格显示为 18。

2）选择 Sheet2 表中的 I2 单元格，输入公式"=COUNTIFS(F2:F101,">=4000",F2:F101,"<4500")"。按回车键确定，I2 单元格显示为 26。

3）选择 Sheet2 表中的 J2 单元格，输入公式"=COUNTIF(F2:F101,">=4500")"。按回车键确定，J2 单元格显示为 56。

（6）排序及筛选。

1）单击工作簿底部的"新工作表"按钮，添加 Sheet4 表；拖曳工作表标签，使之排列为参考工资表、Sheet2、Sheet3、Sheet4。

2）在 Sheet2 表中，选择 A:F 区域，按 Ctrl+C 快捷键复制；在 Sheet4 表中，单击 A1 单元格，按 Ctrl+V 快捷键粘贴，完成复制。

3）单击 Sheet4 工作表中的任一数据单元格，单击功能区中的"数据"→"排序和筛选"→"排序"，打开"排序"对话框，进行如下设置："主要关键字"为"姓名"，"排序依据"为"单元格值"，"次序"为"升序"，并单击"选项"按钮，在打开的对话框中选中"笔划排序"，单击"确定"按钮完成，如图 11.45 所示。

4）在 Sheet4 表中单击任一数据单元格，单击"开始"→"排序和筛选"→"筛选"，启用自动筛选。在"工资合计"列中打开下拉列表，选择"数字筛选"→"高于平均值"，完成筛选后的部分数据，如图 11.46 所示。

图 11.45　按笔画排序设置

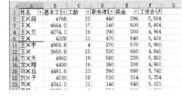
图 11.46　自动筛选结果

11.2.17　任务 17：处理"A 公司产值统计表"表格

11.2.17.1　任务 17 的操作要求

（1）将工作表 Sheet1 中的内容复制到 Sheet2 表中。

（2）将工作表 Sheet1 中表格的标题设置为隶书、字号 20、加粗，合并 A1:N1 单元格，并使水平对齐方式为居中。

（3）求出工作表 Sheet2 中"同月平均数"所在列值，并填入相应单元格；利用公式统计"十年合计"情况，如果月合计数大于等于 6000，要求填上"已达到 6000"，否则填上"未达到 6000"（不包含引号）。

（4）将 Sheet2 表中的 C3:L14 数字格式设置为使用千位分隔样式、保留一位小数位。

（5）将 Sheet2 表中的"同月平均数"列数据设置为货币格式，货币符号为"￥"，小数位数为"2"。

（6）在 Sheet2 工作表后添加工作表 Sheet3，将 Sheet1 表的第 2～第 14 行中的内容复制到 Sheet3 中 A1 开始的区域。删除 Sheet3 表中的 M 列和 N 列。

11.2.17.2　任务 17 的操作过程

（1）复制工作表。全选 Sheet1 表，按 Ctrl+C 快捷键复制。在 Sheet2 表中，单击 A1 单元格，按 Ctrl+V 快捷键粘贴，完成复制。

（2）设置字体格式。选中 Sheet1 的 A1 单元格，单击功能区中的"开始"→"字体"，

Excel 任务 17
视频

Excel 任务 17
源文件

设置格式为隶书，字号 22，加粗。选择 A1:N1 区域，单击功能区中的"开始"→"合并后居中"。

（3）函数应用。

1）选择 Sheet2 表中的 M3 单元格，输入公式"=AVERAGE(C3:L3)"。

按回车键确定，M3 单元格显示为 662.5；使用 M3 单元格右下角的填充柄，填充至 M14 单元格，完成计算。

2）选择 Sheet2 表的 N3 单元格，输入公式"=IF(SUM(C3:L3)>=6000,"已达到 6000","未达到 6000")"。

按回车键确定，N3 单元格显示为"已达到 6000"；使用 N3 单元格右下角的填充柄，填充至 N14 单元格，完成计算。

（4）数值格式。选择 Sheet2 表中的 C3:L14 区域，右击，选择"设置单元格格式"。在打开的对话框中选择"数字"选项卡，"分类"选择"数值"，"小数位数"设为 1，勾选"使用千位分隔符"，其他默认，单击"确定"按钮完成。

（5）货币格式。选择 Sheet2 表中的"同月平均数"列数据，右击，选择"设置单元格格式"。在打开的对话框中选择"数字"选项卡，"分类"选择"货币"，"小数位数"设为 2，"货币符号"为"¥"，其他默认，单击"确定"按钮完成。

（6）新建工作表及复制。

1）单击工作簿底部的"新工作表"按钮，添加 Sheet3 表。拖曳工作表标签，使之排列为 Sheet1、Sheet2、Sheet3。

2）在 Sheet1 表中，选择行号 2:14 区域，按 Ctrl+C 快捷键复制。在 Sheet3 表中，单击 A1 单元格，按 Ctrl+V 快捷键粘贴，完成复制。

3）选择 Sheet3 表中的列号 M、N，在选中的区域中，右击，选择"删除"，即完成列区域的删除。

11.2.18 任务 18：处理"B 公司产值统计表"表格

11.2.18.1 任务 18 的操作要求

（1）将工作表 Sheet1 中表格的标题设置为宋体、字号 20、蓝色、倾斜。

（2）将工作表 Sheet1 中单元格区域 C3:L14 的数字格式设置为使用千位分隔样式，保留两位小数位。

（3）利用公式计算 Sheet1 表中的十年合计和同月平均数。

（4）将工作表 Sheet1 中的内容复制到 Sheet2 表；为"十年合计"所在列设置"自动调整列宽"。

（5）合并 Sheet2 表中的 A14:B15，填上文字"月平均"；利用公式在 C15:L15 的单元格中填入相应的内容：如果月平均值超过 600.00，则填入"较高"，否则填入"较低"（不包括引号）。

（6）将 Sheet2 表中除第 1 行和最后 1 行以外的内容，复制到 Sheet3 表以 A1 为左上角的区域。删除 Sheet3 表中的 M、N 列，然后进行分类汇总，统计每年各季度的总产值。要求显示到第 2 级，即不显示某月明细。设置 Sheet3 表中 A 列到 L 列为"自动调整

Excel 任务 18
视频

Excel 任务 18
源文件

列宽"。

11.2.18.2　任务 18 的操作过程

（1）设置字体。选中 Sheet1 表中的 A1 单元格，单击功能区中的"开始"→"字体"，设置格式为宋体、字号 20、蓝色、倾斜。

（2）设置数值格式。选择 Sheet1 的 C3:L14 区域，右击，选择"设置单元格格式"。在打开的对话框中选择"数字"选项卡，"分类"选择"数值"，"小数位数"设为 2，勾选"使用千位分隔符"，其他默认，单击"确定"按钮完成。

（3）SUM 函数求和、AVERAGE 函数求平均。

1）选择 Sheet1 表中的 M3 单元格，输入公式"=SUM(C3:L3)"。

按回车键确定，M3 单元格显示为 6,034.00；使用 M3 单元格右下角的填充柄，填充至 M14 单元格，完成计算。

2）选择 Sheet1 表中的 N3 单元格，输入公式"=AVERAGE(C3:L3)"。

按回车键确定，N3 单元格显示为 603.40；使用 N3 单元格右下角的填充柄，填充至 N14 单元格，完成计算。

（4）自动调整列宽。

1）全选 Sheet1 表，按 Ctrl+C 快捷键复制。在 Sheet2 表中，单击 A1 单元格，按 Ctrl+V 快捷键粘贴，完成复制。

2）选择 Sheet2 表中的列号 M，单击功能区中的"开始"→"单元格"→"格式"→"自动调整列宽"，完成相关设置。

（5）函数应用。

1）选择 Sheet2 表中的 A15:B15，单击功能区中的"开始"→"对齐方式"→"合并后居中"。在 A15 单元格中，输入文字"月平均"。

2）选择 C15 单元格，输入公式"=IF(AVERAGE(C3:C14)>600,"较高","较低")"。

按回车键确定，C15 单元格显示为"较高"；使用 C15 单元格右下角的填充柄，填充至 L15 单元格，完成计算。

（6）分类汇总。

1）选择 Sheet2 表中的 A2:N14 区域，按 Ctrl+C 快捷键复制。在 Sheet3 表中，单击 A1 单元格，按 Ctrl+V 快捷键粘贴，完成复制。在 Sheet3 表中选择 M1:N13，按 Delete 键。

图 11.47　分类汇总设置

2）选择 Sheet3 表中的 A1:L13 区域，单击功能区中的"数据"→"分级显示"→"分类汇总"，打开"分类汇总"对话框，如图 11.47 所示。设置"分类字段"为"季度"，"汇总方式"为"求和"，"选定汇总项"勾选"2003 年"至"2012 年"，单击"确定"按钮。

3）调整显示级别，显示到第 2 级，不显示某月明细。选择 C:L 列区域。单击"开始"→"格式"→"自动调整列宽"。分类汇总的最终结果，如图 11.48 所示。

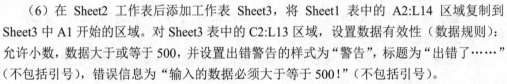

图 11.48 分类汇总的最终结果

11.2.19 任务 19：处理"C 公司产值统计表"表格

Excel 任务 19
视频

Excel 任务 19
源文件

11.2.19.1 任务 19 的操作要求

（1）将工作表 Sheet1 中的内容按"十年合计"递增次序进行排序。

（2）将工作表 Sheet1 中的内容复制到 Sheet2 表中。

（3）将 Sheet2 表中的"十年合计"列数据设置为货币格式，货币符号为"￥"，小数位数为"3"。

（4）将 Sheet2 表中 A2:N14 区域套用表格格式为"表样式中等深浅 4"格式。

（5）在工作表 Sheet2 中利用公式统计十年中产值超过 650（含 650）的月份数，存入 A16 单元格。

（6）在 Sheet2 工作表后添加工作表 Sheet3，将 Sheet1 表中的 A2:L14 区域复制到 Sheet3 中 A1 开始的区域。对 Sheet3 表中的 C2:L13 区域，设置数据有效性（数据规则）：允许小数，数据大于或等于 500，并设置出错警告的样式为"警告"，标题为"出错了……"（不包括引号），错误信息为"输入的数据必须大于等于 500！"（不包括引号）。

说明：设置完成后，当该区域内重新输入一个小于 500 的数据时，会弹出一个警告对话框。

11.2.19.2 任务 19 的操作过程

（1）排序。单击 Sheet1 表中"十年合计"列的某个单元格，如 M5；单击功能区中的"开始"→"编辑"→"排序和筛选"→"升序"，Sheet1 表中的内容完成升序排序。此时，B3 单元格显示为"二月"，M3 单元格显示为"5784.6"。

（2）工作表复制。全选 Sheet1 表中的内容，按 Ctrl+C 快捷键复制。在 Sheet2 表中，单击 A1 单元格，按 Ctrl+V 快捷键粘贴，完成复制。

（3）货币设置。选择 Sheet2 表中的"十年合计"列数据，右击，选择"设置单元格格式"。在打开的对话框中选择"数字"选项卡，"分类"选择"货币"，"小数位数"设为 3，"货币符号"设为"￥"，其他默认，单击"确定"按钮完成。

（4）套用表格样式。选择 Sheet2 表中的 A2:N14 区域。单击功能区中的"开始"→"样式"→"套用表格格式"→"表样式中等深浅 4"，Sheet2 表内容完成表格格式套用。

（5）COUNTIF 函数统计。选择 Sheet2 表中的 A16 单元格，输入公式"=COUNTIF(C3:L14, ">=650")"。按回车键确定，A16 单元格显示为 62，完成计算。

（6）数据验证。

1）单击工作簿底部的"新工作表"按钮，添加 Sheet3 表。拖曳工作表标签，使之排列为 Sheet1、Sheet2、Sheet3。

2）选择 Sheet1 表中的 A2:L14 区域，按 Ctrl+C 快捷键复制。在 Sheet3 表中，单击 A1

单元格，按 Ctrl+V 快捷键粘贴，完成复制。

3）选择 Sheet3 表中的 C2:L13 区域，单击功能区中的"数据"→"数据工具"→"数据验证"，在打开的对话框中设置如下。

- 设置："允许"设为"小数"，"数据"设为"大于或等于"，"最小值"设为"500"。
- 出错警告："样式"设为"警告"，"标题"设为"出错了……"，"错误信息"设为"输入的数据必须大于等于 500！"。

11.2.20　任务 20：处理"职业技术考核成绩表"表格

Excel 任务 20
视频

11.2.20.1　任务 20 的操作要求

（1）将工作表 Sheet1 中的内容复制到 Sheet2 表中。

（2）将工作表 Sheet2 中的 A2:I101 区域设置套用表格格式为"蓝色，表样式深色 2"格式。

（3）删除工作表 Sheet1 中的第 F 列。

（4）在工作表 Sheet1 中，利用公式给出各考生的"总评"成绩：如果 40%×试验成绩+60%×考试成绩≥80，则给出"通过"，否则给出"不通过"（不包括引号）。

Excel 任务 20
源文件

（5）在工作表 Sheet1 中，使用函数计算"试验成绩"字段和"考试成绩"字段的平均分，结果放在第 101 行相应的单元格中。

（6）在 Sheet2 工作表后添加工作表 Sheet3，将 Sheet1 表中除第 1 行和最后 1 行以外的内容，复制到 Sheet3 表。对 Sheet3 表进行分类汇总，根据性别（男在前，女在后）统计其平均年龄。要求显示到第 2 级，即不显示具体人员明细。

11.2.20.2　任务 20 的操作过程

（1）复制工作表。全选 Sheet1 表中的内容，按 Ctrl+C 快捷键复制。在 Sheet2 表中，单击 A1 单元格，按 Ctrl+V 快捷键粘贴，完成复制。

（2）套用表格样式。选择 Sheet2 表中的 A2:I101 区域；单击功能区中的"开始"→"样式"→"套用表格格式"→"蓝色，表样式深色 2"，Sheet2 表内容完成表格格式套用。

（3）删除某列。选择 Sheet2 中的 F 列，在选中的区域中，右击，选择"删除"，即完成列区域的删除。

（4）加权求和及 IF 函数的应用。选择 Sheet1 表中的 H3 单元格，输入公式"=IF(40%*F3+60%*G3>=80,"通过","不通过")"。

按回车键确定，H3 单元格显示为"不通过"；使用 H3 单元格右下角的填充柄，填充"总评"成绩至 H100 单元格，完成计算。

（5）AVERAGE 函数求平均。选择 Sheet1 表中的 F101 单元格，输入公式"=AVERAGE(F3:F100)"。

按回车键确定，F101 单元格显示为 74.58163；复制 F101 单元格，粘贴到 G101 单元格，计算"考试成绩"字段的平均分，G101 单元格显示为 76.21429，完成。

（6）分类汇总。

1）单击工作簿底部的"新工作表"按钮，添加 Sheet3 表。拖曳工作表标签，使之排列为 Sheet1、Sheet2、Sheet3。选择 Sheet1 表中的 A2:H100 区域，按 Ctrl+C 快捷键复制。

在 Sheet3 表中，单击 A1 单元格，按 Ctrl+V 快捷键粘贴，完成复制。

图 11.49 分类汇总设置

2）单击 Sheet3 工作表中"性别"列的任一数据单元格，单击功能区中的"开始"→"排序和筛选"→"升序"，完成排序，使性别"男"的记录在前，"女"的记录在后。

3）单击功能区中的"数据"→"分级显示"→"分类汇总"。在打开的"分类汇总"对话框中，设置"分类字段"为"性别"，"汇总方式"为"平均值"，"选定汇总项"仅勾选"年龄"，单击"确定"按钮，如图 11.49 所示。

4）调整显示级别，显示到第 2 级，不显示具体人员明细。最终的结果如图 11.50 所示。

图 11.50 分类汇总最终结果

第 12 章

Microsoft PowerPoint

12.1 Microsoft PowerPoint 功能简介

Microsoft PowerPoint（简称 PPT）是微软公司开发的演示文稿软件。利用 Microsoft PowerPoint 不仅可以创建演示文稿，还提供多种方式给用户进行实地或网上远程展示演示文稿。其格式后缀名为 ppt、pptx，或者保存为 PDF、图片格式等。2010 及以上版本中可保存为视频格式。

一套完整的 PPT 文件一般包含片头、动画、PPT 封面、前言、目录、过渡页、图表页、图片页、文字页、封底、片尾动画等。所采用的素材有文字、图片、图表、动画、声音、影片等。PPT 正成为人们工作生活的重要组成部分，在工作汇报、企业宣传、产品推介、婚礼庆典、项目竞标、管理咨询、教育培训等领域应用越来越广。

12.2 Microsoft PowerPoint 操作案例精选

12.2.1 任务 1：处理"天龙八部" PPT

12.2.1.1 任务 1 的操作要求

（1）将第 1 张幻灯片的主标题"天龙八部"的字体设置为"黑体"，字号不变。

（2）给第 1 张幻灯片设置副标题"金庸巨著"，字体为"宋体"，字号默认。

（3）将第 2 张幻灯片的背景设置为"信纸"纹理。

（4）将第 3 张幻灯片的切换效果设置为"随机水平线条"，速度为默认。

（5）取消第 3 张幻灯片中文本框内的所有项目符号。

12.2.1.2 任务 1 的操作过程

（1）设置标题及字体。

1）单击第 1 张幻灯片主标题"天龙八部"的边框，选中整个主标题。

2）在功能区"开始"→"字体"组中，设置字体为"黑体"，其他不变。

（2）设置副标题"金庸巨著"，字体为"宋体"，字号默认。

1）在第 1 张幻灯片副标题中输入文字"金庸巨著"。

PPT 任务 1
视频

PPT 任务 1
源文件

2）单击副标题边框，选中整个副标题，在功能区"开始"→"字体"组中，设置"字体"为"宋体（标题）"，其他不变。

（3）将第 2 张幻灯片的背景设置为"信纸"纹理（图 12.1）。

1）选择第 2 张幻灯片，右击幻灯片边缘区域，选择"设置背景格式"。

2）在"设置背景格式"任务窗格中，先选择"填充"→"图片或纹理填充"，再在"纹理"下拉框中选择"信纸"，完成设置。

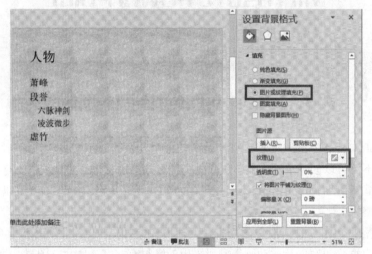

图 12.1　背景纹理设置

（4）将第 3 张幻灯片的切换效果设置为"随机水平线条"，速度为默认。

选择第 3 张幻灯片，单击功能区中的"切换"→"随机线条"，并打开"效果选项"下拉框选择"水平"，其他默认，设置完毕。

（5）取消第 3 张幻灯片中文本框内的所有项目符号。

在第 3 张幻灯片中，单击内容文本边框，再单击功能区中的"开始"→"段落"→"项目符号"，设置为"无"，操作完成，如图 12.2 所示。

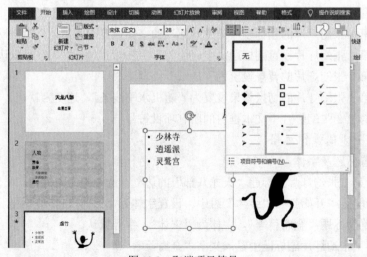

图 12.2　取消项目符号

12.2.2　任务 2：处理"网络技术试验"PPT

12.2.2.1　任务 2 的操作要求

（1）将第 2 张幻灯片的版式设置为"垂直排列标题与文本"，将它的切换效果设置为"水平百叶窗"，速度为默认。

（2）删除第 3 张幻灯片的所有项目符号。

（3）将第 3 张幻灯片的背景渐变预设颜色为"浅色渐变"→"个性色 1"。

（4）将第 1 张幻灯片的主标题的字体设置为"华文彩云"，字号为默认。

（5）为第 1 张幻灯片的剪贴画建立超链接。

PPT 任务 2
视频

12.2.2.2　任务 2 的操作过程

（1）幻灯片的版式设置，切换效果设置为"水平百叶窗"，速度为默认。

1）选择第 2 张幻灯片，在空白区域右击，选择"版式"→"垂直排列标题与文本"。

PPT 任务 2
源文件

2）单击功能区中的"切换"→"百叶窗"，再在功能区中单击"切换"→"效果选项"→"水平"，其他默认，完成操作。

（2）删除第 3 张幻灯片的所有项目符号。

在第 3 张幻灯片中，单击"试验项目"内容文本边框，再单击功能区中的"开始"→"段落"→"项目符号"，设置为"无"，操作完成。

（3）将第 3 张幻灯片的背景渐变预设颜色为"浅色渐变"→"个性色 1"。

1）选择第 3 张幻灯片，右击幻灯片空白区域，选择"设置背景格式"。

2）在"设置背景格式"任务窗格中，先选择"填充"→"渐变填充"，再在"预设渐变"下拉框中，选择"浅色渐变"→"个性色 1"，完成设置，如图 12.3 所示。

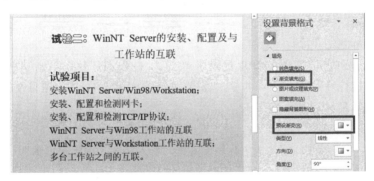

图 12.3　背景渐变预设颜色

（4）将第 1 张幻灯片的主标题的字体设置为"华文彩云"，字号为默认。

1）单击第 1 张幻灯片主标题"网络技术实验"的边框，选中整个主标题。

2）在功能区"开始"→"字体"组中，设置字体为"华文彩云"，其他不变。

（5）为第 1 张幻灯片的剪贴画建立超链接。

1）在第 1 张幻灯片的剪贴画上右击，选择 "超链接"。

2）在"插入超链接"对话框中，选择"链接到"为"现有文件或网页"，在"地址"栏中输入网址，确定完成，如图 12.4 所示。

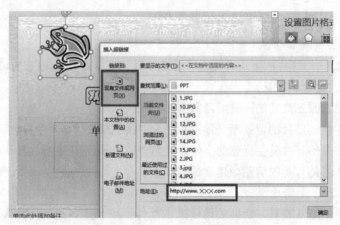

图 12.4　插入超链接

12.2.3　任务 3：处理"国际单位制"PPT

12.2.3.1　任务 3 的操作要求

（1）在第 1 张幻灯片前插入一张标题幻灯片，其主标题区输入文字"国际单位制"（不包括引号）。

PPT 任务 3
视频

（2）设置所有幻灯片背景，使其填充效果的纹理为"花束"。

（3）对"物理公式在确定物理量"文字所在幻灯片，设置每一条文本的动画方式为进入"螺旋飞入"（共 6 条）。

（4）为"在采用先进的……"所在段落删除项目符号。

（5）为"SI 基本单位"所在幻灯片中的图片，建立图片的 E-mail 超链接。

12.2.3.2　任务 3 的操作过程

PPT 任务 3
源文件

（1）插入标题幻灯片。

1）在 PowerPoint 左侧幻灯片目录中单击第 1 张幻灯片，单击功能区中的"插入"→"新建幻灯片"，打开其下拉框，选择"标题幻灯片"。此时，在目录的第 2 张幻灯片即为新建幻灯片。

2）在目录中单击第 2 张幻灯片，将其拖曳至第 1 张幻灯片顶部，使其成为第 1 张幻灯片。

3）单击第 1 张标题幻灯片的主标题文本框，输入文字"国际单位制"。

（2）设置所有幻灯片背景，使其填充效果的纹理为"花束"。

1）选择任一张幻灯片，右击幻灯片空白区域，选择"设置背景格式"。

2）在"设置背景格式"任务窗格中，先选择"填充"→"图片或纹理填充"，再在"纹理"下拉框中，选择"花束"。最后，在任务窗格底部单击"应用到全部"按钮，完成设置。

（3）对"物理公式在确定物理量"文字所在幻灯片，设置每一条文本的动画方式为进入"螺旋飞入"（共 6 条）。

1）选择"物理公式在确定物理量"文字所在幻灯片（第 2 张），单击功能区中的"动画"→"任务窗格"。

2）在幻灯片文本框中，依次选择文本内容，首先选择文本"物理公式……单位关系。"；打开"动画"功能区下拉框，选择"更多进入效果"，打开"更改进入效果"对话框，选择"螺旋飞入",单击"确定"按钮,如图 12.5 所示。

3)依次选择后续的 5 段文字,使用同样的方法,完成动画设置。

(4)为"在采用先进的……"所在段落删除项目符号。

在第 4 张幻灯片中,选择"在采用先进的……"所在段落,单击功能区中的"开始"→"段落"→"项目符号",设置为"无",如图 12.6 所示。

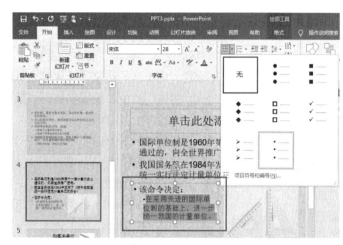

图 12.5　进入效果设置　　　　　图 12.6　选择内容、删除项目符号

(5)为"SI 基本单位"所在幻灯片中的图片,建立图片的 E-mail 超链接。

1)右击"SI 基本单位"所在幻灯片右上角的图片,选择 "超链接"。

2)在"插入超链接"对话框中,选择"链接到"为"电子邮件地址",在"地址"栏中输入邮箱(输入的邮件地址左侧会自动添加"mailto:"),确定后完成,如图 12.7 所示。

图 12.7　建立 E-mail 超链接

12.2.4　任务 4:处理"动画片"PPT

12.2.4.1　任务 4 的操作要求

(1)将演示文稿的主题设置为"聚合"。

(2)将第 2 张幻灯片的标题文本"棋魂"的字体设置为"隶书"。

（3）将第 4 张幻灯片的版式设置为"仅标题"。

（4）将第 1 张幻灯片的艺术字"动画片"的进入动画效果设置为"旋转"。

（5）将演示文稿的幻灯片高度设置为"20.4 厘米"。

PPT 任务 4
视频

PPT 任务 4
源文件

12.2.4.2 任务 4 的操作过程

（1）将演示文稿的主题设置为"聚合"。

选择任一张幻灯片，单击功能区中的"设计"→"主题"→"聚合"，全体幻灯片统一使用当前主题，设置完成。

（2）将第 2 张幻灯片的标题文本"棋魂"的字体设置为"隶书"。

1）单击第 2 张幻灯片标题"棋魂"的边框，选中整个标题。

2）在功能区"开始"→"字体"组中，设置字体为"隶书"，其他不变。

（3）将第 4 张幻灯片的版式设置为"仅标题"。

选择第 4 张幻灯片，在空白区域右击，选择"版式"→"仅标题"，完成操作。

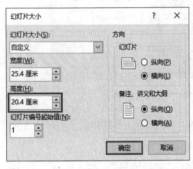

图 12.8 设置幻灯片大小

（4）将第 1 张幻灯片的艺术字"动画片"的进入动画效果设置为"旋转"。

选择第 1 张幻灯片的艺术字"动画片"，单击功能区中的"动画"→"进入"→"旋转"，完成当前内容的动画效果设置。

（5）将演示文稿的幻灯片高度设置为"20.4 厘米"。

任选一张幻灯片，单击"设计"→"幻灯片大小"→"自定义幻灯片大小"，打开"幻灯片大小"对话框，设置"高度"为"20.4 厘米"，其余默认，单击"确定"按钮完成设置，如图 12.8 所示。

12.2.5 任务 5：处理"自我介绍"PPT

12.2.5.1 任务 5 的操作要求

（1）隐藏最后一张幻灯片（"Bye-bye"）。

（2）将第 1 张幻灯片的背景纹理设置为"绿色大理石"。

（3）删除第 3 张幻灯片中所有一级文本的项目符号。

（4）删除第 2 张幻灯片中的文本（非标题）原来设置的动画效果，重新设置动画效果为进入"缩放"，并且次序上比图片早出现。

（5）对第 3 张幻灯片中的图片建立超级链接，链接到第一张幻灯片。

12.2.5.2 任务 5 的操作过程

（1）隐藏最后一张幻灯片（"Bye-bye"）。

在 PowerPoint 左侧目录中，选择最后一张幻灯片，右击，选择"隐藏幻灯片"即可。隐藏后的幻灯片，在编辑状况下不受影响，在放映时将不会出现该幻灯片。

（2）将第 1 张幻灯片的背景纹理设置为"绿色大理石"。

1）选择第 1 张幻灯片，右击幻灯片空白区域，选择"设置背景格式"。

2）在"设置背景格式"任务窗格中，先选择"填充"→"图片或纹理填充"，再在"纹理"下拉框中选择"绿色大理石",完成设置。

（3）删除第 3 张幻灯片中所有一级文本的项目符号。

在第 3 张幻灯片中,单击"我喜欢户外运动"等内容文本边框,单击功能区中的"开始"→"段落"→"项目符号",设置为"无",操作完成。

（4）删除第 2 张幻灯片中的文本（非标题）原来设置的动画效果,重新设置动画效果为进入"缩放",并且次序上比图片早出现。

1）选择第 2 张幻灯片,单击功能区中的"动画"→"动画窗格",可见当前幻灯片的动画设置;在动画窗格中,选择包含"我的家是新疆,……"文本的动画,在下拉框中选择"删除",如图 12.9 所示。

2）重新选择"我的家是新疆,……"所在文字,单击"动画"→"进入"→"缩放",在动画窗格中,向上拖曳当前动画使其次序为 1,使其次序上比图片早出现,完成操作。

（5）对第 3 张幻灯片中的图片建立超级链接,链接到第一张幻灯片。

1）选择第 3 张幻灯片中的图片右击,选择 "超链接"。

2）在"插入超链接"对话框中,选择"链接到"为"本文档中的位置",选择"请选择文档中的位置"为"第一张幻灯片",单击"确定"按钮完成,如图 12.10 所示。

图 12.9　删除动画

图 12.10　设置文档内的超链接

12.2.6　任务 6：处理"自由落体运动"PPT

12.2.6.1　任务 6 的操作要求

（1）将第 1 张幻灯片中的艺术字对象"自由落体运动"动画效果设置为进入时自顶部"飞入"。

（2）将第 2 张幻灯片标题文本框内容"自由落体运动"改为"自由落体运动的概念"。

（3）将所有幻灯片的切换效果设置为"水平百叶窗",持续时间"02.00"。

（4）在最后插入一张"内容与标题"版式的幻灯片。

（5）在新插入的幻灯片中添加标题,内容为"加速度的计算",字体为"宋体"。

12.2.6.2　任务 6 的操作过程

（1）将第 1 张幻灯片中的艺术字对象"自由落体运动"动画效果设置为进入时自顶部

PPT 任务 6
视频

PPT 任务 6
源文件

"飞入"。

选择第 1 张幻灯片的艺术字"自由落体运动",单击功能区中的"动画"→"进入"→"飞入",打开"效果选项"下拉框,选择"自顶部",完成当前内容的动画效果设置。

(2)将第 2 张幻灯片标题文本框内容"自由落体运动"改为"自由落体运动的概念"。

选择第 2 张幻灯片标题文本,修改内容为"自由落体运动的概念"。

(3)将所有幻灯片的切换效果设置为"水平百叶窗",持续时间"02.00"。

单击"切换"→"百叶窗",再在功能区中单击"切换"→"效果选项"→"水平";在"计时"组中,把"持续时间"改为"02.00",并单击"应用到全部"按钮,完成操作。

(4)在最后插入一张"内容与标题"版式的幻灯片。

在 PowerPoint 左侧目录区中,单击最后一张幻灯片,再单击功能区中的"开始(或插入)"→"新建幻灯片下拉框"→"内容与标题",生成新幻灯片,操作完成。

(5)在新插入的幻灯片中添加标题,内容为"加速度的计算",字体为"宋体"。

单击新插入的幻灯片标题,输入文字"加速度的计算"。单击当前标题文本框的边框,在"开始"→"字体"组中,设置字体为"宋体(标题)",其他默认,操作完成。

12.2.7 任务 7:处理"枸杞"PPT

12.2.7.1 任务 7 的操作要求

(1)将第 1 张幻灯片的主标题"枸杞"的字体设置为"华文彩云",字号为 60。

(2)将第 2 张幻灯片中的图片设置动画效果为进入时"形状"。

(3)给第 4 张幻灯片的"其他"建立超链接,链接到下列地址"http://www.163.com"。

(4)将第 3 张的切换效果设置为"立方体""自左侧"。

(5)将演示文稿的主题设置为"丝状"。

12.2.7.2 任务 7 的操作过程

(1)将第 1 张幻灯片的主标题"枸杞"的字体设置为"华文彩云",字号为 60。

1)单击第 1 张幻灯片主标题"枸杞"的边框,选中整个主标题。

2)在功能区"开始"→"字体"组中,设置字体为"华文彩云",字号为 60,其他不变。

(2)将第 2 张幻灯片中的图片设置动画效果为进入时"形状"。

选择第 2 张幻灯片的右侧图片,单击功能区中的"动画"→"进入"→"形状",完成当前内容的动画效果设置。

(3)给第 4 张幻灯片的"其他"建立超链接。

1)在第 4 张幻灯片中选择文字"其他",右击,选择 "超链接"。

2)在"插入超链接"对话框中,选择"链接到"为"现有文件或网页",在"地址"栏中输入网址,确定完成。

(4)将第 3 张的切换效果设置为"立方体""自左侧"。

选择第 3 张幻灯片,单击功能区中的"切换"→"立方体",再在功能区中选择"切换"→"效果选项"→"自左侧",其他默认,完成操作。

PPT 任务 7
视频

PPT 任务 7
源文件

（5）将演示文稿的主题设置为"丝状"。

选择任一张幻灯片，单击功能区中的"设计"→"主题"→"丝状"，演示文稿使用当前所选主题，设置完成。

12.2.8　任务 8：处理"万有引力定律"PPT

12.2.8.1　任务 8 的操作要求

（1）隐藏最后一张幻灯片（"The End"）。

（2）将第 1 张幻灯片的背景渐变填充颜色预设为"中等渐变"→"个性色 5"，类型为"标题的阴影"。

（3）删除第 2 张幻灯片中所有一级文本的项目符号。

（4）将第 3 张幻灯片的切换效果设置为"随机垂直线条"。

（5）将第 4 张幻灯片中插入的剪贴画的动画设置为进入时自顶部"飞入"。

PPT 任务 8
视频

12.2.8.2　任务 8 的操作过程

（1）隐藏最后一张幻灯片（"The End"）。

在 PowerPoint 左侧目录中，选择最后一张幻灯片，右击，选择"隐藏幻灯片"即可。所谓隐藏幻灯片，仅仅是在放映时不出现该幻灯片。

（2）将第 1 张幻灯片的背景渐变填充颜色预设为"中等渐变"→"个性色 5"，类型为"标题的阴影"。

PPT 任务 8
源文件

1）选择第 1 张幻灯片，右击幻灯片空白区域，选择"设置背景格式"。

2）在"设置背景格式"任务窗格中，先选择"填充"→"渐变填充"，再在"预设渐变"下拉框中选择"中等渐变"→"个性色 5"。打开"类型"下拉框，选择"标题的阴影"，完成设置。

（3）删除第 2 张幻灯片中所有一级文本的项目符号。

在第 2 张幻灯片中，单击"自然界中任何……"等内容文本的边框，再单击功能区中的"开始"→"段落"→"项目符号"，设置为"无"，操作完成。

（4）将第 3 张幻灯片的切换效果设置为"随机垂直线条"。

选择第 3 张幻灯片，单击功能区中的"切换"→"随机线条"，并打开"效果选项"下拉框，选择"垂直"，其他默认，设置完毕。

（5）将第 4 张幻灯片中插入的剪贴画的动画设置为进入时自顶部"飞入"。

选择第 4 张幻灯片右侧的剪贴画，单击功能区中的"动画"→"进入"→"飞入"，打开"效果选项"下拉框，选择"自顶部"，完成当前内容的动画效果设置。

12.2.9　任务 9：处理"营养物质的组成"PPT

12.2.9.1　任务 9 的操作要求

（1）将演示文稿的主题设置为"环保"，并应用于所有幻灯片。

（2）将第 1 张幻灯片的主标题"营养物质的组成"的字体设置为"隶书"，字号不变。

（3）将第 5 张幻灯片的剪贴画设置动画效果为自顶部"飞入"。

（4）将第 8 张幻灯片的剪贴画建立超链接，链接到第 2 张幻灯片。

（5）将第 8 张幻灯片的切换效果设置为"自底部擦除"，持续时间为"02.00"。

PPT 任务 9
视频

PPT 任务 9
源文件

12.2.9.2 任务 9 的操作过程

（1）将演示文稿的主题设置为"环保"，并应用于所有幻灯片。

选择任一张幻灯片，单击功能区中的"设计"→"主题"→"环保"，演示文稿所有幻灯片自动使用当前所选主题，设置完成。

（2）将第 1 张幻灯片的主标题"营养物质的组成"的字体设置为"隶书"，字号不变。

1）单击第 1 张幻灯片主标题"营养物质的组成"的边框，选中整个主标题。

2）在功能区"开始"→"字体"组中，设置字体为"隶书"，其他不变。

（3）将第 5 张幻灯片的剪贴画设置动画效果为自顶部"飞入"。

选择第 5 张幻灯片的剪贴画，单击功能区中的"动画"→"进入"→"飞入"，打开"效果选项"下拉框，选择"自顶部"，完成当前内容的动画效果设置。

（4）对第 8 张幻灯片的剪贴画建立超链接，链接到第 2 张幻灯片。

1）选择第 8 张幻灯片中的图片，右击，选择 "超链接"。

2）在"插入超链接"对话框中，选择"链接到"为"本文档中的位置"，选择"请选择文档中的位置"为"2.幻灯片 2"，单击"确定"按钮。

（5）将第 8 张幻灯片的切换效果设置为"自底部擦除"，持续时间为"02.00"。

选择第 8 张幻灯片，单击功能区中的"切换"→"擦除"，再在功能区中单击"切换"→"效果选项"→"自底部"，在"计时"组中，把"持续时间"改为"02.00"，完成操作。

PPT 任务 10
视频

12.2.10 任务 10：处理"成本论"PPT

12.2.10.1 任务 10 的操作要求

（1）将第 1 张幻灯片的标题字体设置为"黑体"，字号不变。

（2）将第 3 张幻灯片的背景纹理设置为"蓝色面巾纸"。

（3）将第 2 张幻灯片中的文本"机会成本"超链接到第 3 张幻灯片。

（4）将第 4 张幻灯片的切换效果设置为"自顶部擦除"，持续时间为"01.50"。

（5）删除第 6 张幻灯片。

PPT 任务 10
源文件

12.2.10.2 任务 10 的操作过程

（1）将第 1 张幻灯片的标题字体设置为"黑体"，字号不变。

1）单击第 1 张幻灯片的标题"成本论"的边框，选中整个标题。

2）在功能区"开始"→"字体"组中，设置字体为"黑体"，其他不变。

（2）将第 3 张幻灯片的背景纹理设置为"蓝色面巾纸"。

1）选择第 3 张幻灯片，右击幻灯片空白区域，选择"设置背景格式"。

2）在"设置背景格式"任务窗格中，先选择"填充"→"图片或纹理填充"，再在"纹理"下拉框中选择"蓝色面巾纸"，完成设置。

（3）将第 2 张幻灯片中的文本"机会成本"超链接到第 3 张幻灯片。

1）在第 2 张幻灯片中选择文本"机会成本"，右击，选择 "超链接"。

2）在弹出的对话框中，选择"链接到"为"本文档中的位置"，选择"请选择文档中的位置"为"3.机会成本："，单击"确定"按钮。

（4）将第 4 张幻灯片的切换效果设置为"自顶部擦除"，持续时间为"01.50"。

选择第 4 张幻灯片，单击功能区中的"切换"→"擦除"，再在功能区中单击"切换"→"效果选项"→"自顶部"，在"计时"组中，把"持续时间"改为"01.50"，完成操作。

（5）删除第 6 张幻灯片。

在 PowerPoint 左侧目录中，单击第 6 张幻灯片，右击，选择"删除幻灯片"，删除第 6 张幻灯片后，整个演示文稿剩余 5 张幻灯片。

12.2.11　任务 11：处理"超重与失重"PPT

12.2.11.1　任务 11 的操作要求

（1）将第一张幻灯片的版式设置为"标题幻灯片"。

（2）为第一张幻灯片添加标题，内容为"超重与失重"，字体为"宋体"。

（3）将整个幻灯片的宽度设置为"28.804 厘米"。

（4）在最后添加一张"空白"版式的幻灯片。

（5）在新添加的幻灯片上插入一个文本框，文本框的内容为"The End"，字体为"Times New Roman"。

PPT 任务 11
视频

PPT 任务 11
源文件

12.2.11.2　任务 11 的操作过程

（1）将第一张幻灯片的版式设置为"标题幻灯片"。

选择第 1 张幻灯片，在空白区域右击，选择"版式"→"标题幻灯片"，完成。

（2）为第一张幻灯片添加标题，内容为"超重与失重"，字体为"宋体"。

单击第 1 张幻灯片标题，输入文字"超重与失重"。单击当前标题文本框的边框，在"开始"→"字体"组中，设置字体为"宋体（标题）"，其他默认，操作完成。

（3）将整个幻灯片的宽度设置为"28.804 厘米"。

选择任一幻灯片，单击功能区中的"设计"→"幻灯片大小"→"自定义幻灯片大小"，打开"幻灯片大小"对话框，设置"宽度"为"28.804 厘米"，其余默认，单击"确定"按钮完成设置。

（4）在最后添加一张"空白"版式的幻灯片。

在 PowerPoint 左侧目录区中，单击最后一张幻灯片；再单击功能区中的"开始（或插入）"→"新建幻灯片下拉框"→"空白"，生成新幻灯片，操作完成。

（5）在新添加的幻灯片上插入一个文本框，文本框的内容为"The End"，字体为"Times New Roman"。

1）单击新添加的幻灯片，单击功能区中的"插入"→"文本框"，再单击幻灯片生成文本框，在文本框中输入文字"The End"。

2）单击当前标题文本框的边框，在"开始"→"字体"组中，设置字体为"Times New Roman"，其他默认，操作完成。

12.2.12　任务 12：处理"发现小行星"PPT

12.2.12.1　任务 12 的操作要求

（1）将标题文字"发现小行星"设置为隶书、文字字号为 60，文字效果为"阴影"。

（2）将演示文稿的主题设置为"切片"，并应用于所有幻灯片。

（3）对第 6 张含有 4 幅图片的幻灯片，按照从左到右，从上到下的这 4 张图片出现顺序，设置该 4 张图片的动画效果为：每张图片均采用"翻转式由远及近"。

（4）将第 3 张幻灯片中的"气候绝佳"上升到上一个较高的标题级别。

（5）在所有幻灯片中插入幻灯片编号。

12.2.12.2　任务 12 的操作过程

（1）将标题文字"发现小行星"设置为隶书、文字字号为 60，文字效果为"阴影"。

1）单击第 1 张幻灯片的标题"发现小行星"的边框，选中整个标题。

2）在功能区"开始"→"字体"组中，设置字体为"隶书"，字号为 60，并单击"S"标记按钮，设置文字效果为"阴影"，其他不变。

（2）将演示文稿的主题设置为"切片"，并应用于所有幻灯片。

选择任一张幻灯片，单击功能区中的"设计"→"主题"→"切片"，演示文稿所有幻灯片自动使用当前所选主题，设置完成。

（3）对第 6 张含有 4 幅图片的幻灯片，按照从左到右，从上到下的这 4 张图片出现顺序，设置该 4 张图片的动画效果为：每张图片均采用"翻转式由远及近"。

1）选择第 6 张幻灯片，单击功能区中的"动画"→"动画窗格"，在动画窗格中，确认当前幻灯片未设置动画。

2）按顺序单击左上方第 1 张图片，单击"动画"→"进入"→"翻转式由远及近"；在动画窗格中，设置当前动画次序为 1。

3）按照题目要求，依次选择其余 3 张图片，设置相同的动画，在动画窗格中确认相应的出现顺序，完成操作。

（4）将第 3 张幻灯片中的"气候绝佳"上升到上一个较高的标题级别。

选择第 3 张动画片中的文字"气候绝佳"，按 Shift+Tab 快捷键，"气候绝佳"上升到上一个较高的标题级别，也就是它与文字"夜空万里无云"为同一标题级别。

（5）在所有幻灯片中插入幻灯片编号。

单击功能区中的"插入"→"文本"→"插入幻灯片编号"，打开"页眉和页脚"对话框，勾选"幻灯片编号"，单击"全部应用"按钮，完成操作，如图 12.11 所示。

图 12.11　插入幻灯片编号

12.2.13 任务 13：处理"数据通信技术和网络"PPT

12.2.13.1 任务 13 的操作要求

（1）将第 1 张幻灯片的主标题设置为"数据通信技术和网络"，字体为"隶书"，字号默认。

（2）在每张幻灯片的日期区中插入演示文稿的日期和时间，并设置为自动更新（采用默认日期格式）。

（3）将第 2 张幻灯片的版式设置为垂直排列标题与文本，背景设置为"鱼类化石"纹理效果。

（4）给第 3 张幻灯片的剪贴画建立超链接，链接到"上一张幻灯片"。

（5）将演示文稿的主题设置为"主要事件"，应用于所有幻灯片。

PPT 任务 13
视频

PPT 任务 13
源文件

12.2.13.2 任务 13 的操作过程

（1）将第 1 张幻灯片的主标题设置为"数据通信技术和网络"，字体为"隶书"，字号默认。

1）单击第 1 张幻灯片的标题文本框，输入"数据通信技术和网络"。单击标题边框，选中整个标题。

2）在功能区"开始"→"字体"组中，设置字体为"隶书"，其他不变。

（2）在每张幻灯片的日期区中插入演示文稿的日期和时间，并设置为自动更新（采用默认日期格式）。

单击功能区中的"插入"→"文本"→"日期和时间"，打开"页眉和页脚"对话框，勾选"日期和时间"，选择"自动更新"，单击"全部应用"按钮，完成操作，如图 12.12 所示。

图 12.12　插入幻灯片编号

（3）将第 2 张幻灯片的版式设置为垂直排列标题与文本，背景设置为"鱼类化石"纹理。

1）选择第 2 张幻灯片，在空白区域右击，选择"版式"→"垂直排列标题与文本"。

2）右击幻灯片空白区域，选择"设置背景格式"。在"设置背景格式"任务窗格中，先选择"填充"→"图片或纹理填充",再在"纹理"的下拉框中,选择"鱼类化石",完成设置。

(4)给第 3 张幻灯片的剪贴画建立超链接,链接到"上一张幻灯片"。

1)选择第 3 张幻灯片中的图片并右击,选择 "超链接"。

2)在弹出的对话框中,选择"链接到"为"本文档中的位置",选择"请选择文档中的位置"为"上一张幻灯片",单击"确定"按钮。

(5)将演示文稿的主题设置为"主要事件",应用于所有幻灯片。

选择任一张幻灯片,单击功能区中的"设计"→"主题"→"主要事件",演示文稿所有幻灯片自动使用当前所选主题,设置完成。

12.2.14 任务 14:处理"植物对水分的吸收和利用"PPT

12.2.14.1 任务 14 的操作要求

PPT 任务 14
视频

(1)将第 2 张幻灯片的一级文本的项目符号均设置为"√",其他不变。

(2)将第 3 张幻灯片的图片超级链接到第 2 张幻灯片。

(3)将第 1 张幻灯片的版式设置为"标题幻灯片"。

(4)在第 4 张幻灯片的日期区中插入自动更新的日期和时间(采用默认日期格式)。

(5)将第 2 张幻灯片中文本的动画效果设置为进入时"飞入"。

12.2.14.2 任务 14 的操作过程

PPT 任务 14
源文件

(1)将第 2 张幻灯片的一级文本的项目符号均设置为"√",其他不变。

在第 2 张幻灯片中,单击内容文本边框,再单击功能区中的"开始"→"段落"→"项目符号",设置为"√",操作完成。

(2)将第 3 张幻灯片的图片超级链接到第 2 张幻灯片。

1)在第 3 张幻灯片中选择文本"机会成本",右击,选择"超链接"。

2)在"插入超链接"对话框中,选择"链接到"为"本文档中的位置",选择"请选择文档中的位置"为"2.一、水分的吸收",单击"确定"按钮完成。

(3)将第 1 张幻灯片的版式设置为"标题幻灯片"。

选择第 1 张幻灯片,在空白区域右击,选择"版式"→"标题幻灯片"。

(4)在第 4 张幻灯片的日期区中插入自动更新的日期和时间(采用默认日期格式)。

选择第 4 张幻灯片,单击功能区中的"插入"→"文本"→"日期和时间",打开"页眉和页脚"对话框。勾选"日期和时间",选择"自动更新",单击"应用"按钮完成操作。

(5)将第 2 张幻灯片中文本的动画效果设置为进入时"飞入"。

选择第 2 张幻灯片的文本,单击文本的边框,再单击功能区中的"动画"→"进入"→"飞入",完成当前内容的动画效果设置。

12.2.15 任务 15:处理"大熊猫"PPT

12.2.15.1 任务 15 的操作要求

(1)在最后添加一张幻灯片,设置其版式为"标题幻灯片",在主标题区输入文字"The End"(不包括引号)。

(2)设置页脚,使除标题版式幻灯片外,所有幻灯片(即第 2~第 6 张)的页脚文字为"国宝大熊猫"（不包括引号）。

（3）将"作息制度"所在幻灯片中的表格对象，设置动画效果为进入"自右侧 擦除"。

（4）将"活动范围"所在幻灯片中的"因此活动量也相应减少"降低到下一个较低的标题级别。

（5）将"大熊猫现代分布区"所在幻灯片的文本区，设置行距为1.2行。

PPT 任务 15
视频

12.2.15.2   任务 15 的操作过程

（1）在最后添加一张幻灯片，设置其版式为"标题幻灯片"，在主标题区输入文字"The End"（不包括引号）。

1）在 PowerPoint 左侧目录区中，单击最后一张幻灯片；再单击功能区中的"开始（或插入）"→"新建幻灯片下拉框"→"标题幻灯片"，生成新幻灯片。

2）单击新添加的幻灯片，选择标题文本框输入文字"The End"，操作完成。

PPT 任务 15
源文件

（2）设置页脚，使除标题版式幻灯片外，所有幻灯片（即第2~第6张）的页脚文字为"国宝大熊猫"（不包括引号）。

1）选择任一张幻灯片，单击功能区中的"插入"→"文本"→"页眉和页脚"，打开"页眉和页脚"对话框。

2）勾选"页脚"，输入文字"国宝大熊猫"（不包括引号），并勾选"标题幻灯片中不显示"，单击"全部应用"按钮，如图 12.13 所示，操作完成。

图 12.13   页脚设置

（3）将"作息制度"所在幻灯片中的表格对象，设置动画效果为进入"自右侧 擦除"。

选择"作息制度"所在幻灯片（第 6 张），单击幻灯片表格对象的边框，单击功能区中的"动画"→"进入"→"飞入"，打开"效果选项"下拉框，选择"自右侧"，完成当前内容的动画效果设置。

（4）将"活动范围"所在幻灯片中的"因此活动量也相应减少"降低到下一个较低的标题级别。

选择"活动范围"所在幻灯片（第 5 张）中的文字"因此活动量也相应减少"，按 Tab 键，使该文字降低到下一个较低的标题级别，也就是它与文字"也减少了为吃喝而到处奔波所耗费的能量。"为同一标题级别。

（5）将"大熊猫现代分布区"所在幻灯片的文本区，设置行距为 1.2 行。

1）选择"大熊猫现代分布区"所在幻灯片（第 4 张），单击内容文本的边框，选择整个内容文本框对象。

2）单击功能区中的"开始"→"段落"，打开"段落"对话框，如图 12.14 所示。设置"行距"为"多倍行距"，"设置值"为"1.2"，单击"确定"按钮，完成操作。

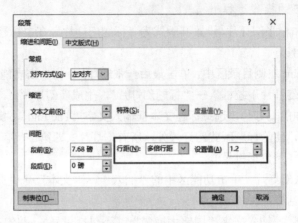

图 12.14　行距设置

第 13 章

思政智慧办公典型案例

13.1 Word 思政文档案例

Word 思政文档原文如图 13.1 所示。

Word 思政文档案例视频

Word 思政文档案例源文件

关于开展 2022 年度省直支部"双争评比"活动的通知

省直属各基层组织：

为进一步增强基层组织的活力和凝聚力，推进创先争优活动，发挥先进典型的引导、示范和激励作用，营造"学先进、赶先进、争先进"的浓厚氛围，更好地发挥参政党作用，经研究，决定开展 2021 年度省直支部"双争评比"活动。

请各基层组织按照《2022 年度省直支部"双争评比"工作方案》的要求，做实做细支部各项工作，及时开展总结和推荐工作，并及时上报有关材料。

附：2022 年度省直支部"双争评比"工作方案

浙江省委会直属工作委员会

2022 年 3 月 22 日

2022 年度省直支部"双争评比"工作方案

一、指导思想

争创先进支部、争当优秀党员的"双争评比"工作是省委会加强直属支部组织建设的重要抓手。"双争评比"工作以党章对支部工作的要求为指针，以有利于继承和发扬党的优良传统、有利于发挥参政党作用、有利于增强基层组织的活力和凝聚力为宗旨，进一步营造团结奋进、民主和谐、开拓创新、昂扬向上的支部工作氛围，达到为省委会各项工作服务的目的。

二、评比要求

每个支部在党员个人和支委会工作回顾与小结的基础上，进行支部总结，根据总结，对照量化考核办法进行自我评定打分。支部的特色和一些在打分表上无法表达或体现的内容，可在总结中反映。

所有支部都应参与双争评比工作，凡是不报送支部评比材料的，不得参与优秀干部和优秀党员的评比。

三、奖项设置

针对各支部不同的类型和党员队伍结构，遵循各支部工作的规律，贯彻公开、平等、均衡、激励的原则，省直支部 2022 年度"双争评比"设置两大类奖项

(一)先进集体类：

1、先进支部（综合奖）：

在各支部总结交流的基础上，综合评定出省直先进支部 5 个。

2、先进支部（特色奖）：

考虑到各支部的不同特点，为鼓励支部工作的特色性、创新性和进步性，根据量化打分情况，评定以下 7 类单项先进支部奖：

组织建设先进支部；

宣传报道工作先进支部；

反映社情民意工作先进支部；

参政议政工作先进支部；

社会服务工作先进支部；

爱岗敬业先进支部。

(二)先进个人类：

1、优秀干部：

由各支部在支部委员会委员中推荐出优秀干部 1 名，其中设立基层委员会或总支的，可以在基层委员会或总支部委员中单独推荐一名优秀干部（不占支部名额），经省委会组织部审核后确认。

2、优秀党员：

各支部按 2021 年 12 月底人数的 15%评选出优秀党员名单，经省委会组织部审核后确认。

四、评比机构

省直支部 2022 年度"双争评比"工作由省直属工作委员会领导并组织评比。

附件：

1."双争评比"各奖项评比条件；

2.各支部优秀党员名额分配表；

3.各支部优秀干部和优秀党员推荐名单；

浙江省委会直属工作委员会

2022 年 3 月 22 日

附件 1

浙江省直属支部 2022 年度"双争评比"

各奖项评比条件

一、先进集体类

(一)先进支部（综合奖）

1.认真组织学习党的方针政策，执行《党章》和《支部工作条例》，认真完成上级组织所布置的各项任务。

2.坚持正常的支部组织生活，出勤率高，形式灵活多样。

3.调动党员的积极性、创造性，在参政议政、反映社情民意、社会服务等工作中成绩显著。

4.鼓励党员在本职工作中作出成绩。

5.支部委员会团结，集体意识强，能运用正确的方法，及时处理和解决好各类问题，支部凝聚力强。

6.年度量化考核得分全面，总分领先。

7.量化考核单项分值不得为零。

(二)先进支部（特色奖）

支部在量化考核评分表中第一、二、三、十二项的得分之和超过 60 分，在此前提下，方可评选以下先进支部（特色奖）：

1.组织建设先进支部：全年组织生活计划性强，活动次数多，出勤率高，党费收缴齐全，组织生活形式多样，富于创新，质量高，支部工作制度健全，支部党员凝聚力强，支部在量化考核评分表中第一、二、三、四项的得分之和位于省直支部前十名。

2.宣传报道工作先进支部：宣传意识强，善于挖掘支部工作的特色、亮点和党员的典型事迹，宣传报道投稿积极，稿件及征文质量高，被采用篇数多，宣传效果好，支部在量化考核评分表中第五项的得分位于省直支部前十名。

3.反映社情民意工作先进支部：反映社情民意信息稿件数量多，质量好，采用层次高，社会反响大，支部党员参与率高，支部在量化考核评分表中第六项的得分位于省直支部前十名。

4.参政议政工作先进支部：全年参政议政提案（建议）稿件数量多，质量好，采用层次高，社会反响大，支部党员参与率高，支部在量化考核评分表中第七项的得分位于省直支部前十名。

5.社会服务工作先进支部：支部或者党员个人参加单位、社区和各级党组织的社会服务活动积极主动，人次多，形式多样，社会反响大，社会服务效果好，支部党员参与率高，支部在量化考核评分表中第九项的得分位于省直支部前十名。

6.爱岗敬业先进支部：支部党员立足岗位，爱岗敬业，个人建功获奖人次多，层次高，社会影响大，支部党员获奖率高，支部在量化考核评分表中第十项的得分位于省直支部前十名。

二、先进个人类

(一)优秀干部

1.热心支部工作，组织开展形式多样的支部活动。

2.关心同志、团结同志。

3.主动保持与组织联系，沟通情况，及时解决问题。

4.任劳任怨，踏实肯干，顾全大局，不计较个人得失，有奉献精神。

5.支部工作成绩显著。

(二)优秀党员

1.认真参加政治学习，注重联系实际。

2.热爱党组织，按时参加组织生活，积极参加党组织的各项活动。

3.积极反映社情民意，有较强的参政意识。

4.在本职工作中取得一定的成绩。

附件 2

××省直支部 2022 年度"双争评比"优秀党员

名 额 分 配 表

表 1 按 2021 年 12 月底党员数分配

支部	党员数	名额	备注
浙大玉泉支部	53	8	
浙大西溪支部	34	5	
浙大医学支部	34	4	
浙大华家池支部	15	2	
浙大紫金港支部	16	2	
浙一医院支部	24	4	
浙二医院支部	42	6	
邵逸夫医院支部	15	2	
省妇保医院支部	10	2	
工大朝晖校区支部	25	4	
工大屏峰校区支部	14	2	
工大之江学院支部	9	1	
长征小和山支部	27	4	
长征新华路支部	24	4	
住房和城乡建设支部	48	7	
浙江工商大学支部	34	5	
浙江财经大学支部	20	3	
杭州电子科大支部	21	3	
浙江传媒学院支部	10	2	
浙江医院支部	21	3	
省人民医院支部	12	2	
省中医院支部	21	3	
浙江中医药大学校区支部	10	2	
浙江省中山医院支部	6	1	
省医科院支部	14	2	
省肿瘤医院支部	13	2	
浙江能源集团支部	6	1	
浙江农林大学支部	6	1	
机关支部	29	4	
合计	1277	192	

附件 3

××省直支部 2022 年度"双争评比"

优秀干部和优秀党员推荐名单

支部名称

推荐时间

参加推荐人员范围

优秀干部

候选人

（1 名）

优秀党员名单

（按分配名额）

备注

支部书记签名　　　　推荐人　　　　填写日期　　年　　月

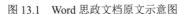

图 13.1　Word 思政文档原文示意图

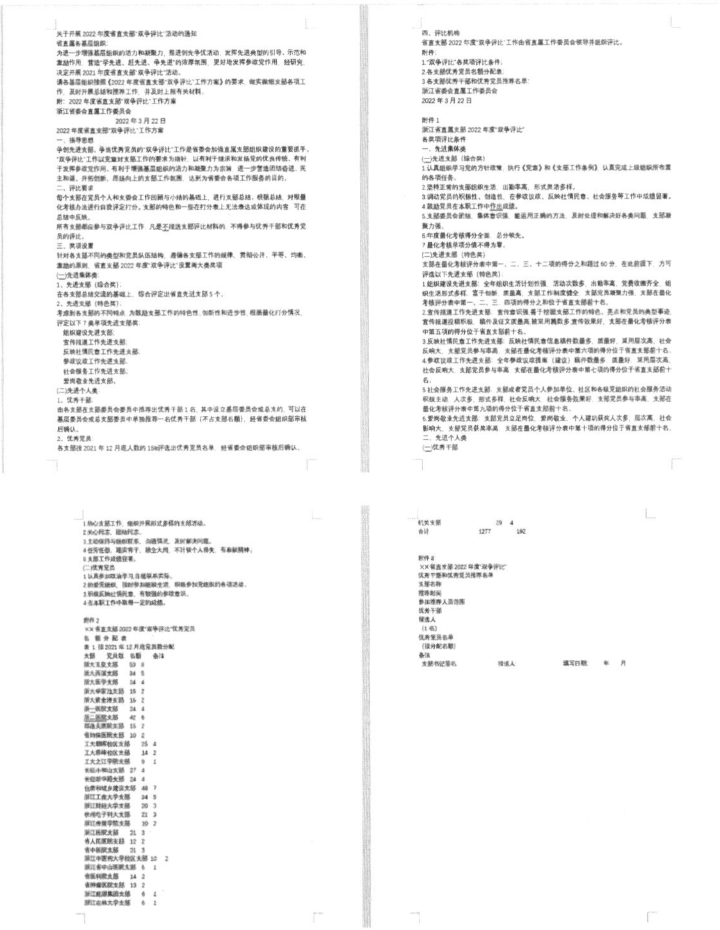

Word 思政文档完成后的效果如图 13.2 所示。

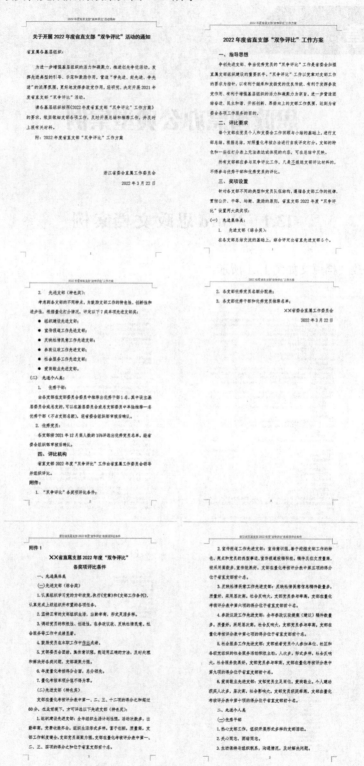

图 13.2（一） Word 思政文档完成后效果示意图

图 13.2（二）　Word 思政文档完成后效果示意图

13.1.1　操作要求

（1）通知页。

1）抬头：红色黑体加粗三号字体，段前段后各空 1 行，1.5 倍行距。

2）省直属各基层组织所在行：仿宋四号字体，段前段后各空 1 行，1.5 倍行距。

3）通知正文：仿宋四号字体，行距 1.5 倍，首行缩进 2 字符。

4）附：所在行：仿宋四号字体，段后 5 行，行距 1.5 倍，首行缩进 2 字符。

5）落款：仿宋四号字体，1.5 倍行距，右对齐。

6）页眉：2022 年度省直支部"双争评比"活动通知，居中显示。

7）页脚：插入页码，居中，要求能自动更新。

8）布局：插入分隔符，分节符下一页。

（2）工作方案。

1）抬头：红色黑体加粗小二号字体，段前段后各空 1 行，1.5 倍行距。

2）一级标题：采用自动编号：一、二、的形式，黑体三号字体，左缩进 1 厘米，1.5 倍行距。

3）二级标题：采用自动编号：（一）（二）的形式，楷体四号字体，左缩进 1 厘米，1.5 倍行距。

4）三级标题：采用自动编号，1. 2. 的形式，仿宋四号字体，左缩进 1 厘米，1.5 倍行距。

5）其他正文：仿宋四号字体，首行缩进 2 字符，1.5 倍行距。

6）项目符号：实心圆形，左缩进 1.5 厘米，1.5 倍行距。

7）附件：黑体三号，左对齐 1.5 倍行距。附件与落款格式与正文一致，编号为自动编号。

8）页眉：2022 年度省直支部"双争评比"工作方案，居中显示。

9）页脚：插入页码，居中，起止页码 1～3 页，要求能自动更新。

（3）各奖项评比条件。

1）附件 1：黑体三号，左对齐，1.5 倍行距。

2）抬头：黑体加粗小二号字体，段前段后各空 1 行，1.5 倍行距。其中，抬头的第一行段前空 1 行，第二行段后空 1 行。

一级标题：采用自动编号：一、二、的形式，黑体三号字体，左缩进 1 厘米，1.5 倍行距。

二级标题：采用自动编号：（一）（二）的形式，楷体四号字体，左缩进 1 厘米，1.5 倍行距。

3）其他正文：仿宋四号字体，首行缩进 2 字符，1.5 倍行距。

4）页眉：022 年度省直支部"双争评比"各奖项评比条件，居中。

5）页脚：插入页码，居中，起止页码 1～3 页，要求能自动更新。

（4）优秀党员名额分配表。

1）附件 2：黑体三号，左对齐，1.5 倍行距。

2）抬头：黑体小二加粗，第一行，段前空 0.5 行，第二行，段后空 0.5 行，均为单倍行距。

3）表格：插入 31 行 4 列表格，要求合计值为使用函数计算，即可以动态更新求和数据。

4）题注：在表格上方插入题注，题注右对齐。

5）页眉：2022 年度省直支部"双争评比"名额分配表。

6）页脚：插入页码，居中，要求能自动更新。

（5）优秀党员推荐名单。

1）附件 3：黑体三号，左对齐，1.5 倍行距。

2）抬头：黑体小二加粗，第一行，段前空 0.5 行，第二行，段后空 0.5 行，均为单倍行距。

3）表格：如效果图所示，绘制表格，表格文字设置为仿宋四号字体，"支部名称、推荐时间、备注"设置字符间距加宽 5 磅。

4）页眉：2022 年度省直支部"双争评比"优秀干部和优秀党员推荐名单。

5）页脚：插入页码，居中，要求能自动更新。

13.1.2 操作过程

（1）通知页。

鼠标选中抬头文本"关于开展 2022 年度省直支部'双争评比'活动的通知"，字体面板设置黑体，并同时设置字体颜色红色以及加粗三号字体。段落设置面板设置段前段后各空 1 行、1.5 倍行距，设置抬头居中显示，如图 13.3 所示。

鼠标选中"省直属各基层组织所在行"，使用相同方法在字体面板设置仿宋四号字体，在段落设置面板设置段前段后各空 1 行、1.5 倍行距。

鼠标选中正文，即从"为进一步增强基层组织……并及时上报有关材料。"在字体设置面板设置正文为仿宋四号字体，在段落设置面板设置行距 1.5 倍，其中特殊缩进选择为首行缩进 2 字符。

鼠标选中"附："所在行，在字体设置面板设置仿宋四号字体，段落设置面板设置段后 5 行，行距 1.5 倍，首行缩进 2 字符，如图 13.4 所示。

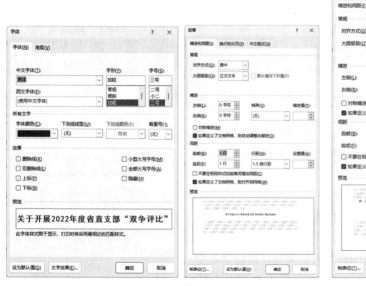

图 13.3 设置抬头文本

图 13.4 设置"附："所在行

鼠标选中落款"××省委会直属工作委员会"及对应的日期，在字体面板设置仿宋四号字体，在段落设置面板设置 1.5 倍行距，确定退出后，再次选择文本右对齐。

双击页面顶端的空白处，打开页眉设置，并输入页眉文本"2022 年度省直支部'双争评比'活动通知"，设置为文本居中，单击选项卡中关闭页眉和页脚或直接在正文任意处双击确定退出页眉的设置，如图 13.5 所示。

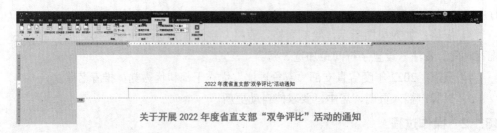

关于开展 2022 年度省直支部 "双争评比" 活动的通知

图 13.5 设置页眉

双击页面底端的空白处，打开页脚设置，点击"页码"→"页面底端"→"普通数字2"，如图 13.6 所示。

最重要的环节，在设置完页脚的页码后，须添加节分隔符，这是决定后续格式的重要步骤，切勿遗漏此操作。选择"布局"→"分隔符"→"下一页"，在此空白处添加了一个隐藏的节分隔符，在此符号之前的所有页内容（尽管此处只有一页）均被定义为一个小节，由于此小节是整个文档第一次出现，所以该小节即为第 1 小节，如图 13.7 所示。

图 13.6 设置页脚

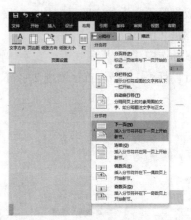

图 13.7 设置分隔符

至此，通知页已全部设置完成，其效果如图 13.8 所示。

（2）工作方案。

鼠标选中抬头"2022 年度省直支部'双争评比'工作方案"，在字体设置面板设置抬头为红色黑体加粗小二号字体，在段落设置面板设置抬头为段前段后各空 1 行，1.5 倍行距，可参见上述通知页的相关具体做法。

设置一级标题的自动编号。工作方案文档中，指导思想、评比要求、奖项设置和评比机构为一级标题，以指导思想的设置为例，鼠标选中"一、指导思想"，在字体设置面板设置为黑体三号字体，在段落设置面板设置为左缩进 1 厘米，1.5 倍行距。如图 13.9 所示。

继续选中"一、指导方案"，单击段落选项卡中的

图 13.8 通知页完成效果

编号下拉菜单，单击"编号库"中如图 13.10 所示的第一行第三列选项即可完成对指导方案编号的自动编号。

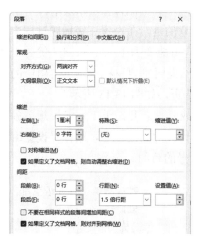

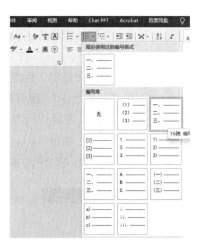

图 13.9　设置一级标题　　　　　　　　　图 13.10　设置自动编号

可观察到，设置前后的一级目录在视觉上无差别，但设置前的"一、"是通过键盘输入，并不会自动编号，例如将此"一、"编号删除，后续文本中的"二、三、四、"等编号并不会自动向前更新为"一、二、三、"，若文章编号复杂，不采用自动编号将会大大增加编号错误的概率，即便发现错误，修改起来也是极其烦琐。如若设置了自动编号，那么上述错误将不会发生，所有编号都将自动向前递进一步编号值。

按照上述方法，继续设置"二、评比要求""三、奖项设置""四、评比机构"的自动编号。在完成过程中，可发现如图 13.11 所示的状态，只需要删除右侧手动输入的编号"二、"，然后鼠标右键单击自动编号"一、"，点击"继续编号"即可完成自动顺序编号。也可以选中已完成的"一、指导方案"，双击格式刷，复制指导方案编号的各种已设置的格式，在其他一级目录的编号处用格式刷粘贴格式内容，如遇到上述类似的错误，也需要删除手工输入的数字编号。

图 13.11　自动编号过程

设置二级标题的自动编号。工作方案文档中，先进集体类、先进个人类都为二级标题，以先进集体类的设置为例，鼠标选中"（一）先进集体类:"，单击段落选项卡中的编号下拉菜单，单击"编号库"中如图 13.12 所示的第三行第三列选项即可完成对先进集体类编号的自动编号。

先进支部（综合奖）、先进支部（特色奖）、优秀干部、优秀党员以及附件中的 3 条信息都为三级标题，也采用相似的方法设置。需要注意的是，在设置三级标题过程中，由于使用了自动编号，原有的 1、2、1、2 四个编号，有可能变为 1、2、3、4，优秀干部标题的编号很容易出错，文档会自动认为继续编号，那么此时需要鼠标右键单击出错的自动编号"3."，单击"重新开始于 1"，即可对编号进行修正，如图 13.13 所示。

根据文档设置的需求，灵活使用"继续编号"或"重新开始于 1"，如果想单独设置一个其他数值的编号，也可以通过鼠标右键单击需要修改的自动编号，选择"设置编号值"来设置特殊性的编号，达到文档中文本进行特殊编号的目的。

图 13.12　选中"编号库"第三行第三列

图 13.13　占位符

设置工作方案文档中的正文格式，除了一级、二级、三级编号标题以外的正文在字体面板设置为仿宋四号字体，段落设置为首行缩进 2 字符，1.5 倍行距。与上述内容相同，不再赘述。

设置完正文格式后，继续设置文档中组织建设先进支部等 7 类单项先进支部奖的项目符号。如图 13.13 所示的空心方块，此方块可视为占位符，直接删除即可。选中该 7 类先进支部奖，单击项目符号下拉菜单，选择项目符号库第二种类型，即得实心圆形符号。如图 13.14 所示。

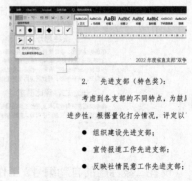

图 13.14　实心圆形符号

将文档末尾的"附件"设置字体为黑体，三号字体，段落设置中设置为左对齐，1.5倍行距。3 个附件的字体行距等信息与正文一致，建议使用格式化复制正文的格式。3 个附件均为自动编号，也可参见前述方法设置。落款字体格式与正文一致，右对齐即可。

再次来到设置页眉，由于在通知页已设置页眉，在同一文档中若需设置不同的页眉，可以考虑利用在通知页结尾插入的节分隔符，具体操作如下：鼠标双击文档顶端，注意不要对当前页眉做任何操作，首先单击页眉和页脚选项卡中关于导航栏的"链接到前一节"，重点检查"链接到前一节"没有被选中，如图 13.15 所示。此时，通知页所在的第 1 小节页眉与工作方案所在的第 2 小节页眉之间的关联被取消，然后就可以修改工作方案的页眉为"2022 年度省直支部'双争评比'工作方案"，关闭页眉和页脚工具后，可以检查第 1 小节和第 2 小节在同一个文档中使用了不同的个性化页眉。

图 13.15　页眉和页脚

再次来到设置页脚，双击文档底部，再次打开页眉和页脚工具，再次取消"链接到前一节"，使得页脚的页码与上一节脱离联系。将鼠标移动至页码数字的左端，鼠标右键选择"设置页码格式"，在页码编号中修改"起始页码"为 1，如图 13.16 所示。

考虑到"工作方案"已排版结束，在工作方案末尾处加入一个节分隔符，点击"布局"→"分隔符"→"下一页"，如图 13.17 所示。

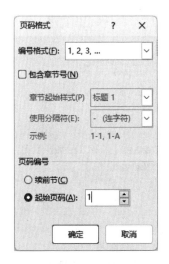

图 13.16　页码格式

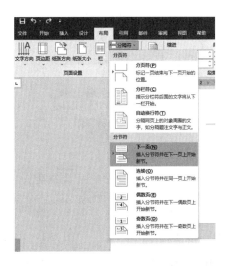

图 13.17　下一页

以上为文档中"工作方案"的制作过程，建议对文档中的附件 1"浙江省直属支部

2022 年度'双争评比'各奖项评比条件"采用相同的方法自主练习排版，注意在评比条件文档的末尾处也自主添加分节分隔符。

（3）附件 2 名额分配表。

设置名额分配表的"附件 2："字体为黑体三号，段落设置为左对齐，1.5 倍行距。

设置抬头，首先选择抬头的两行文字，打开字体设置面板，设置两行文字均为黑体小二加粗字体，鼠标在文档任意处点击取消选择，选中抬头的第一行，打开段落设置面板选择段前空 0.5 行，接着取消选择，选中抬头的第二行，再次打开段落设置面板，设置段后空 0.5 行，行距均不变维持默认状态，如图 13.18 所示。

选中名额分配表中"支部……192"的文本文字，鼠标单击菜单"插入"→"表格"→"文本转换成表格"，检查弹出菜单自动识别为 31 行 4 列的表格。由于给定的原始文件材料中，此题的每一个词之间使用了制表符作为分隔符号，所以文字分隔位置选择为制表符，

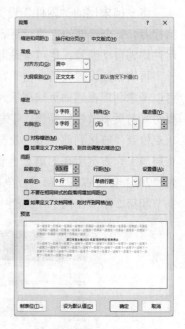

图 13.18　设置"附件 2："

若自行准备的文字使用其他符号分隔单词需要转换成表格，例如使用空格或者逗号等，须根据原始文档的条件，灵活设置文字分隔位置的符号标记，如图 13.19 所示。

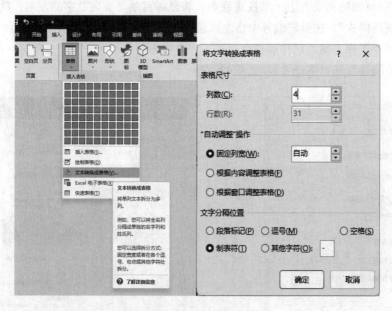

图 13.19　将文字转换成表格

选中表格第一行的"支部"，单击菜单"表格工具"→"布局"，将"宽度"设置为 4.5 厘米，如图 13.20 所示。

删除表格最后一行合计的数值，利用公式重新计算结果。鼠标单击合计行的党员数列

单元格，单击"表格工具"→"布局"→"fx 公式"，弹出菜单如图 13.21 所示，可见表格已自动填入了计算公式"=sum(above)"，其含义为将选择党员总数单元格以上的所有数值求和，最终求得党员总数为 602 名，同理可得，名额总数为 91 名。

图 13.20　布局

图 13.21　fx 公式

表格中某些单元格的数值对齐方式不一致，可选定相应错误格式的单元格，单击菜单"表格工具"→"布局"→"中部左对齐"，如图 13.22 所示。

删除表格上方的纯文本"表 1 按 2021 年 12 月底党员数分配"。选中表格左上角的田符号，起到全选表格所有单元格的作用，单击菜单"引

图 13.22　中部左对齐

用"→"插入题注"，如图 13.23 所示，单击"标签"下拉菜单，选择"表"，然后单击编号，取消"包含章节号"的勾选，如图 13.24 所示。在题注"表 1"后，通过键盘输入"按 2021 年 12 月底党员数分配"，确定退出后，将该自动题注设置为右对齐，表格的自动题注完成。由于文档最后成稿的不确定性，在文档中若有多张表格或多张图片等，使用自动题注会类似于自动编号一样自动更新图片的编号，以方便对表格或图片在文档中出现的位置顺序自由修改，而其编号会根据顺序自动修改编号，避免图表标号的错误，同时也极大地减少了文档编辑者对于编号修改的繁琐。

图 13.23

图 13.24　题注

修改"名额分配表"的页眉和页脚方法与前述一致，页眉或页脚都需要先"取消链接到上一节"，然后相应修改页眉或页脚。

最后在表格的末尾插入节分隔符，单击菜单"布局"→"分隔符"→"下一页"。

（4）附件 2 名额分配表。

选中"附件 3"，字体面板设置黑体三号字体，段落面板设置左对齐，15 倍行距。

选中两行抬头，字体面板设置黑体小二号加粗字体。选中抬头的第一行，段落面板设置段前 0.5 行，确定后选中抬头的第二行，段落面板设置段后 0.5 行。

首先单击菜单"开始"字体面板，设置表格内文本为仿宋 4 号字体，并单击字体面板上部的高级选项卡，选择"间距"下拉菜单为"加宽"，数值填入 5 磅，如图 13.25 所示。

然后选中"支部……备注"，单击菜单"插入"→"表格"→"文本转换成表格"，直接单击确定退出。此时利用文本创建了一个 9 行 1 列的表格，与目标表格的排版差距较大，选择表格第 1 行到第 3 行，单击菜单"表格工具"→"布局"→"高度"设置为 1 厘米，如图 13.26 所示。

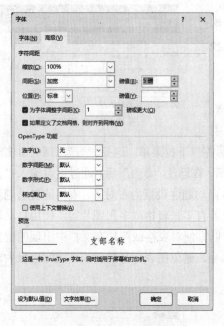

图 13.25　设置字体　　　　　　　　图 13.26　表格工具

选择表格的第 4 行至第 6 行，鼠标右键点击合并单元格。选定合并后表格的第 5 行和第 6 行，再次单击鼠标右键选择合并单元格。至此，表格的雏形已完成。

选择表格第 4 行并在"表格工具"→"布局"中设置高度为 2 厘米。在第 5 行中的文本"优秀党员干部"每一个汉字后方均插入回车换行，使得原本水平排列的行字呈现垂直文本的状态，如图 13.27 所示，同时设置该行的高度为 10 厘米。

单击菜单"表格工具"→"布局"→"绘制表格"，如图 13.28 所示，此时移动鼠标到表格上方后，鼠标形状更改为铅笔形状，直接从第 1 行至第 3 行绘制一条分隔线。

从表格的第 4 行到第 5 行合适位置同样绘制一条分隔线，如图 13.29 所示。

最后，修改"推荐名单"的页眉和页脚方法与前述一致，页眉或页脚都需要先"取消链接到上一节"，然后相应修改页眉或页脚，至此整个 word 思政案例制作完成。

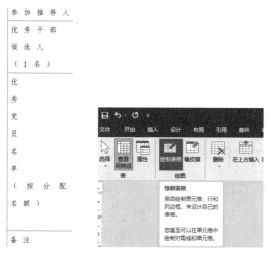

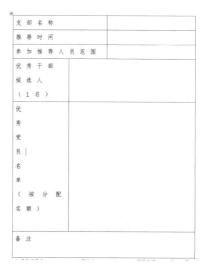

图 13.27　设置表格第 4 行　　图 13.28　绘制表格　　　图 13.29　绘制分隔线

13.2　Excel 思政文档案例

阅读历年总工会会内统计公报如图 13.30 所示，查找数据，制作表格。美观表格处理，并将数据结合自身需求进行有效的数据筛选，将筛选结果利用图形可视化处理达到自身要求,通过提供的 VBA 脚本,用按钮来控制滚动字幕。制作完成效果图可参考图 13.30 所示。

Excel 思政文档
案例视频

图 13.30　制作完成效果图

Excel 思政文档
案例源文件

以 2022 年 12 月 31 日的总工会统计公报为例，如图 13.31 所示，文档从多个维度明确了截止于 2022 年年底的工会会员信息的具体数据。

通过阅读文档，在诸多数据中采集关键数据，并将历年统计公报中明确的数据制作表格，如图 13.32 所示。读者可根据结合自身特点，采集其他数据以产生不同的显示效果。

建议操作内容如下：

（1）选定数据表的 A3 : K4 区域，制作"会员总人数趋势图"。单击菜单"插入"→"插入折线图或面积图"→"带数据标记的折线图"，如图 13.33 所示。

257

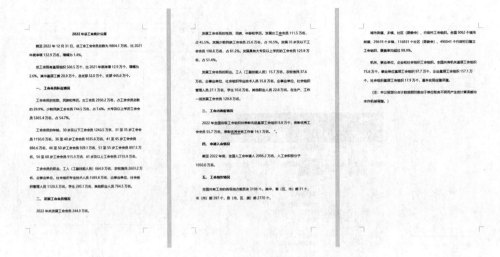

图 13.31　2022 年总工会统计公报

总工会会员队伍结构人数一览表

年份	2012年	2013年	2014年	2015年	2016年	2017年	2018年	2019年	2021年6月	2021年
会员人数	8512.7	8668.6	8779.3	8875.8	8944.7	8956.4	9059.4	9191.4	9514.8	9671.2
男性会员人数	6485.8	6559.6	6612.1	6648	6646.5	6567.6	6592.9	6631.5	6769.8	6828.1
女性会员人数	2026.9	2109	2167.2	2227.8	2298.2	2388.8	2466.5	2559.9	2745	2843.1
汉族会员人数	7932.5	8073.2	8174.2	8257.8	8314.7	8305	8394.9	8511.1	8801.3	8942.7
少数民族会员人数	580.2	595.4	605.1	618	630	651.4	664.5	680.3	713.5	728.5
高学历会员人数	3408.1	3606.8	3775.5	3932.4	4103.1	4328.6	4493.7	4661.5	4951.3	5146.1
高中及以下学历人数	5104.6	5061.8	5003.8	4943.4	4841.6	4627.8	4565.7	4529.9	4563.5	4525.1
35岁以上会员人数	6332.6	6431	6531.4	6621.4	6672.2	6722.7	6847.8	6965.3	7146.9	7255.3
35岁及以下会员人数	2180.1	2237.6	2247.9	2254.4	2272.5	2233.7	2211.6	2226.1	2367.9	2415.9
30岁以下会员人数	无统计数据	无统计数据	无统计数据	1375.2	1369	1331.4	1273.9	1231.5	1255.3	1262.4
30-35岁会员人数	无统计数据	无统计数据	无统计数据	879.2	903.5	902.3	937.7	994.6	1112.6	1153.5

备注：2020年由于新冠疫情，统计数据有一定的延迟

图 13.32　总工会会员队伍结构人数一览表

若产生的数据可视图表并没有折线图显示效果，原因是默认情况下产生图表是根据列数据才能绘图，当前选定的 A3：K4 区域的数据产生于同一行，所以，很重要的一步需要首先点选图表作为操作对象，然后单击菜单"图表设计"→"切换行/列"，图表即可绘制，如图 13.34 所示。

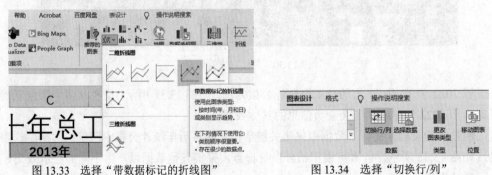

图 13.33　选择"带数据标记的折线图"　　　　　　图 13.34　选择"切换行/列"

鼠标右键单击图表折线上的任意一个圆形节点，在展开的菜单中选择"添加数据标签"→"添加数据标签"，如图 13.35 所示，即可在每一个年度节点上展示具体的数据。

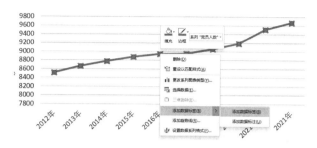

图 13.35　选择"添加数据标签"

由于数据和节点位置有可能产生重叠现象，显得既不庄重也不美观，所以鼠标右键单击任意一个节点显示的数据，单击"设置数据标签格式"，Excel 右侧即显示数据标签格式的调整界面，选择"靠上"即可，如图 13.36 所示。

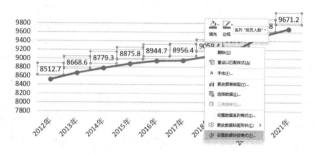

图 13.36　选择"设置数据标签格式"

接下去修改主趋势线的线条颜色。鼠标右键单击任意节点，单击"设置数据系列格式"，Excel 右侧弹出设置界面，如图 13.37 所示，点击油漆桶图标 ，在颜色的下拉菜单中选择合适的填充色来修改线条的颜色，建议选择为红色。

成功修改线条颜色后，若需要修改节点颜色，可直接单击油漆桶图标下方的"标记"，从而将设置对象从"线条"转换成"标记"，单击"填充"展开菜单选项，设置为"纯色填充"，修改颜色为"白色"即可，如图 13.38 所示。单击展开"边框"，修改为"无线条"。

图 13.37　修改主趋势线的线条颜色

图 13.38　修改节点颜色

单击图表下方的图例项"—会员人数—",选择键盘删除键"DEL",修改图表的标题为"近十年会员总人数趋势图"。

依次单击图表上的标题、纵坐标数值、横坐标年份、数据标签数值,通过"开始"→"字体"设置面板,将所有数值设置为"白色"。此时图表仅剩一条红色的趋势线。选中图表,单击"开始"→"字体"设置面板的油漆桶标识,填充背景色为"黑色",如图 13.39 所示。

图 13.39 设置字体

通过右下角控制点调整图表的大小即可出现如图 13.40 所示的效果。

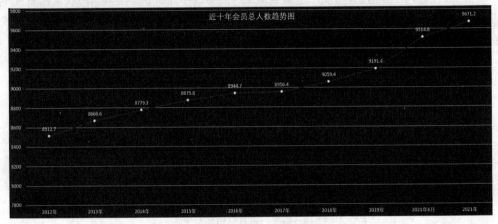

图 13.40 调整图表大小效果

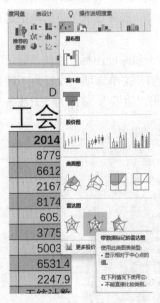

图 13.41 选择"带数据标记的雷达图"

(2)回到最初的数据表,选择 A3:K3,A9:K10 区域,制作"近十年会员学历分布对比图"。单击菜单"插入"→"插入瀑布图、漏斗图等"→"雷达图"→"带数据标签的雷达图",如图 13.41 所示。

修改标题为"会员学历分布对比图",并依次点选图表中的所有文字和数值,通过"字体"设置面板,将字体颜色统一修改为"白色",标题字体大小为 10,其余修改字体大小为"6",此时图表仅呈现彩色线条。选择图表,通过"字体"设置面板,将背景填充色修改为"黑色"。效果如图 13.40 所示。

在图表内单击鼠标右键(注意不要对雷达图右键,仅对图表右键即可),选择"设置图表区域格式",在右侧的弹出界面中,选择油漆桶标识,展开"填充"选项,选择"渐变填充"。依次选择"类型"为"射线","方向"为"从中心",观察渐变光圈下的滑杆,默认情况下有 4 个停止点用于控制渐变色的变化,通过滑杆右侧的 标识,删除多余的停止点,仅保留 2 个停止点。并且,将左侧的

停止点设置为白色，然后选择右侧的停止点设置为黑色，同时黑色的停止点"位置"设置
为"30%"，透明度和亮度设置为"0%"，如图 13.43 所示。

图 13.42　修改字体效果图

图 13.43　设置停止点

展开"边框"选项，选择"无线条"即可删除整个图表的白色外边框线。

设置完成后，效果如图 13.44 所示，整体显示为球状立体效果。

（3）回到最初的数据表，选择 A3∶K3，A11∶K12 区域，制作"近十年基于年龄的会
员结构分析图"。单击菜单"插入"→"插入柱形图"→"二维柱形图"→"簇状柱形图"，
并按照会员总人数趋势图中的方法切换行/列，从而正确显示对比柱形，选中图表，单击菜
单"图表设计"→"添加图表元素"→"数据表"→"显示图例项标示"，如图 13.45 所示。

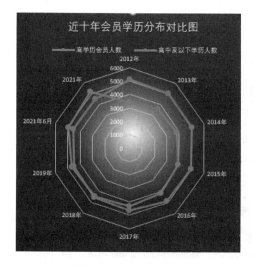

图 13.44　球状立体效果

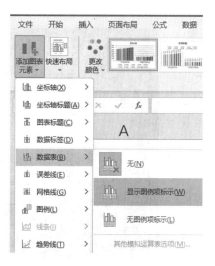

图 13.45　选择"显示图例项标示"

261

　　将标题修改为"基于年龄的党员结构分析图"，并将字体大小设置为 10，字体颜色设置为白色。将其余文字和数值统一修改字体大小为 6，字体颜色为白色，选中图表，在字体设置面板将填充色修改为黑色。整体效果如图 13.46 所示。

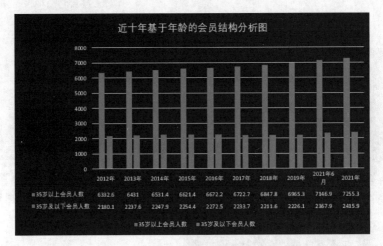

图 13.46　设置字体效果图

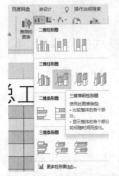

图 13.47　选择"三维堆积柱形图"

　　（4）回到最初的数据表，选择 A3∶K3，A5∶K6 区域，制作"近十年男女会员人数对比分析图"。单击菜单"插入"→"插入柱形图"→"三维柱形图"→"三维堆积柱形图"，并按照会员总人数趋势图中的方法切换行/列，从而正确显示对比柱形，如图 13.47 所示。

　　将标题修改为"男女会员人数对比分析图"，并将字体大小设置为 10，字体颜色设置为白色。将其余文字和数值统一修改字体大小为 6，字体颜色为白色，选中图表，在字体设置面板将填充色修改为黑色。整体效果如图 13.48 所示。

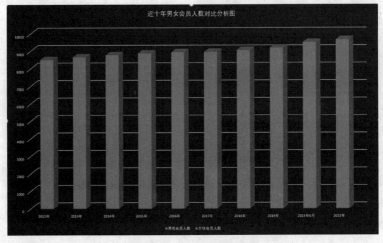

图 13.48　设置面板效果图

（5）回到最初的数据表，选择 A3 : K3，A8 : K8 区域，制作"少数民族会员人数图"。单击菜单"插入"→"插入饼图或圆环图"→"三维饼图"，并按照会员总人数趋势图中的方法切换行/列，从而正确显示三维饼图，选中图表中的彩色圆饼，单击菜单"图表设计"→图表"样式 8"，如图 13.49 所示。

图 13.49　选择"样式 8"

任意选择彩色圆饼的一个色块，单击鼠标一气呵成地往外拉，从而形成分散性饼图的显示效果，注意在往外来的时候不能分步操作，若是先点选某一色块，第二次再单击往外拉，就会形成单个色块的重点分离，在某些场合需要特别突出某个色块所占比例，可使用这样的二步操作法来实现。

在图表内单击鼠标右键（注意不要对饼图右键，仅对图表右键即可），选择"设置图表区域格式"，在右侧的弹出界面中，选择油漆桶标识，展开"填充"选项，选择"渐变填充"。依次选择"类型"为"路径"，观察渐变光圈下的滑杆，默认情况下有 4 个停止点用于控制渐变色的变化，通过滑杆右侧的标识，删除多余的停止点，仅保留 2 个停止点。并且，将左侧的停止点设置为白色，然后选择右侧的停止点设置为黑色，同时黑色的停止点"位置"设置为"75%"，透明度和亮度设置为"0%"，如图 13.50 所示。

展开"边框"选项，选择"无线条"即可删除整个图表的白色外边框线。

将标题修改为"少数民族会员人数图"，并将字体大小设置为 10，字体颜色设置为白色。将年份统一修改字体大小为 6，字体颜色不变，选中图表，在字体设置面板将填充色修改为黑色。整体显示效果如图 13.51 所示。

图 13.50　设置图表区格式

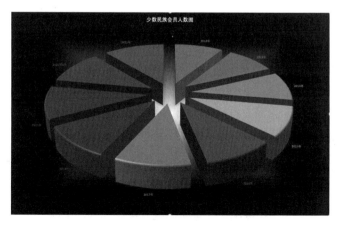

图 13.51　设置标题和面板后的效果图

263

（6）新建工作表 Sheet2，将上述 5 张已经初步完成的图表复制到 Sheet2 表内，建议如图 13.52 所示的结构放置，注意在中间主图下方留下空白处用于制作滚动字幕。

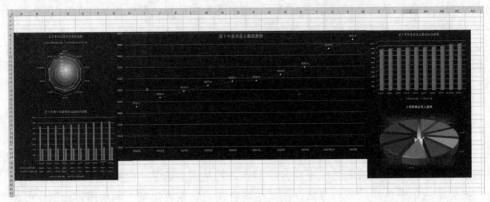

图 13.52　结构设置位置

图 13.53　填入 "roll"

选中顶部空白处的所有单元格，单击菜单 "开始" → "合并后居中"。在合并后的单元格 A1 中输入文本 "2012-2021 总工会会内公报数据分析大屏"，由于读者使用的屏幕分辨率不相同，则无需统一字体大小，读者自行设置美观的字体，并调整字体大小为合适即可。

将主图下方空白处的多行空白单元格也 "合并后居中"，单击此合并后的单元格，在右上角的单元格名称框内填入 "roll"，如图 13.53 所示。

单击菜单 "文件" → "选项" → "自定义功能区"，勾选 "开发工具"，如图 13.54 所示。

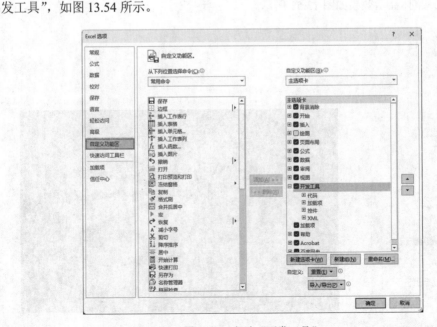

图 13.54　勾选 "开发工具"

继续在选项中单击左侧的"信任中心"，并且单击"信任中心设置"。在信任中心设置内选择左侧的"宏设置"，并且点选"启用所有宏（不推荐：可能会运行有潜在危险的代码）"，确定退出文件选项，如图 13.55 所示宏设置。

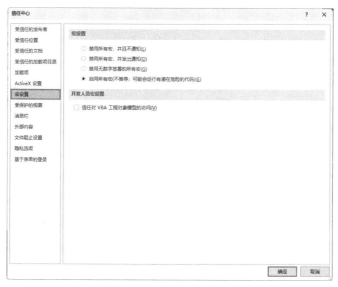

图 13.55　宏设置

单击菜单"开发工具"→"插入"→"表单控件"的左上角图标"按钮（窗体按钮）"，如图 13.56 所示。

再次单击菜单"开发工具"→"查看代码"，在左侧"工程 VBAProject"空白处单击鼠标右键，选择"插入"→"模块"，如图 13.57 所示。

图 13.56　按钮（窗体按钮）

图 13.57　选择"模块"

插入模块后，在窗体内复制粘贴提供的代码，或手动输入以下代码：

```
Option Explicit
Dim s As Boolean

Sub startscrolling()
s = True
keepscrolling
End Sub
Sub keepscrolling()
Dim t As Single
t = Timer
Do Until Timer > t + 0.5
DoEvents
Loop
If s Then
    Range("roll") = Right(Range("roll"), 1) & Left(Range("roll"), Len(Range("roll")) - 1)
    startscrolling
End If
End Sub

Sub stopscrolling()
s = False
End Sub
```

代码中双引号"roll"即被控制的合并单元格名称，若修改合并单元格的名称为其他，则代码中需要相应的修改四处"roll"，如图 13.58 所示。

代码中函数 startscrolling( )主要功能为控制指定单元格的内容从左向右移动，而代码中的函数 stopscrolling( )主要功能为控制指定单元格的滚动字幕暂停。后续在制作控制按钮时，将会利用好这两个功能函数。

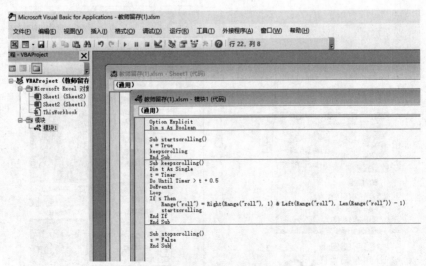

图 13.58　修改"roll"

代码输入完毕后，关闭查看代码的窗体，返回到 excel 主界面。

单击空白行，输入文字"数据来源于总工会　　　　　　　　"，注意文字的最后加入若干个空格，空格的多少取决于滚动字幕横向移动的距离，启动滚动后，如发现滚动距离不够则自行在文本的末尾处增加或减少空格即可。修改文本的字体和字体大小，建议字体颜色设置为红色。

单击菜单"开发工具"→"插入"→"表单控件"的左上角"按钮（窗体控件）"，如图 13.59 所示。

在滚动字幕左侧利用鼠标拖拽，绘制一个合适大小的控制按钮，在弹出窗口中指定宏的名称为"startscrolling"，如图 13.60 所示。即代码描述中所述的控制字幕开始滚动的功能模块。退出指定宏后，鼠标右键点击按钮，"编辑文字"为"开始"。

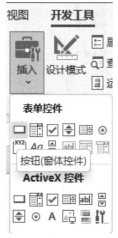

图 13.59　选择"按钮（窗体控件）"　　　　　图 13.60　指定宏

同理，在滚动字幕的右侧利用鼠标拖拽，绘制一个合适大小的控制按钮，在弹出的窗口中指定宏的名称为"stopscrolling"，即代码描述中所述的控制字幕停止滚动的功能模块。退出指定宏后，鼠标单击右键按钮，"编辑文字"为"停止"。

单击菜单"文件"→"另存为"，将文件的保存类型设置为"Excel 启用宏的工作簿(*.xlsm)"。

图 13.61　另存为

单击按钮"开始"，观察滚动字幕的动态，若滚动幅度不够，则将 roll 单元格内的文字重新编辑为"数据来源于总工会　　　　　　　　　"并在后方加入足够多的空格，再次单击按钮"开始"观察滚动字幕的动态，直至满意为止。

单击按钮"停止"，观察正在滚动的字幕是否可以暂停滚动，再次单击"开始"反复观察，直至功能无误。

将案例抬头"2012-2021 总工会会内公报数据分析大屏"的字体颜色设置为白色，单击工作表左上方的图标 ，全选整张工作表，单击菜单"开始"油漆桶工具，将主题颜色设置为黑色，如图 13.62 所示。

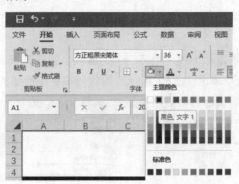

图 13.62 设置抬头字体颜色

excel 思政案例制作完成，效果如图 13.63 所示。

图 13.63 完成效果图

13.3 PowerPoint 思政演示文稿案例

PowerPoint
思政演示文稿
案例视频

13.3.1 制作要求

一份至少 8 页的 PPT，主题为美丽中国、我的家乡、绿色生活等相关内容。

要求满足：①封面；②目录；③内容页面；④结束页。

合理利用几何元素（色块、线条）、图片及文字排版，也可以合理利用 AI 工具。

13.3.2 操作过程

本案例是利用 AI 工具制作 PPT，抛弃了传统 PPT 制作方法。目前利用 AI 工具生成 PPT 的软件数不胜数，本案例以 chat-ppt 为例来完成，制作过程如下。

（1）首先打开浏览器，登录官方网址，如图 13.64 所示。下载插件安装包，并根据提示安装，安装完成后，打开 PowerPoint 2019 软件，选择空白演示文稿。

（2）单击菜单"Chat PPT"→"登录"，如图 13.65 所示。扫描二维码登录即可使用免费版 AIGC 的幻灯片制作。（免费用户每日限制制作 20 页）

图 13.64　登录官方网址

图 13.65　登录 Chat PPT

（3）登录完成后，再次单击菜单"Chat PPT"→"ChatPPT"，打开 AI 对话式 PPT 的功能，此时屏幕右侧即会显示 AI 对话界面，如图 13.66 所示。

（4）单击界面最下方的对话框，描述需要制作 PPT 的主题以及具体要求，例如"生成关于美丽中国为主题的 PPT，要求包含最新外交部的 14 天免签政策向世界展示中国的内容，包含封面、目录、页面内容和结束语"，如图 13.67 所示。

（5）AI 自动生成了 3 个相关主题，如果没有合适的主题，可以单击 AI 重新生成，直到满意为止。在此，先选择标题 3 "3.世界眼中的美丽中国"，AI 将需要再次确定生成的 PPT 内容丰富度，以选择"中等"为例，确定等待下一步提示指令，如图 13.68 所示。

（6）AI 通过一段时间的运算后，给出了建议的 PPT 幻灯片内容大纲，如图 13.69 所示，若不合适可选择"AI 重新生成"，在此直接单击"使用"进入下一步。

（7）在确定内容大纲后，AI 将会根据现有的大纲内容生成一些可选择的幻灯片主题方案，若不满意提供的方案，可选择"AI 重新生成"查看，在此，选择其中一种方案，继续 AIGC 之旅，如图 13.70 所示。

（8）在确定幻灯片的主题方案后，AI 提示使用"快速模式-AI 预设图库"或者"尝鲜模式-AI 实时绘制"，此处 2 种模式都可以，现先选择"尝鲜模式-AI 实时绘制"感受 AIGC 的魅力，如图 13.71 所示。

（9）在等待后，已通过 AIGC 生成了页面内容，同时 AI 提示，是否要为演讲人添加幻灯片每一页的备注

图 13.66　AI 对话界面

　　页面，以供演讲人在演讲时独自浏览，此处可根据需求选择，如图 13.72 所示。

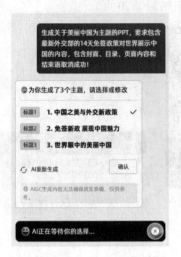

图 13.67　描述主题及具体要求

图 13.68　选择标题 3

图 13.69　内容大纲

图 13.70　选择幻灯片主题方案

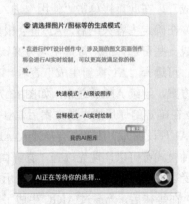

图 13.71　选择"尝鲜模式-AI 实时绘制"

（10）在等待后，已通过 AIGC 生成了每一页演讲的串词，同时 AI 提示，是否要为每一页幻灯片增加动画效果，此处选择"需要"，如图 13.73 所示。

（11）幻灯片制作完成，此时浏览一遍幻灯片若发现有不合适的页面可以自行编辑，在本案例中第 8 页的图片与主题无关，自行替换关联性图片后，再次在 AI 对话框输入：将第 8 页的图文重新排版并设置动画。如图 13.74 所示，替换前后对比。

（12）幻灯片在修改完毕后，选择"文件"→"另存为"保存在本地文件夹，利用 AIGC 制作完成了一份精美排版和动画的幻灯片。

图 13.72　选择是否添加备注页面　　　　　图 13.73　添加动画效果

图 13.74　替换前后对比

练 习 题 精 选

14.1 单 选 题

第 1 套

（1）下列不属于电子邮件协议的是（　　）。

A. POP3　　　　　B. SMTP　　　　　C. SNMP　　　　　D. IMIAP4

（2）Windows 中进行系统设置的工具集是（　　），用户可以根据自己的爱好更改显示器、键盘、鼠标器、桌面等硬件的设置。

A. 开始菜单　　　B. 我的电脑　　　C. 资源管理器　　　D. 控制面板

（3）英文缩写 DBMS 是指（　　）。

A. 数据库系统　　　　　　　　B. 数据库管理系统

C. 数据库管理员　　　　　　　D. 数据库

（4）在著作《计算机器与智能》中首次提出"机器也能思维"，被誉为"人工智能之父"的是（　　）。

A. 约翰·冯·诺依曼　　　　　B. 约翰·麦卡锡

C. 艾伦·麦席森·图灵　　　　D. 亚瑟·塞缪尔

（5）数据结构中，树是一种常用的数据结构，树的逻辑结构是（　　）。

A. 一对多　　　B. 一对一　　　C. 二对一　　　D. 多对多

（6）具有扫描功能的打印机是一种（　　）。

A. 输出设备　　　　　　　　B. 输入设备

C. 既是输入设备也是输出设备　　　D. 以上都不对

（7）下面网络拓扑结构中最常用于家庭网络的是（　　）。

A. 总线型　　　B. 星形　　　C. 环形　　　D. 树形

（8）计算机主要技术指标通常是指（　　）。

A. 所配备的系统软件的版本

B. CPU 的时钟频率、运算速度、字长和存储容量

C. 扫描仪的分辨率、打印机的配置

D. 硬盘容量的大小

（9）如果要编辑硬盘上的文件，数据首先要加载到（　　）。

    A. 缓存　　　　　　B. CPU　　　　　　C. 硬盘　　　　　　D. 内存

（10）以下哪项不属于计算机病毒被制造的目的的是（　　）。

    A. 破坏用户健康　　　　　　　　B. 盗取使用者信息

    C. 破坏计算机功能　　　　　　　D. 破坏用户数据

（11）IPv4 地址是（　　）位二进制。

    A. 32　　　　　　　B. 4　　　　　　　C. 24　　　　　　　D. 48

（12）（　　）不是一个网络协议的组成要素之一。

    A. 语法　　　　　　B. 语义　　　　　　C. 同步　　　　　　D. 体系结构

（13）下面关于操作系统的叙述中，正确的是（　　）。

    A. 操作系统是计算机软件系统中的核心软件

    B. 操作系统属于应用软件

    C. Windows 是 PC 机唯一的操作系统

    D. 操作系统的功能是：启动、打印、显示、文件存取和关机

（14）下列数字视频中哪个质量最好？（　　）

    A. 240×180 分辨率、24 位真彩色、15 帧/s 的帧率

    B. 320×240 分辨率、32 位真彩色、25 帧/s 的帧率

    C. 320×240 分辨率、32 位真彩色、30 帧/s 的帧率

    D. 320×240 分辨率、16 位真彩色、15 帧/s 的帧率

（15）既可以存储静态图像，又可以存储动画的文件格式为（　　）。

    A. GIF　　　　　　B. BMP　　　　　　C. PSD　　　　　　D. JPG

（16）二进制数 101101. 11 对应的八进制数为（　　）。

    A. 61.6　　　　　　B. 61.3　　　　　　C. 55.3　　　　　　D. 55.6

（17）假设某台式计算机的内存储器容量为 512MB，硬盘容量为 40GB。硬盘的容量是内存容量的（　　）。

    A. 240 倍　　　　　B. 160 倍　　　　　C. 80 倍　　　　　D. 120 倍

（18）以下（　　）项不是防火墙技术的优点。

    A. 防止恶意入侵　　　　　　　　B. 消灭恶意攻击源

    C. 阻止恶意代码传播　　　　　　D. 保障内部网络数据安全

（19）一座大楼内的一个计算机网络系统，属于（　　）。

    A. PAN　　　　　　B. LAN　　　　　　C. MAN　　　　　　D. WAN

（20）Windows 中的"剪贴板"是（　　）。

    A. 硬盘中的一块存储区域　　　　B. 硬盘中的一个文件

    C. 高速缓存中的一块存储区域　　D. 内存中的一块存储区域

（21）下面协议中。用于网页传输的协议是（　　）。

    A. HTTP　　　　　　B. URL　　　　　　C. SMTP　　　　　　D. HTML

（22）下面关于随机存取存储器的叙述中，正确的是（　　）。

A. RAM 分静态 RAM（SRAM）和动态 RAM（DRAM）两大类

B. SRAM 的集成度比 DRAM 高

C. DRAM 的存取速度比 SRAM 快

D. DRAM 中存储的数据无须"刷新"

（23）大数据时代，数据使用的关键是（　　　）。

A. 数据收集　　　B. 数据存储　　　C. 数据可视化　　　D. 数据再利用

（24）下面电子邮箱地址正确的是（　　　）。

A. student#163. com　　　　　　　B. student@163. com

C. student@163　　　　　　　　　D. 163. com@student

（25）一个网吧，将所有的计算机连接成网络，该网络属于（　　　）。

A. 广域网　　　B. 城域网　　　C. 局域网　　　D. 吧网

（26）显示器的主要技术指标之一是（　　　）。

A. 分辨率　　　B. 亮度　　　C. 彩色　　　D. 对比度

（27）下列选项中，用于文件压缩与解压缩的应用软件是（　　　）。

A. WinRAR　　　B. 腾讯 QQ　　　C. Access　　　D. Outlook

（28）以下哪项不是信息安全面临的威胁？（　　　）

A. 信息泄露　　　B. 文件传输　　　C. 假冒攻击　　　D. 非授权访问

（29）下列不是度量存储器容量的单位是（　　　）。

A. KB　　　B. MB　　　C. GHz　　　D. GB

（30）计算思维最根本的内容及其本质是（　　　）。

A. 自动化　　　B. 抽象和自动化　　C. 程序化　　　D. 抽象

（31）下面有关无线局域网描述中错误的是（　　　）。

A. 无线局域网是依靠无线电波进行传输的

B. 建筑物无法阻挡无线电波，对无线局域网通信没有影响

C. 家用的无线局域网设备常用无线路由器

D. 家庭无线局域网最好设置访问密码

（32）将十六进制数 586 转换成 16 位的二进制数，应该是（　　　）。

A. 0000 0101 1000 0110　　　　　B. 0110 1000 0101 0000

C. 0101 1000 0110 0000　　　　　D. 0000 0110 1000 0101

（33）决定个人计算机性能的最主要的因素是（　　　）。

A. 计算机的价格　　　　　　　　B. 计算机的 CPU

C. 计算机的内存　　　　　　　　D. 计算机的硬盘

（34）计算机系统软件中，最基本、最核心的软件是（　　　）。

A. 操作系统　　　　　　　　　　B. 数据库管理系统

C. 程序语言处理系统　　　　　　D. 系统维护工具

（35）下列文件格式中，哪个不是图像文件的扩展名？（　　　）

A. .FLC　　　B. .TIF　　　C. .BMP　　　D. .JPG

（36）算法的空间复杂度是指（　　　）。

A. 算法程序的长度　　　　　　B. 算法程序中的指令条数

C. 算法程序所占的存储空间　　D. 算法执行过程中所需要的存储空间

（37）下列属于计算机网络通信设备的是（　　　　）。

A. 显卡　　　　　B. 交换机　　　C. 音箱　　　　　D. 声卡

（38）最新一代互联网 IP 的版本是（　　　　）。

A. IPv4　　　　　B. IPv5　　　　C. IPv6　　　　　D. IPv7

（39）计算机系统软件中，最基本、最核心的软件是（　　　　）。

A. 操作系统　　　　　　　　　　B. 数据库管理系统

C. 程序语言处理系统　　　　　　D. 系统维护工具

（40）大数据时代，数据使用的关键是（　　　　）。

A. 数据收集　　B. 数据存储　　C. 数据可视化　　D. 数据再利用

（41）基于冯·诺依曼思想而设计的计算机硬件系统包括五大组成部分，分别是（　　　　）。

A. 控制器、运算器、存储器、输入设备、输出设备

B. 主机、存储器、显示器、输入、输出

C. 主机、输入设备、输出设备、硬盘、鼠标

D. 控制器、运算器、输入设备、输出设备、乘法器

（42）下面顶级域名中代表中国的是（　　　　）。

A. cc　　　　　　B. CHINA　　　C. com　　　　　D. cn

（43）软件是相对硬件而言的，是指（　　　　）。

A. 程序　　　　　　　　　　　　B. 程序及其数据

C. 程序及其文档　　　　　　　　D. 程序及其数据和文档

（44）以下存储器中读取数据最快的是（　　　　）。

A. 光盘　　　　　B. 硬盘　　　　C. 内存　　　　　D. 缓存

（45）在微机中，I/O 设备是指（　　　　）。

A. 控制设备　　　　　　　　　　B. 输入/输出设备

C. 输入设备　　　　　　　　　　D. 输出设备

（46）无法在一定时间范围内用常规软件工具进行捕捉、管理和处理的数据集合称为（　　　　）。

A. 非结构化数据　　B. 数据库　　C. 异常数据　　D. 大数据

（47）以下（　　　　）不是密码技术在保障信息安全中可以达到的目的。

A. 实现数据保密性　　　　　　　B. 防止数据被更改

C. 验证发送者身份　　　　　　　D. 防止病毒入侵

（48）数据结构是指（　　　　）。

A. 数据元素的组织形式　　　　　B. 数据类型

C. 数据存储结构　　　　　　　　D. 数据定义

（49）以下（　　　　）是增强现实的缩写。

A. VR　　　　　　B. AR　　　　　C. TR　　　　　　D. MR

（50）网页文件实际上是一种（　　　　）。

A. 声音文件 　　 B. 图形文件 　　 C. 图像文件 　　 D. 文本文件

（51）按照一定的数据模型组织的，长期储存在计算机内，可为多个用户共享的数据的集合是（　　）。

A. 数据库系统 　 B. 数据库 　　 C. 关系数据库 　 D. 数据库管理系统

（52）广泛用在一些视频播放网站上的视频文件格式是（　　）。

A. MPEG 　　　 B. AVI 　　　 C. MOV 　　　 D. DAT

（53）微型计算机处理器使用的元器件是（　　）。

A. 超大规模集成电路 　　　　 B. 电子管

C. 小规模集成电路 　　　　　 D. 晶体管

（54）发送电子邮件时，如果对方没有开机，那么邮件将（　　）。

A. 丢失 　　　　　　　　　　 B. 退回给发件人

C. 开机时重新发送 　　　　　 D. 保存在邮件服务器上

（55）在 Windows 中，一个文件夹中可以包含（　　）。

A. 文件 　　　　　　　　　　 B. 文件夹

C. 快捷方式 　　　　　　　　 D. 文件、文件夹和快捷方式

（56）图像的色彩模型是用数值方法指定颜色的一套规则和定义，常用的色彩模型有CMYK 模型和（　　）。

A. PSD 模型 　　 B. RGB 模型 　 C. PAL 模型 　　 D. GIF 模型

（57）在 OSI 七层结构模型中，处于数据链路层与运输层之间的是（　　）。

A. 物理层 　　　 B. 网络层 　　 C. 会话层 　　　 D. 表示层

（58）计算机的存储器中，组成一个字节的二进制位个数是（　　）。

A. 32 　　　　　 B. 16 　　　　 C. 8 　　　　　 D. 4

（59）网络协议的三要素是语义、语法和（　　）。

A. 时间 　　　　 B. 时序 　　　 C. 保密 　　　　 D. 报头

（60）电子邮件是 Internet 应用最广泛的服务项目，通常采用的传输协议是（　　）。

A. SMTP 　　　 B. TCP/IP 　　 C. CSMA/CD 　 D. IPX/SPX

（61）浏览器中收藏夹的作用是（　　）。

A. 收藏文件 　　 B. 收藏文本 　 C. 收藏网址 　　 D. 收藏图片

（62）Windows 中进行系统设置的工具集是（　　），用户可以根据自己的爱好更改显示器、键盘、鼠标器、桌面等硬件的设置。

A. 开始菜单 　　 B. 我的电脑 　 C. 资源管理器 　 D. 控制面板

（63）若一幅图像的分辨率是 3840×2160 像素，计算机屏幕分辨率为 1920×1080 像素，要全屏显示整幅图像，则该图像的显示比例为（　　）。

A. 1 　　　　　 B. 0.5 　　　　 C. 0.8 　　　　　 D. 0.6

（64）要确保信息的保密性，可以采用（　　）技术。

A. 信息加密技术 　　　　　　 B. 防火墙技术

C. 身份认证技术 　　　　　　 D. 病毒查杀技术

（65）计算机存储系统中的 Cache 是指（　　）。

A. 辅存　　　　　B. 主存　　　　　C. 外存　　　　　D. 高速缓冲存储器

（66）十进制数 100 对应的二进制数、八进制数和十六进制数分别（　　）。

A. 1100100B、144O 和 64H　　　　B. 1100110B、142O 和 62H

C. 1011100B、144O 和 66H　　　　D. 1100100B、142O 和 60H

（67）目前 IP 地址一般分为 A、B、C 三类，其中 C 类地址的主机号占（　　）个二进制位，因此一个 C 类地址网段内最多只有 250 余台主机。

A. 4　　　　　B. 8　　　　　C. 16　　　　　D. 24

（68）组成 CPU 的主要部件是（　　）。

A. 运算器和控制器　　　　　　B. 运算器和存储器

C. 控制器和寄存器　　　　　　D. 运算器和寄存器

（69）以下（　　）不需要运用云计算技术。

A. 插放本地计算机音频　　　　B. 在线实时翻译

C. 搜索引擎　　　　　　　　　D. 在线文档协同编辑

（70）数据挖掘分为（　　）数据挖掘和预测型数据挖掘。

A. 列举型　　　　B. 交换型　　　　C. 描述型　　　　D. 重点型

（71）一台微型计算机的硬盘容量为 1TB，指的是（　　）。

A. 1024G 位　　　B. 1024G 字节　　C. 1024G 字　　　D. 1TB 汉字

第 2 套

（1）构成计算机的电子和机械的物理实体称为（　　）。

A. 主机　　　　　B. 外部设备　　　C. 计算机系统　　D. 计算机硬件系统

（2）与十进制数 56 等值的二进制数是（　　）。

A. 111000　　　　B. 111001　　　　C. 101111　　　　D. 110110

（3）在计算机中应用最普遍的字符编码是（　　）。

A. 国标码　　　　B. ASCII 码　　　C. EBCDIC 码　　D. BCD 码

（4）操作系统是（　　）的接口。

A. 用户与软件　　　　　　　　B. 系统软件与应用软件

C. 主机与外设　　　　　　　　D. 用户与计算机

（5）在下列存储器中，存取速度最快的是（　　）。

A. U 盘　　　　　B. 光盘　　　　　C. 硬盘　　　　　D. 内存

（6）以下对计算机病毒的描述，（　　）是不正确的。

A. 计算机病毒是人为编制的一段恶意程序

B. 计算机病毒不会破坏计算机硬件系统

C. 计算机病毒的传播途径主要是数据存储介质的交换以及网络的链路

D. 计算机病毒具有潜伏性

（7）下列关于系统软件的叙述中，正确的是（　　）。

A. 系统软件与具体应用领域无关

B. 系统软件与具体的硬件无关

C. 系统软件是在应用软件基础上开发的

D. 系统软件就是指操作系统

（8）在下列有关媒体的概念中，字符的 ASCII 码属于（   ）。

  A. 感觉媒体 B. 表示媒体 C. 表现媒体 D. 传输媒体

（9）_____和_____的集合称为网络体系结构。（   ）

  A. 数据处理设备、数据通信设备 B. 通信子网、资源子网

  C. 层、协议   D. 通信线路、通信控制处理器

（10）当有两个或两个以上运输层以上相同的网络互联时，必须用（   ）。

  A. 路由器 B. 中继器 C. 集成器 D. 网桥

（11）在 Windows 的网络方式中欲打开其他计算机中的文档时，其地址的完整格式是（   ）。

  A. \\计算机名\路径名\文档名 B. 文档名\路径名\计算机名

  C. \计算机名\路径名\文档名 D. \计算机名 路径名 文档名

（12）在 Windows 中，有些文件的内容比较多，即使窗口最大化，也无法在屏幕上完全显示出来，此时可利用窗口（   ）来阅读文件内容。

  A. 窗口边框 B. 控制菜单 C. 滚动条 D. 最大化按钮

（13）在 Word 中进行文档编辑时,删除插入点前的文字内容按（   ）键。

  A. Back Space B. Delete C. Insert D. Tab

（14）在 Word 中建立的文档文件,不能用 Windows 中的记事本打开,这是因为（   ）。

  A. 文件不是以.txt 为扩展名 B. 文件中含有汉字

  C. 文件中含有特殊控制符 D. 文件中的西文有"全角"和"半角"之分

（15）Excel 是一个电子表格软件，其主要作用是（   ）。

  A. 处理文字 B. 处理数据 C. 管理资源 D. 演示文稿

（16）在 Excel 中，可按需拆分窗口，一个工作表最多可拆分为（   ）个窗口。

  A. 3   B. 4   C. 5   D. 任意多

（17）PowerPoint 是一种（   ）的应用软件。

  A. 进行文字处理   B. 制作电子表格

  C. 制作演示文稿   D. 进行数据管理

（18）PowerPoint 2010 的幻灯片浏览视图中，不可以（   ）。

  A. 插入幻灯片 B. 删除幻灯片 C. 移动幻灯片 D. 添加文本框

（19）数据库系统的核心是（   ）。

  A. 数据模型   B. 软件工具

  C. 数据库管理系统 D. 数据库

（20）下列关于 Access 数据库描述错误的是（   ）。

  A. 由数据库对象和组两部分组成

  B. 数据库对象包括表、查询、窗体、报表、页、宏、模块

  C. 桌面型关系数据库

  D. 数据库对象放在不同的文件中

第 3 套

（1）在信息时代，存储各种信息资源容量最大的是（   ）。

　　A. 报纸杂志　　　B. 广播电视　　　C. 图书馆　　　D. 因特网

（2）一个字节包含（   ）个二进制位。

　　A. 8　　　　　　B. 16　　　　　　C. 32　　　　　　D. 64

（3）ROM 的意思是（   ）。

　　A. 软盘存储器　　B. 硬盘存储器　　C. 只读存储器　　D. 随机存储器

（4）在下列四条叙述中，正确的一条是（   ）。

　　A. 鼠标既是输入设备，又是输出设备

　　B. 激光打印机是一种击打式打印机

　　C. 用户可对 CD-ROM 光盘进行读写操作

　　D. 在微机中，访问速度最快的存储器是内存

（5）（   ）是指专门为某一应用目的而编制的软件。

　　A. 应用软件　　　　　　　　B. 数据库管理系统

　　C. 操作系统　　　　　　　　D. 系统软件

（6）计算机感染病毒后，症状可能有（   ）。

　　A. 计算机运行速度变慢　　　B. 文件长度变长

　　C. 不能执行某些文件　　　　D. 以上都对

（7）多媒体信息不包括（   ）。

　　A. 文本、图形　　　　　　　B. 音频、视频

　　C. 图像、动画　　　　　　　D. 光盘、声卡

（8）ISO/OSI 是一种（   ）。

　　A. 网络操作系统　　　　　　B. 网桥

　　C. 网络体系结构　　　　　　D. 路由器

（9）在 Internet 中用于远程登录服务的是（   ）。

　　A. FTP　　　　　B. E-mail　　　　C. WWW　　　　D. Telnet

（10）计算机中使用数据库管理系统，属于计算机应用中的（   ）领域。

　　A. 人工智能　　　B. 信息管理　　　C. 专家系统　　　D. 科学计算

（11）Windows 的文件夹组织结构是一种（   ）。

　　A. 表格结构　　　B. 树形结构　　　C. 网状结构　　　D. 线形结构

（12）Windows 中的即插即用是指（   ）。

　　A. 在设备测试中帮助安装和配置设备

　　B. 使操作系统更易使用、配置和管理设备

　　C. 系统状态动态改变后以事件方式通知其他系统组件和应用程序

　　D. 以上都对

（13）在 Word 文档中,选中某段文字，然后两次单击“开始”选项卡上的“倾斜”按钮，则（   ）。

A. 产生错误　　　　　　　B. 这段文字向左倾斜

C. 这段文字向右倾斜　　　D. 这段文字的字符格式不变

（14）下列有关 Word 格式刷的叙述中，（　　）是正确的。

A. 格式刷只能复制纯文本的内容

B. 格式刷只能复制字体格式

C. 格式刷只能复制段落格式

D. 格式刷既可以复制字体格式也可以复制段落格式

（15）在 Excel 中，一个工作表最多可含有的行数是（　　）。

A. 256　　　　B. 255　　　　C. 65536　　　　D. 任意多

（16）在 Excel 中，区分不同工作表的单元格，要在地址前面增加（　　）。

A. 公式　　　B. 工作表名　　C. 工作簿名称　　D. 单元格引用

（17）PowerPoint 中默认的视图是（　　）。

A. 阅读视图　　B. 浏览视图　　C. 普通视图　　D. 放映视图

（18）PowerPoint 运行的平台是（　　）。

A. Windows　　B. Unix　　C. Linux　　D. Dos

（19）在 Access 中，表和数据库的关系是（　　）。

A. 一个数据库可以包含多个表　　B. 一个表只能包含两个数据库

C. 一个表可以包含多个数据库　　D. 一个数据库只能包含一个表

（20）在 Access 中，可以一次执行多个操作的数据库对象是（　　）。

A. 窗体　　　B. 报表　　　C. 宏　　　D. 数据访问页

第 4 套

（1）使计算机正常工作必不可少的软件是（　　）。

A. 数据库软件　　　　　　B. 辅助教学软件

C. 操作系统　　　　　　　D. 文字处理软件

（2）在计算机中存储数据的最小单位是（　　）。

A. 字节　　　B. 位　　　C. 字　　　D. 记录

（3）十进制数 124 转换成十六进制数是（　　）。

A. 7AH　　　B. 7CH　　　C. 6FH　　　D. 73H

（4）下面几组设备中包括了输入设备、输出设备和存储设备的是（　　）组。

A. 显示器、CPU 和 ROM　　B. 磁盘、鼠标和键盘

C. 鼠标、绘图仪和光盘　　D. 磁带、打印机和调制解调器

（5）计算机键盘上的"基准键"指的是（　　）。

A. "F"和"J"这两个键

B. "A、S、D、F"和"J、K、L、；"这八个键

C. "1、2、3、4、5、6、7、8、9、0"这十个键

D. 左右两个"Shift"键

（6）（　　）称为完整的计算机软件。

A. 各种可执行的文件　　　　　B. 各种可用的程序

C. 程序连同有关的说明文档　　D. CPU 能够执行的所有指令

（7）CPU 每执行一个（　　　），就完成一步基本运算或判断。

A. 命令　　　　　B. 指令　　　　　C. 文件　　　　　D. 语句

（8）在多媒体系统中，显示器和键盘属于（　　　）。

A. 感觉媒体　　　B. 表示媒体　　　C. 表现媒体　　　D. 传输媒体

（9）计算机网络中，数据的传输速度常用的单位是（　　　）。

A. bps　　　　　B. 字符/s　　　　C. MHz　　　　　D. Byte

（10）在 Internet 中用于文件传送服务的是（　　　）。

A. FTP　　　　　B. E-mail　　　　C. Telnet　　　　D. WWW

（11）根据文件命名规则，下列字符串中合法文件名是（　　　）。

A. ADC*.fnt　　　B. #ASK%.sbc　　C. CON.bat　　　D. SAQ/.txt.

（12）下列资源中不能使用 Windows 提供的查找应用程序找到的有（　　　）。

A. 文件夹　　　　　　　　　　B. 网络中的计算机

C. 文件　　　　　　　　　　　D. 已被删除但仍在回收站中的应用程序

（13）在 Word 中进行文档编辑时，要插入分页符来开始新的一页，应按（　　　）键。

A. Ctrl+Enter　　B. Delete　　　　C. Insert　　　　D. Enter

（14）在 Word，有关表格的叙述，以下说法正确的是（　　　）。

A. 文本和表可以互相转化　　　B. 可以将文本转化为表，但表不能转成文本

C. 文本和表不能互相转化　　　D. 可以将表转化为文本，但文本不能转成表

（15）在 Excel 中活动单元格是指（　　　）。

A. 可以随意移动的单元格　　　B. 随其他单元格的变化而变化的单元格

C. 已经改动了的单元格　　　　D. 正在操作的单元格

（16）在对数字格式进行修改时，如出现"#####"，其原因为（　　　）。

A. 格式语法错误　　　　　　　B. 单元格宽度不够

C. 系统出现错误　　　　　　　D. 以上答案都不正确

（17）PowerPoint 是（　　　）开发的软件。

A. 微软　　　　　B. 苹果　　　　　C. 安卓　　　　　D. 甲骨文

（18）下列对 PowerPoint 的主要功能叙述不正确的是（　　　）。

A. 课堂教学　　　B. 学术报告　　　C. 产品介绍　　　D. 休闲娱乐

（19）在 Access 中，以下叙述错误的是（　　　）。

A. 查询是从数据库的表中筛选出符合条件的记录，构成一个新的数据集合

B. 查询的种类有：选择查询、参数查询、交叉表查询、操作查询和 SQL 查询

C. 创建复杂的查询不能使用查询向导

D. 可以使用函数、逻辑运算符、关系运算符创建复杂的查询

（20）通过（　　　）可以将 Access 数据库中的数据发布在 Internet 上。

A. 数据访问页　　B. 查询　　　　　C. 窗体　　　　　D. 报表

第 5 套

（1）在下列软件中，属于应用软件的是（   ）。

A. UNIX   B. WPS   C. Windows   D. DOS

（2）计算机软件由（   ）两部分组成。

A. 数据和文档   B. 程序和文档   C. 程序和数据   D. 工具和文档

（3）十进制数 124 转换成二进制数是（   ）。

A. 1111010   B. 1111100   C. 1011111   D. 1111011

（4）MIPS 常用来描述计算机的运算速度，其含义是（   ）。

A. 每秒钟处理百万个字符   B. 每分钟处理百万个字符

C. 每秒钟处理百万条指令   D. 每分钟处理百万条指令

（5）最先实现存储程序的计算机是以下哪一种？（   ）

A. ENIAC   B. EDSAC   C. EDVAC   D. UNIVAC

（6）在一般情况下，外存储器中存放的数据，在断电后（   ）丢失。

A. 不会   B. 完全   C. 少量   D. 多数

（7）杀毒软件能够（   ）。

A. 消除已感染的所有病毒

B. 发现并阻止任何病毒的入侵

C. 杜绝对计算机的侵害

D. 发现病毒入侵的某些迹象并及时清除或提醒操作者

（8）所谓感觉媒体，指的是（   ）。

A. 感觉媒体传输中电信号和感觉媒体之间转换所用的媒体

B. 能直接作用于人的感觉让人产生感觉的媒体

C. 用于存储表示媒体的介质

D. 将表示媒体从一处传送到另一处的物理载体

（9）下列关于网络的特点的几个叙述中，不正确的一项是（   ）。

A. 网络中的数据共享

B. 网络中的外部设备可以共享

C. 网络中的所有计算机必须是同一品牌、同一型号

D. 网络方便了信息的传递和交换

（10）局域网的拓扑结构最主要有星形、（   ）、总线形和树形四种。

A. 链形   B. 网状形   C. 环形   D. 层次形

（11）下列 Windows 文件格式中，（   ）表示图像文件。

A. *.doc   B. *.xls   C. *.bmp   D. *.txt

（12）Windows 的特点包括（   ）。

A. 图形界面   B. 多任务   C. 即插即用   D. 以上都对

（13）在 Word 中进行文档编辑时，要开始一个新的段落按（   ）键。

A. Back Space   B. Delete   C. Insert   D. Enter

（14）在 Word 中，如果用户选中了大段文字，不小心按了空格键，则大段文字将被一个空格所代替。此时可用（   ）操作还原到原先的状态。

    A. 替换   B. 粘贴   C. 撤销   D. 恢复

（15）若在 Excel 单元格中出现一连串"######"符号，则需要（   ）。

    A. 删除该单元格   B. 重新输入数据

    C. 调整单元格的宽度   D. 删除这些符号

（16）在同一个工作簿中要引用其他工作表中的某个单元的数据(如 Sheet4 中 D5 单元格中的数据)，下面表达式中正确的是（   ）。

    A. =Sheet4!D5   B. +Sheet4!D5

    C. $sheet4.$D5   D. =(Sheet4)D5

（17）下列对演示文稿 PowerPoint 的叙述，不正确的是（   ）。

    A. 在演示文稿和 Word 文稿之间可以建立链接

    B. 可以将 Excel 的数据直接导入幻灯片上的数据表

    C. 可以在幻灯片浏览视图中对演示文稿进行整体修改

    D. 演示文稿不能转换成 Web 页

（18）（   ）不是 PowerPoint 允许插入的对象。

    A. 图形、图表   B. 表格、声音

    C. SmartArt   D. EXE 文件

（19）数据库 DB、数据库系统 DBS、数据库管理系统 DBMS 三者之间的关系是（   ）。

    A. DBS 包括 DB 和 DBMS   B. DBMS 包括 DB 和 DBS

    C. DB 包括 DBS 和 DBMS   D. DBS 就是 DB，也就是 DBMS

（20）在 Access 中，书写查询准则时，日期值应该用（   ）括起来。

    A. 括号   B. 双引号   C. 井号(#)   D. 单引号

第 6 套

（1）世界上第一台电子数字计算机研制成功的时间是（   ）年。

    A. 1936   B. 1946   C. 1956   D. 1975

（2）十进制数 89 转换成十六进制数是（   ）。

    A. 95H   B. 59H   C. 950H   D. 89H

（3）关于计算机病毒，下列说法中正确的是（   ）。

    A. 计算机病毒可以烧毁计算机的电子元件

    B. 计算机病毒是一种传染力极强的生物细菌

    C. 计算机病毒是一种人为特制的具有破坏性的程序

    D. 计算机病毒一旦产生，便无法清除

（4）在计算机内部，计算机能够直接执行控制的程序语言是（   ）。

    A. 汇编语言   B. C++语言   C. 机器语言   D. 高级语言

（5）对文件的确切定义应该是（   ）。

    A. 记录在磁盘上的一组相关命令的集合

B. 记录在磁盘上的一组相关程序的集合

C. 记录在存储介质上的一组相关数据的集合

D. 记录在存储介质上的一组相关信息的集合

（6）URL 的意思是（　　）。

    A. 统一资源定位器　　　　　　　　B. Internet 协议

    C. 简单邮件传输协议　　　　　　　D. 传输控制协议

（7）多媒体个人计算机的英文缩写是（　　）。

    A. VCD　　　　　B. APC　　　　　C. MPC　　　　　D. MPEG

（8）决定网络应用性能的关键是（　　）。

    A. 网络传输介质　　　　　　　　　B. 网络的拓扑结构

    C. 网络操作系统　　　　　　　　　D. 网络硬件

（9）从 IP 地址"168.64.22.10"，就能判断该 IP 地址属于（　　）地址。

    A. C 类　　　　　B. B 类　　　　　C. C 类　　　　　D. D 类

（10）一个完整的计算机应包括（　　）。

    A. 主机、键盘和显示器　　　　　　B. 计算机及外部设备

    C. 系统硬件和系统软件　　　　　　D. 硬件系统和软件系统

（11）启动 Windows 系统，最确切的说法是（　　）。

    A. 让硬盘中的 Windows 系统处于工作状态

    B. 把软盘中的 Windows 系统自动装入 C 盘

    C. 把硬盘中的 Windows 系统装入内存储器的指定区域中

    D. 给计算机接通电源

（12）Windows 对磁盘信息的管理和使用是以（　　）为单位的。

    A. 文件　　　　　B. 盘片　　　　　C. 字节　　　　　D. 命令

（13）在 Word 中，只有使用（　　）命令删除的内容，可以使用"粘贴"命令恢复。

    A. Back Space　　　B. Delete　　　C. Ctrl+X　　　　D. Enter

（14）Word 中打开一个文件，编辑后若要把它储存在其他文件夹下，可以选择"文件"菜单中（　　）命令。

    A. 保存　　　　　B. 另存为　　　　C. 版本　　　　　D. 属性

（15）当在 Excel 某单元格内输入一个公式并确认后，单元格内容显示为#REF!，它表示（　　）。

    A. 公式引用了无效的单元格　　　　B. 某个参数不正确

    C. 公式被零除　　　　　　　　　　D. 单元格宽度偏小

（16）在 Excel 工作表中，使用鼠标选择不连续的区域时应同时按住（　　）键。

    A. Alt　　　　　B. Shift　　　　　C. Tab　　　　　D. Ctrl

（17）PowerPoint 文档不可以保存为（　　）文件。

    A. 演示文稿　　　B. TXT 纯文本　　C. PDF 文件　　　D. 文稿模板

（18）在幻灯片放映中，要回到前一张幻灯，不可以的操作是（　　）。

    A. 按 PgUp 键　　　　　　　　　　B. 按 P 键

C. 按 Backspace 键　　　　　D. 按空格键

（19）在 Access 中，表的组成内容包括（　　）。

　　A. 查询和字段　　B. 字段和记录　　C. 记录和窗体　　D. 报表和字段

（20）在 Access 中，书写查询准则时，文本值应该用（　　）括起来。

　　A. 括号　　　　　B. 井号(#)　　　　C. 双引号　　　　D. 单引号

第 7 套

（1）连接到 WWW 页面的协议是（　　）。

　　A. HTML　　　　B. HTTP　　　　C. SMTP　　　　D. DNS

（2）为了预防计算机病毒，应采取的正确步骤之一是（　　）。

　　A. 每天都要对硬盘进行格式化操作

　　B. 决不玩任何计算机游戏

　　C. 不同任何人交流

　　D. 不用盗版软件和来历不明的光盘

（3）计算机病毒是一种（　　）。

　　A. 生物病菌　　B. 生物病毒　　C. 计算机程序　　D. 有害言论的文档

（4）办公自动化是计算机的一项应用，按计算机应用的分类，它属于（　　）。

　　A. 科学计算　　B. 实时控制　　C. 数据处理　　D. 辅助设计

（5）计算机存储数据的最小单位是二进制的（　　）。

　　A. 位（比特）　　B. 字节　　　　C. 字长　　　　D. 千字节

（6）下列四条叙述中，正确的一条是（　　）。

　　A. U 盘、硬盘和光盘都是外存储器

　　B. 计算机的外存储器比内存储器存取速度快

　　C. 计算机系统中的任何存储器在断电的情况下，所存信息都不会丢失

　　D. 绘图仪、鼠标、显示器和光笔都是输入设备

（7）用汇编语言编写的程序需经过（　　）翻译成机器语言后，才能在计算机中执行。

　　A. 编译程序　　B. 解释程序　　C. 操作系统　　D. 汇编程序

（8）计算机能直接执行的指令包括两个部分，它们是（　　）。

　　A. 源操作数和目标操作数　　　　B. 操作码和操作数

　　C. ASCII 码和汉字代码　　　　　D. 数字和文字

（9）多媒体计算机是指（　　）。

　　A. 能与家用电器连接使用的计算机

　　B. 能处理多种媒体信息的计算机

　　C. 连接有多种外部设备的计算机

　　D. 能玩游戏的计算机

（10）在网络中信息安全十分重要。与 Web 服务器安全有关的措施有（　　）。

　　A. 增加集线器数量　　　　　　B. 使用路由器

　　C. 对用户身份进行鉴别　　　　D. 使用高档服务器

（11）对文件的确切定义应该是（   ）。

    A. 记录在磁盘上的一组相关命令的集合

    B. 记录在磁盘上的一组相关程序的集合

    C. 记录在存储介质上的一组相关数据的集合

    D. 记录在存储介质上的一组相关信息的集合

（12）使用 Windows "录音机" 录制的声音文件的扩展名是（   ）。

    A. .xls   B. .wav   C. .bmp   D. .doc

（13）编辑 Word 表格时,用鼠标指针拖动垂直标尺上的行标记,可以调整表格的（   ）。

    A. 行高   B. 单元格高度   C. 列宽   D. 单元格宽度

（14）在 Word 文档中,每一个段落都有自己的段落标记,段落标记位于（   ）。

    A. 段落的首部   B. 段落的结尾处

    C. 段落的中间位置   D. 段落中但用户找不到的位置

（15）在 Excel 工作表中,每个单元格都有唯一的编号,编号方法是（   ）。

    A. 行号+列号   B. 列标+行号   C. 数字+字母   D. 字母+数字

（16）在 Excel 单元格内输入文字时,需要强制换行的方法是在需要换行的位置按（   ）键。

    A. Ctrl+Enter   B. Ctrl+Tab   C. Alt+Tab   D. Alt+Enter

（17）PowerPoint 的主要功能是（   ）。

    A. 制作演示文稿 B. 表格处理   C. 制作图表   D. 文字处理

（18）PowerPoint 属于（   ）。

    A. 高级语言   B. 操作系统   C. 语言处理软件 D. 应用软件

（19）下列选项中,不属于 Access 数据库对象的是（   ）。

    A. 表   B. 文件夹   C. 窗体   D. 查询

（20）在 Access 中,在查询设计视图中（   ）。

    A. 只能添加数据库表

    B. 只能添加查询

    C. 可以添加数据库表,也可以添加查询

    D. 可以添加 Excel 表

第 8 套

（1）现代计算机之所以能自动地连续进行数据处理,主要因为（   ）。

    A. 采用了开关电路   B. 采用了半导体器件

    C. 具有存储程序的功能   D. 采用了二进制

（2）CPU 是计算机硬件系统的核心,它是由（   ）组成的。

    A. 运算器和存储器   B. 控制器和乘法器

    C. 运算器和控制器   D. 加法器和乘法器

（3）内存储器存储信息时的特点是（   ）。

    A. 存储的信息永不丢失,但存储容量相对较小

B. 存储信息的速度极快，但存储容量相对较小

C. 关机后存储的信息将完全丢失，但存储信息的速度不如硬盘

D. 存储信息的速度快，存储的容量极大

（4）下面关于显示器的四条叙述中，有错误的一条是（　　　）。

A. 显示器的分辨率与微处理器的型号有关

B. 显示器的分辨率为 1024×768，表示一屏幕水平方向每行有 1024 个点，垂直方向每列有 768 个点

C. 显示卡是驱动、控制计算机显示器以显示文本、图形、图像信息的硬件装置

D. 像素是显示屏上能独立赋予颜色和亮度的最小单位

（5）属于高级程序设计语言的是（　　　）。

A. WPS　　　　　　B. FORTRAN　　C. CCED　　　　　D. 汇编语言

（6）多媒体电脑除了一般电脑所需要的基本配置外，至少还应有光驱、音箱和（　　　）。

A. 调制解调器　　B. 扫描仪　　　C. 数码照相机　　D. 声卡

（7）在电子邮件地址"zhangsan@mail.hz.zi.cn"中@符号后面的部分是指（　　　）。

A. POP3 服务器地址　　　　　B. SMTP 服务器地址

C. 域名服务器地址　　　　　　D. WWW 服务器地址

（8）下列文件格式中，属于音频文件的是（　　　）。

A. BMP　　　　　　B. AVI　　　　　C. WAV　　　　　D. GIF

（9）HTTP 是一种（　　　）。

A. 超文本传输协议　　　　　　B. 高级程序设计语言

C. 网址　　　　　　　　　　　D. 域名

（10）网络操作系统与局域网上的工作模式有关，一般有（　　　）。

A. 对等模式和文件服务器模式

B. 文件服务器模式和客户/服务器模式

C. 对等模式、文件服务器模式和客户/服务器模式

D. 对等模式和客户/服务器模式

（11）Windows 中的"剪贴板"是（　　　）。

A. 硬盘中的一块区域　　　　　B. 软盘中的一块区域

C. 高速缓存中的一块区域　　　D. 内存中的一块区域

（12）在 Windows 的"资源管理器"中选定文件或文件夹后，下列操作中（　　　）能修改文件或文件夹的名称。

A. 左键两次单击文件或文件夹名称处，然后键入新文

B. 左键单击文件或文件夹图标处，然后键入新文件名再按回车键

C. 右键双击文件或文件夹的名称处，键入新文件名再按回车键

D. 左键双击文件或文件夹，然后键入新文件名再按回车键

（13）编辑 Word 表格时，用鼠标指针拖动水平标尺上的列标记，可以调整表格的（　　　）。

A. 行高　　　　　　B. 单元格高度　　C. 列宽　　　　　D. 单元格宽度

（14）Word 中，如果用户选中了大段文字后，按了空格键，则（　　　）。

　　　　A. 选中的文字被空格代替　　　　B. 在选中的文字前插入空格

　　　　C. 在选中的文字后插入空格　　　　D. 选中的文字被送入回收站

（15）在 Excel 单元格输入（　　　）后，该单元格将显示为 0.7。

　　　　A. 7/10　　　　　　B. =7/10　　　　　C. ="7/10"　　　　D. '7/10

（16）在 Excel 中，筛选后的数据清单仅显示那些包含了某一特定值或符合一组条件的记录，（　　　）。

　　　　A. 其他记录被隐藏　　　　　　　B. 其他则被删除

　　　　C. 其他记录被清除　　　　　　　D. 暂时将其他记录放在剪贴板上，便于以后恢复

（17）PowerPoint 2010 演示文稿默认的文件扩展名是（　　　）。

　　　　A. .ppt　　　　　　　B. .potx　　　　　C. .ppsx　　　　　D. .pptx

（18）PowerPoint 2010 中，SmartArt 的作用是（　　　）。

　　　　A. 用于表示演示流程、层次结构、循环或关系

　　　　B. 图形美化

　　　　C. 压缩演示文稿便于携带

　　　　D. 剪辑视频

（19）使用 Access 创建的数据库属于（　　　）。

　　　　A. 层次数据库　　　　　　　　　B. 网状数据库

　　　　C. 关系数据库　　　　　　　　　D. 面向对象数据库

（20）下列选项中，不能作为数据或对象导入 Access 中的是（　　　）。

　　　　A. 演示文稿　　　　　　　　　　B. HTML 文档

　　　　C. ODBC 数据库　　　　　　　　D. 文本文件

第 9 套

（1）第二代计算机采用的电子器件是（　　　）。

　　　　A. 晶体管　　　　　　　　　　　B. 电子管

　　　　C. 中小规模集成电路　　　　　　D. 超大规模集成电路

（2）已知英文小写字母 a 的 ASCII 码为十六进制数 61H，则英文小写字母 d 的 ASCII 码为（　　　）。

　　　　A. 34H　　　　　　B. 54H　　　　　C. 64H　　　　　D. 24H

（3）微型计算机使用的键盘中，Shift 键是（　　　）。

　　　　A. 换档键　　　　B. 退格键　　　　C. 空格键　　　　D. 回车换行键

（4）CPU 中的控制器的功能是（　　　）。

　　　　A. 进行逻辑运算　　　　　　　　B. 进行算术运算

　　　　C. 控制运算的速度　　　　　　　D. 分析指令并发出相应的控制信号

（5）计算机病毒主要是造成（　　　）的损坏。

　　　　A. 磁盘　　　　　　　　　　　　B. 磁盘驱动器

　　　　C. 磁盘和其中的程序和数据　　　D. 程序和数据

（6）UPS 是一种（　　　）。

A. 中央处理器　　B. 稳压电源　　C. 不间断电源　　D. 显示器

（7）用高级语言编写的程序（　　）。

A. 只能在某种计算机上运行

B. 无须经过编译或解释，即可被计算机直接执行

C. 具有通用性和可移植性

D. 几乎不占用内存空间

（8）所谓媒体是指（　　）。

A. 表示和传播信息的载体　　　B. 各种信息的编码

C. 计算机输入和输出的信息　　D. 计算机屏幕显示的信息

（9）下面不属于局域网的硬件组成的是（　　）。

A. 服务器　　　B. 工作站　　　C. 网卡　　　　D. 调制解调器

（10）"ftp://ftp.download.com/pub/doc.txt"指向的是一个（　　）。

A. FTP 站点　　　　　　　　B. FTP 站点的一个文件夹

C. FTP 站点的一个文件　　　D. 地址表示错误

（11）在 Windows 中，任务栏的作用是（　　）。

A. 显示系统的所有功能　　　B. 只显示当前活动窗口名

C. 只显示正在后台工作的窗口名　D. 实现窗口之间的切换

（12）Windows 系统安装完毕并启动后，由系统安排在桌面上的图标是（　　）。

A. 资源管理器　B. 回收站　　C. 记事本　　D. 控制面板

（13）如果 Word 表格中同列单元格的宽度不合适时，可以利用（　　）进行调整。

A. 水平标尺　　B. 滚动条　　C. 垂直标尺　　D. 表格自动套用格式

（14）在 Word 中，要把文章中所以出现的"学生"两字都改成以粗体显示，可以选择（　　）功能。

A. 样式　　　　B. 改写　　　C. 替换　　　D. 粘贴

（15）假设在某工作表 A1 单元格存储的公式中含有 B$4，将其复制到 D2 单元格后，公式中的 B$4 将变为（　　）。

A. D$4　　　　B. D$5　　　C. E$4　　　D. E$5

（16）在 Excel 数据清单中，按某一字段内容进行归类，并对每一类做出统计的操作是（　　）。

A. 分类排序　　B. 分类汇总　　C. 筛选　　　D. 记录单处理

（17）由 PowerPoint2010 产生的（　　）类型的文件，可以在 Windows 环境下双击而直接放映。

A. .ppsx　　　　B. .pptx　　　C. .pot　　　D. .ppa

（18）PowerPoint 中可以对幻灯片进行移动、删除、添加、复制、设置动画效果，但不能编辑幻灯片具体内容的视图是（　　）。

A. 普通视图　　　　　　　B. 幻灯片浏览视图

C. 幻灯片视图　　　　　　D. 大纲视图

（19）在 Access 中，定义表结构时，不用定义（　　）。

A. 字段名　　　　B. 数据库名　　C. 字段类型　　　D. 字段长度

（20）在 SQL 查询中使用 WHERE 子句指出的是（　　）。

A. 查询目标　　　B. 查询结果　　C. 查询视图　　　D. 查询条件

第 10 套

（1）现代信息社会的主要标志之一是（　　）。

A. 汽车的大量使用　　　　　　　B. 人口的日益增长

C. 自然环境的不断改善　　　　　D. 计算机技术的大量应用

（2）计算机的主机是由（　　）部件组成的。

A. 运算器和存储器　　　　　　　B. CPU 和内存

C. CPU、存储器和显示器　　　　D. CPU、软盘和硬盘

（3）以下对计算机病毒的描述哪一点是不正确的。（　　）

A. 计算机病毒是人为编制的一段恶意程序

B. 计算机病毒不会破坏计算机硬件系统

C. 计算机病毒的传播途径主要是数据存储介质的交换以及网络链接

D. 计算机病毒具有潜伏性

（4）下列叙述中，正确的说法是（　　）。

A. 编译程序、解释程序和汇编程序不是系统软件

B. 故障诊断程序、排错程序、人事管理系统属于应用软件

C. 操作系统、财务管理程序、系统服务程序都不是应用软件

D. 操作系统和各种程序设计语言的处理程序都是系统软件

（5）与十进制数 93 等值的二进制数是（　　）。

A. 1101011　　　B. 1111001　　C. 1011100　　　D. 1011101

（6）以下使用计算机的不良习惯是（　　）。

A. 将用户文件建立在所用系统软件的子目录内

B. 对重要的数据常作备份

C. 关机前退出所有应用程序

D. 使用标准的文件扩展名

（7）利用计算机进行图书馆管理，属于计算机应用中的（　　）领域。

A. 数值计算　　　B. 数据处理　　C. 人工智能　　　D. 辅助设计

（8）多媒体 PC 是指（　　）。

A. 能处理声音的计算机

B. 能处理图像的计算机

C. 能进行通信处理的计算机

D. 能进行文本、声音、图像等多种媒体处理的计算机

（9）最早的搜索引擎是（　　）。

A. Sohoo　　　B. Excitev　　C. Lycos　　　D. Yahoo

（10）从域名 WWW.ACM.ORG 可以判断，该域名属于（　　）。

A. 在中国注册的某非营利的组织　B. 缩写为 ORG 的某组织

C. 在美国注册的某非营利组织　D. 缩写为 WWW 的某组织

（11）在 Windows 中，将文件拖到回收站中后，则（　　）。

A. 复制该文件到回收站　　B. 删除该文件，且不能恢复

C. 删除该文件，但可以恢复　　D. 回收站自动删除该文件

（12）在 Windows 中，下列有关文件和文件夹的说法，在没有做过特殊处理的情况下，（　　）是正确的。

A. 用户可以在 C 盘根目录下建立文件夹

B. 用户可以在 CD-ROM 盘中建立文件夹

C. 用户可以在光盘的文件下建立文件夹

D. 用户可以在硬盘的文件下建立文件夹

（13）将一个 Word 表格分成上下两个部分时使用（　　）命令。

A. 拆分单元格　　B. 剪切　　C. 拆分表格　　D. 拆分窗口

（14）在 Word 2010 中，文件的默认保存名称是（　　）。

A. doc　　B. docx　　C. wps　　D. htm

（15）在 Excel 中，使用图表向导为工作表中的数据建立图表，下列正确的说法是（　　）。

A. 只能建立一张与工作表一样的独立的图表工作表

B. 只能为连续的数据区建立图表

C. 图表中的图表类型一经选定建立图表后，将不能修改

D. 当数据区中的数据系列被删除后，图表中的相应内容也会被删除

（16）PowerPoint2010 演示文稿默认的文件扩展名是（　　）。

A. .pptx　　B. .pot　　C. .pps　　D. .ppsx

（17）在 PowerPoint 2010 中，为切换幻灯片时添加声音，可以使用（　　）栏目的工具按钮设置。

A. 设计　　B. 工具　　C. 插入　　D. 切换

（18）在 Access 中，下列查询准则书写错误的是（　　）。

A. Left([姓名],1)="李"　　B. Year([出生日期])

C. Year(#1985-01-01#)　　D. Year("1985-01-01")

（19）在 Access 中，如果想在已建立的 tSalary 表的数据表视图中直接显示出姓"李"的记录，应使用 Access 提供的（　　）功能。

A. 筛选　　B. 排序　　C. 查询　　D. 报表

第 11 套

（1）从第一台计算机诞生到现在的 50 多年中，按计算机采用的电子器件来划分，计算机的发展经历了（　　）个阶段。

A. 4　　B. 6　　C. 7　　D. 3

（2）计算机向使用者传递计算、处理结果的设备称为（　　）。

A. 输入设备　　B. 输出设备　　C. 存储设备　　D. 微处理器

（3）已知英文小写字母 d 的 ASCII 码为十进制数 100，则英文小写字母 h 的 ASCII 码为十进制数（　　）。

    A. 103　　　　　　B. 104　　　　　　C. 105　　　　　　D. 106

（4）计算机的软件系统一般分为（　　）两大部分。

    A. 系统软件和应用软件　　　　　B. 操作系统和计算机语言

    C. 程序和数据　　　　　　　　　D. DOS 和 Windows

（5）计算机病毒是一种（　　）。

    A. 程序　　　　B. 电子元件　　　C. 微生物"病毒体"　　D. 机器部件

（6）下列存储器中，存取速度最快的是（　　）。

    A. U 盘存储器　　　　　　　　　B. 硬磁盘存储器

    C. 光盘存储器　　　　　　　　　D. 内存储器

（7）在下列有关媒体的概念中，汉字编码属于（　　）。

    A. 感觉媒体　　　B. 表示媒体　　　C. 表现媒体　　　D. 传输媒体

（8）国际标准化组织定义了开放系统互联模型（OSI），该参考模型将协议分成（　　）层。

    A. 5　　　　　　B. 6　　　　　　C. 7　　　　　　D. 8

（9）电子邮件的格式为：username@hostname，其中 hostname 为（　　）。

    A. 用户地址名　　　　　　　　　B. ISP 某台主机的域名

    C. 某公司名　　　　　　　　　　D. 某国家名

（10）从 IP 地址"10.64.22.10"，就能判断该 IP 地址属于（　　）地址。

    A. C 类　　　　　B. A 类　　　　　C. B 类　　　　　D. D 类

（11）在 Windows 中，应用程序的菜单栏通常位于窗口的（　　）。

    A. 最顶端　　　　B. 最底端　　　C. 标题栏的下面　　D. 以上都错

（12）关于在 Windows 中安装打印机驱动程序，以下说法中正确的是（　　）。

    A. Windows 提供的打印机驱动程序支持任何打印机

    B. Windows 现实的可供选择的打印机，列出了所有的打印机

    C. 即使要安装的打印机与默认的打印机兼容，安装时也需要插入 Windows 所要求的某张系统盘，并不能直接使用

    D. 如果要安装的打印机与默认的打印机兼容，则不必安装

（13）在 Word 中，要使文字环绕在图片的边界上，应选择（　　）方式。

    A. 四周环绕　　　B. 紧密环绕　　　C. 无环绕　　　　D. 上下环绕

（14）在 Word 文档中，如果要对整个段落的左边界进行调整，可以通过拖动水平标尺上的（　　）按钮来完成。

    A. 首行缩进　　　B. 左缩进　　　C. 右缩进　　　　D. 悬挂缩进

（15）在 Excel 中，当公式引用了无效的单元格时，产生的错误值是（　　）。

    A. #REF　　　　B. #VALUE　　　C. #NULL　　　D. #NUM

（16）在 Excel 中，某记录单右上角显示 3/30，其意义是（　　）。

    A. 当前记录单共有 30 页记录

B. 您是访问当前记录单的第 3 个用户

C. 记录单共有 30 条记录，当前显示的是第 3 条

D. 当前记录是第 30 条记录

（17）在 PowerPoint 中，可以创建某些（　　），在幻灯片放映时单击它们，就可以跳转到特定幻灯片。

    A. 按钮　　　　　　B. 过程　　　　　C. 文本框　　　　D. 菜单

（18）在 PowerPoint 中，"视图"这个名词表示（　　）。

    A. 一种图形　　　　　　　　B. 显示幻灯片的方式

    C. 编辑演示文稿的方式　　　　D. 一张正在修改的幻灯片

（19）在 Access 中，以下叙述错误的是（　　）。

    A. 在数据较多、较复杂的情况下使用筛选比使用查询的效果好

    B. 查询只从一个表中选择数据，而筛选可以从多个表中获取数据

    C. 通过筛选形成的数据表，可以提供给查询、视图和打印使用

    D. 查询可将结果保存起来，供下次使用

（20）在 Access 数据表视图中，不能（　　）。

    A. 修改字段的类型　　　　　B. 修改字段的名称

    C. 删除一个字段　　　　　　D. 删除一条记录

第 12 套

（1）电子数字计算机的第一代到第四代都具有相同的体系结构，被称为（　　）体系结构。

    A. 艾伦·图灵　　　　　　　B. 罗伯特·诺伊斯

    C. 比尔·盖茨　　　　　　　D. 冯·诺伊曼

（2）在下列软件中，属于系统软件的是（　　）。

    A. WPS　　　　　B. LINUX　　　　C. WORD　　　　D. ITUNE

（3）已知英文大写字母 G 的 ASCII 码为十进制数 71，则英文大写字母 W 的 ASCII 码为十进制数（　　）。

    A. 84　　　　　　B. 85　　　　　C. 86　　　　　D. 87

（4）UPS 最主要的功能是（　　）。

    A. 电源稳压　　　B. 发电供电　　　C. 不间断供电　　D. 防止电源干扰

（5）计算机系统由_____和_____组成，他们之间的关系是_____。（　　）

    A. 硬件系统、软件系统、无关

    B. 主机、外设、无关

    C. 硬件系统、软件系统、相辅相成

    D. 主机、软件系统、相辅相成

（6）计算机病毒是一种（　　）。

    A. 生物病菌　　　B. 生物病毒　　　C. 不明病毒　　　D. 计算机程序

（7）所谓表现媒体，指的是（　　）。

A. 使人能直接产生感觉的媒体　　B. 用于传输感觉媒体的中间手段

C. 感觉媒体与计算机之间的界面　D. 用于存储表示媒体的介质

（8）（　　）是属于局域网中外部设备的共享。

A. 将多个用户的计算机同时开机

B. 借助网络系统传送数据

C. 局域网中的多个用户共同使用某个应用程序

D. 局域网中的多个用户共同使用网上的一个打印机

（9）以下列举的关于 Internet 的各种功能中，错误的是（　　）。

A. 程序编译　　　　　　　　　B. 电子邮件传送

C. 数据库检索　　　　　　　　D. 信息查询

（10）FTP 是一种（　　）。

A. 超文本传输协议　　　　　　B. 文件传输协议

C. 简单邮件传输协议　　　　　D. 地址解析协议

（11）对于 Windows 中的任务栏，描述错误的是（　　）。

A. 任务栏的位置、大小均可以改变

B. 任务栏无法隐藏

C. 任务栏中显示的是已打开文档或已运行程序的标题

D. 任务栏的尾端可添加图标

（12）在 Windows 中，下面有关打印机的叙述中，（　　）是不正确的。

A. 局域网上连接的打印机称为本地打印机

B. 在打印某个文档时，能同时对该文档进行编辑

C. 使用控制面板可以安装打印机

D. 一台微机能安装多种打印驱动程序

（13）在 Word 中，要使文字与图片叠加，应选择（　　）方式。

A. 四周环绕　　　　　　　　　B. 紧密环绕

C. 衬于文字下方　　　　　　　D. 上下环绕

（14）在 Word 中打开文件 d1.docx，欲再用新文件名 dd1.docx 保存，应（　　）。

A. 选择"文件"菜单中的"另存为"命令

B. 选择"文件"菜单中的"保存"命令

C. 单击"常用"工具栏上的"保存"按钮

D. 按 Ctrl+S 键

（15）在 Excel 中，为了区分"数字"与"数字字符串"数据，可以在输入的数字前添加（　　）符号来区别。

A. "　　　　　　B. '　　　　　　C. #　　　　　　D. !

（16）在 Excel 中，若要对某工作表重新命名，可以采用（　　）。

A. 工作表标签　　　　　　　　B. 单击表格标题行

C. 双击表格标题行　　　　　　D. 双击工作表标签

（17）在 PowerPoint 中，可以创建某些（　　），在幻灯片放映时单击它们，就可以跳

转到特定幻灯片或运行另一个演示文稿。

    A. 按钮   B. 过程   C. 文本框   D. 菜单

（18）可以对幻灯片进行移动、删除、添加、复制、设置切换效果，但不能编辑幻灯片中具体内容的视图是（　　　）。

    A. 普通视图   B. 幻灯片浏览视图

    C. 幻灯片放映视图   D. 备注视图

（19）如果一张数据表中要存放"姓名"数据，那么在 Access 中，存放姓名这一字段的数据类型应该为（　　　）。

    A. 备注   B. 超链接   C. OLE 对象   D. 文本

（20）Access 数据库表中的字段可以定义形式为（　　　）的有效性规则。

    A. 控制符   B. 条件表达式   C. 文本   D. 公式

第 13 套

（1）计算机的发展阶段通常是按计算机所采用的（　　　）来划分的。

    A. 内存容量   B. 电子器件   C. 程序设计语言   D. 操作系统

（2）我国自行设计研制的银河Ⅱ型计算机是（　　　）。

    A. 微型计算机   B. 小型计算机   C. 中型计算机   D. 巨型计算机

（3）计算机中的（　　　）属于"软"故障。

    A. 电子器件故障   B. 存储介质故障

    C. 电源故障   D. 系统配置错误或丢失

（4）一个计算机系统的硬件一般是由（　　　）这几部分构成的。

    A. CPU、键盘、鼠标和显示器

    B. 运算器、控制器、存储器、输入设备和输出设备

    C. 主机、显示器、打印机和电源

    D. 主机、显示器和键盘

（5）下列程序中不属于系统软件的是（　　　）。

    A. 编译程序   B. C 源程序   C. 解释程序   D. 汇编程序

（6）数字字符 2 的 ASCII 码为十进制数 50，数字字符 5 的 ASCII 码为十进制数（　　　）。

    A. 52   B. 53   C. 54   D. 55

（7）在下列有关媒体的概念中，图像、声音属于（　　　）。

    A. 感觉媒体   B. 表示媒体   C. 表现媒体   D. 传输媒体

（8）不同网络体系结构的网络互联时，需要使用（　　　）。

    A. 中继器   B. 网关   C. 网桥   D. 集线器

（9）在 Internet 上，域名地址中的后缀为 cn 的含义是（　　　）。

    A. 美国   B. 中国台湾   C. 中国香港   D. 中国大陆

（10）为 Web 地址的 URL 的一般格式为（　　　）。

    A. 协议名/计算机域名地址[路径[文件名]]

    B. 协议名:/计算机域名地址[路径[文件名]]

C. 协议名:/计算机域名地址/[路径[/文件名]]

D. 协议名://计算机域名地址[路径[文件名]]

（11）在 Windows 资源管理器的窗口中，文件夹图标左边有空心三角符号，则表示该文件夹中（　　）。

　　A. 一定含有文件　　　　　　　B. 一定不含有子文件夹

　　C. 含有子文件夹且没有被展开　D. 含有子文件夹且已经被展开

（12）在 Windows 中，用户可以对磁盘进行快速格式化，但是被格式化的磁盘必须是（　　）。

　　A. 从未格式化的新盘　　　　　B. 无坏道的新盘

　　C. 被病毒破坏的磁盘　　　　　D. 以前做过格式化的磁盘

（13）输入文档内容的过程中，当一行的内容到达文档右边界时，插入点会自动移动到下一行的左端继续输入，这是 Word 的（　　）功能。

　　A. 自动更正　　　B. 自动回车　　　C. 自动换行　　　D. 自动格式化

（14）关于 Word 窗口标题栏的叙述，正确的是（　　）。

　　A. 通过标题栏可以任意调整窗口大小

　　B. 由七个菜单项组成，如文件、编辑、查看、转到、收藏、工具、帮助

　　C. 显示当前编辑文档的名称

　　D. 当前文档正在编辑时，标题栏呈灰色

（15）在 Excel 中，若想在活动单元格中输入系统时间，可以按下（　　）。

　　A. Ctrl+Shift+n　　　　　　　B. Ctrl+Shift+;

　　C. Ctrl+Shift+.　　　　　　　D. Ctrl+Shift+,

（16）在 Excel 中，要在公式中使用某个单元格的数据时，应在公式中输入该单元格的（　　）。

　　A. 格式　　　　　B. 内容　　　　C. 地址　　　　D. 条件格式

（17）要使幻灯片在放映时能够自动播放，需要为其设置（　　）。

　　A. 超级链接　　　B. 动作按钮　　　C. 排练计时　　　D. 录制旁白

（18）PowerPoint 的功能（　　）。

　　A. 适宜制作屏幕演示文稿

　　B. 适宜制作各种文档资料

　　C. 适宜进行电子表格计算和框图处理

　　D. 适宜进行数据库处理

（19）如果一张数据表中要存放超过 64KB 的文本，那么在 Access 中，存放该文本的这一字段的数据类型应该为（　　）。

　　A. 备注　　　　　B. 超链接　　　C. OLE 对象　　　D. 文本

（20）在 Access 数据表视图中，不能（　　）。

　　A. 修改字段的类型　　　　　　B. 修改字段的名称

　　C. 删除一个字段　　　　　　　D. 删除一条记录

第 14 套

（1）采用大规模集成电路或超大规模集成电路的计算机属于（　　）计算机。

　　A. 第一代　　　　B. 第二代　　　C. 第三代　　　　D. 第四代

（2）计算机语言的发展经历了＿＿＿＿、＿＿＿＿和＿＿＿＿几个阶段。（　　）

　　A. 高级语言、汇编语言和机器语言

　　B. 高级语言、机器语言和汇编语言

　　C. 机器语言、高级语言和汇编语言

　　D. 机器语言、汇编语言和高级语言

（3）二进制数 1110 与 1101 算术相乘的结果是二进制数（　　）。

　　A. 10110101　　　B. 11010110　　C. 10110110　　　D. 10101101

（4）关于 CPU，下列说法不正确的是（　　）。

　　A. CPU 是中央处理器的简称　　　　B. CPU 可以代替存储器

　　C. PC 机的 CPU 也称为微处理器　　D. CPU 是计算机的核心部件

（5）关于基本 ASCII 码，在计算机中的表示方法准确的描述是（　　）。

　　A. 使用 8 位二进制数，最右边一位为 1

　　B. 使用 8 位二进制数，最左边一位为 1

　　C. 使用 8 位二进制数，最右边一位为 0

　　D. 使用 8 位二进制数，最左边一位为 0

（6）计算机病毒对于操作计算机的人（　　）。

　　A. 会感染，但不会致病　　　　　B. 会感染致病，但无严重危害

　　C. 不会感染　　　　　　　　　　D. 产生的作用尚不清楚

（7）计算机软件主要分为＿＿＿＿和＿＿＿＿（　　）。

　　A. 用户软件、系统软件　　　　　B. 用户软件、系统软件

　　C. 系统软件、应用软件　　　　　D. 系统软件、教学软件

（8）在下列有关媒体的概念中，键盘属于（　　）。

　　A. 感觉媒体　　　B. 表现媒体　　　C. 表示媒体　　　D. 传输媒体

（9）在无线局域网中，便携式计算机一般通过（　　）接入因特网。

　　A. MODEM　　　　B. AP　　　　　C. 交换机　　　　D. 集线器

（10）电子邮件地址的一般格式为（　　）。

　　A. 用户名@域名　　　　　　　　B. 域名@用户名

　　C. IP 地址@域名　　　　　　　　D. 域名@IP 地址

（11）一个 Windows 应用程序窗口被最小化后，该应用程序将（　　）。

　　A. 被终止执行　　B. 暂停执行　　C. 在前台执行　　D. 被转入后台执行

（12）在某个 Windows 文档窗口中，已经进行了多次剪贴操作，当关闭了该文档窗口后，剪贴板中的内容为（　　）。

　　A. 第一次剪贴的内容　　　　　　B. 最后一次剪贴的内容

　　C. 所有剪贴的内容　　　　　　　D. 空白

（13）在 Word 中，要实现首字下沉功能，应（　　）创建。

　　A. 执行插入→首字下沉

　　B. 执行插入→图片命令

　　C. 使用"绘图"工具栏中的"插入艺术字"按钮

　　D. 执行格式→首字下沉命令

（14）在 Word 文档中,每个段落（　　）。

　　A. 以按 Enter 键结束　　　　　　B. 以句号结束

　　C. 以空格结束　　　　　　　　　D. 由 Word 自动结束

（15）在 Excel 中，运算符&表示（　　）。

　　A. 逻辑值的与运算　　　　　　　B. 字符串的比较运算

　　C. 数据的无符号相加　　　　　　D. 字符串数据的连接

（16）在 Excel 中，一个工作表也可以直接当数据库工作表使用，此时要求表中每一行为一条记录，且要求第一行为（　　）。

　　A. 表标题　　　　B. 公式　　　　C. 数据记录　　　　D. 字段名

（17）PowerPoint2010 演示文稿扩展名的默认类型为（　　）。

　　A. PPT　　　　　B. PPSX　　　　C. PPTX　　　　D. PPS

（18）不属于幻灯片视图的是（　　）。

　　A. 页面视图　　　　　　　　　　B. 幻灯片浏览视图

　　C. 备注页视图　　　　　　　　　D. 阅读视图

（19）在 Access 中，下列叙述中错误的是（　　）。

　　A. 字段大小可用于设置文本、数字或自动编号等类型字段的最大容量

　　B. 可对任意类型的字段设置默认值属性

　　C. 有效性规则属性是用于限制此字段输入值的表达式

　　D. 不同的字段类型，其字段属性有所不同

（20）利用 Access 中记录的排序规则，对下列字段值进行降序排序后的先后顺序应该是（　　）。

　　A. 数据库管理、大学英语、access、ACCESS

　　B. 数据库管理、大学英语、ACCESS、access

　　C. access、ACCESS、数据库管理、大学英语

　　D. ACCESS、access、数据库管理、大学英语

第 15 套

（1）以下关于计算机发展史的叙述中，不正确的是（　　）。

　　A. 世界上第一台计算机是 1946 年在美国发明的，称 ENIAC

　　B. ENIAC 不是根据冯·诺依曼原理设计制造的

　　C. 第一台计算机在 1946 年发明，所以 1946 年是计算机时代的开始

　　D. 世界上第一台投入使用的，根据冯·诺依曼原理设计的计算机是 EDVAC

（2）我们通常所说的"裸机"指的是（　　）。

A. 只装备有操作系统的计算机　　B. 不带输入输出设备的计算机

C. 未装备任何软件的计算机　　　D. 计算机主机暴露在外

（3）表示存储器的容量时，MB 的准确含义是（　　）。

A. 1000K 字节　　B. 1024K 字节　　C. 1024 字节　　D. 1000 字节

（4）键盘上可用于字母大小写转换的键是（　　）。

A. Esc　　　　B. Caps Lock　　C. Num Lock　　D. Ctrl+Alt+Del

（5）下列关于计算机病毒的四条叙述中，错误的一条是（　　）。

A. 计算机病毒是一个标记或一个命令

B. 计算机病毒是人为制造的一种程序

C. 计算机病毒是一种通过磁盘、网络等媒介传播、扩散并传染其他程序的程序

D. 计算机病毒是能够实现自身复制，并借助一定的媒体存储，具有潜伏性、传染性和破坏性的程序

（6）已知英文大写字母 A 的 ASCII 码为十进制数 65，则英文大写字母 F 的 ASCII 码为十进制数（　　）。

A. 67　　　　B. 68　　　　C. 69　　　　D. 70

（7）在下列有关媒体的概念中，图像的编码属于（　　）。

A. 感觉媒体　　B. 表示媒体　　C. 表现媒体　　D. 传输媒体

（8）从 IP 地址"192.64.22.10"，就能判断该 IP 地址属于（　　）地址。

A. C 类　　　　B. A 类　　　　C. B 类　　　　D. D 类

（9）TCP/IP 是 Internet 事实上的国际标准，根据网络体系结构的层次关系，其中传输层使用 TCP 协议，（　　）使用 IP 协议。

A. 应用层　　　B. 物理层　　　C. 网络层　　　D. 链路层

（10）下列说法错误的是（　　）。

A. 电子邮件是 Internet 提供的一项最基本的服务

B. 电子邮件具有快速、高效、方便、价廉等特点

C. 通过电子邮件，可向世界上任何一个角落的网上用户发送信息

D. 可发送的多媒体只有文字和图像

（11）（　　）是大写字母的锁定键，主要用于连续输入若干大写字母。

A. Tab　　　　B. Caps Lock　　C. Shift　　　D. Alt

（12）借助剪贴板在两个 Windows 应用程序之间传递信息时，在资源文件中选定要移动的信息后，选择（　　）命令，再将插入点置于目标文件的希望位置，选择"粘贴"命令即可。

A. 清除　　　　B. 剪切　　　　C. 复制　　　　D. 粘贴

（13）在用 Word 编辑时，英文单词下面的红色波浪下划线表示（　　）。

A. 可能有语法错误　　　　B. 可能有拼写错误

C. 自动对所输入文字的修饰　　D. 对输入的确认

（14）在 Word 中，"查找"命令的快捷键是组合键 Ctrl+（　　）。

A. .P　　　　B. .C　　　　C. .V　　　　D. .F

（15）在复制 Excel 公式时，为使公式中的（　　），必须使用绝对地址（引用）。

  A. 单元格地址随新位置而变化 B. 范围不随新位置而变化

  C. 单元格地址不随新位置而变化 D. 范围大小随位置而变化

（16）在 Excel 中，当修改工作表数据时，对应的图表（　　）。

  A. 将被更新 B. 不会被更新 C. 将被清除 D. 需要重新制作

（17）在（　　）视图方式下，显示的是幻灯片的缩略图，适用于对幻灯片进行组织和排序，添加切换功能和设置放映时间。

  A. 幻灯片 B. 幻灯片浏览 C. 阅读 D. 普通

（18）演示文稿中的每张幻灯片都是基于某种（　　）创建的，它预定义了新建幻灯片的各种占位符布局情况。

  A. 版式 B. 模板 C. 母版 D. 幻灯片

（19）Access 数据库表中的字段可以定义形式为（　　）的有效性规则。

  A. 控制符 B. 条件表达式 C. 文本 D. 公式

（20）在 Access 某课程表中要查找课程名称中包含"数学"的课程，对应"课程名称"字段的正确准则表达式是（　　）。

  A. " 数学 "   B. " *数学* "

  C. Like " *数学* "   D. Like " 数学 "

第 16 套

（1）现代计算机之所以能自动地连续进行数据处理，主要是因为（　　）。

  A. 采用了开关电路   B. 采用了半导体器件

  C. 具有存储程序的功能 D. 采用了二进制

（2）1MB 等于（　　）字节。

  A. 100000 B. 1024000 C. 1000000 D. 1048576

（3）系统软件和应用软件的相互关系是（　　）。

  A. 前者以后者为基础 B. 后者以前者为基础

  C. 每一类都不以另一类为基础 D. 每一类都以另一类为基础

（4）某公司的销售管理软件属于（　　）。

  A. 系统软件 B. 工具软件 C. 应用软件 D. 文字处理软件

（5）十进制小数 0.625 转换成八进制小数是（　　）。

  A. 0.05   B. 0.5   C. 0.6   D. 0.005

（6）计算机病毒主要是造成（　　）的损坏。

  A. U 盘   B. 磁盘驱动器

  C. 磁盘和其中的数据 D. 程序和数据

（7）目前多媒体计算机中对动态图像数据压缩常采用（　　）。

  A. JPEG B. GIF C. MPEG D. BMP

（8）TCP/IP 是 Internet 事实上的国际标准，根据网络体系结构的层次关系，其中（　　）使用 TCP 协议，网络层使用 IP 协议。

A. 应用层　　　　B. 物理层　　　　C. 传输层　　　　D. 链路层

（9）在电子邮件中所包含的信息是（　　　）。

　　A. 只能是文字　　　　　　　　　B. 只能是文字与图像信息

　　C. 只能是文字与声音信息　　　　D. 可以是文字、声音和图形图像信息

（10）以下协议中，用于邮件发送的协议是（　　　）。

　　A. POP3　　　　B. SMTP　　　　C. MIME　　　　D. X.400

（11）在 Windows 中，有关文件或文件夹的属性说法不正确的是（　　　）。

　　A. 所有文件或文件夹都有自己的属性

　　B. 文件存盘后，属性就不可以改变

　　C. 用户可以重新设置文件或文件夹属性

　　D. 文件或文件夹的属性包括只读、隐藏、系统以及存档等

（12）在 Windows 中，下面的（　　　）叙述是正确的。

　　A. 写字板是字处理软件，不能进行图文处理

　　B. 画图是绘图工具，不能输入文字

　　C. 写字板和画图均可以进行文字和图形处理

　　D. 以上说法都不对

（13）在 Word 中，要把文章中所有出现的"学生"两字都改成以粗体显示，可以选择（　　　）功能。

　　A. 样式　　　　B. 改写　　　　C. 替换　　　　D. 粘贴

（14）在 Word 中，要查看文档各级标题，应选用（　　　）方式。

　　A. 大纲视图　　　　　　　　　　B. 页面视图

　　C. Web 版式视图　　　　　　　　D. 阅读版式视图

（15）在 Excel 环境中用来存储并处理工作表数据的文件称为（　　　）。

　　A. 单元格　　　　B. 工作区　　　　C. 工作簿　　　　D. 工作表

（16）在 Excel 中，要查找数据清单中的内容，可以通过筛选功能，（　　　）符合指定条件的数据行。

　　A. 只显示　　　　B. 部分显示　　　　C. 只隐藏　　　　D. 部分隐藏

（17）如果要想使某个幻灯片与其母版不同（　　　）。

　　A. 是不可以的　　　　　　　　　B. 设置该幻灯片不使用母版

　　C. 直接修改该幻灯片　　　　　　D. 修改母版

（18）如果想将幻灯片的方向更改为纵向，可通过（　　　）实现。

　　A. 幻灯片放映→页面设置　　　　B. 文件→打印

　　C. 设计→幻灯片方向　　　　　　D. 格式→应用设计模板

（19）在 Access 数据表视图下，不可以进行的操作为（　　　）。

　　A. 删除、修改、复制记录　　　　B. 移动记录

　　C. 查找、替换数据　　　　　　　D. 排序、筛选数据

（20）在 Access 中，不能实现导入操作的是（　　　）。

　　A. 表　　　　B. 报表　　　　C. 窗体　　　　D. 数据库

第 17 套

（1）第四代电子计算机硬件系统是以（　　）为电子元器件的计算机。

A. 晶体管　　　　　　　　　B. 电子管

C. 大规模或超大规模集成电路　　D: 继电器

（2）既可以作为输入设备，又可以作为输出设备的是（　　）。

A. 打印机　　B. 键盘　　C. 硬盘驱动器　　D. 显示器

（3）用下列设备中的（　　）可将图片输入到计算机中。

A. 扫描仪　　B. 绘图仪　　C. 键盘　　D. 鼠标

（4）在下列四条叙述中，正确的一条是（　　）。

A. 在计算机中，汉字的区位码就是机内码

B. 在汉字国际码 GB 2312—80 的字符集中，共收集了 6763 个常用汉字

C. 英文小写字母 e 的 ASCII 码为 101，英文小写字母 h 的 ASCII 码为 103

D. 存放 80 个 24×24 点阵的汉字字模信息需要占用 2560 个字节

（5）一般把软件分为两大类（　　）。

A. 文字处理软件和数据库管理软件

B. 操作系统和数据库管理系统

C. 程序和数据

D. 系统软件和应用软件

（6）1KB 的二进制数可以为（　　）个字符进行编码。

A. 8×1024　　B. 8×1000　　C. 1024　　D. 1000

（7）下列字符中，其 ASCII 码值最大的是（　　）。

A. 9　　　　B. D　　　　C. a　　　　D. y

（8）在媒体概念中，网线、无线电波属于（　　）。

A. 感觉系统　　B. 传输媒体　　C. 表现媒体　　D. 存储媒体

（9）在 Internet 中，"www.pku.edu.cn" 是指（　　）。

A. FTP　　　　B. WWW　　　C. E-mail　　D. TCP/IP

（10）Internet 为联网的每个网络和每台主机都分配了唯一的地址，该地址由纯数字组成并用小数点分隔，将它称为（　　）。

A. 服务器地址　　B. 客户机地址　　C. IP 地址　　D. 域名

（11）键盘上可用于字母大小写转换的键是（　　）。

A. Esc　　　　B. Caps Lock　　C. Num Lock　　D. Ctrl+Alt+Del

（12）Windows 操作系统是一个（　　）。

A. 单用户多任务操作系统　　B. 单用户单任务操作系统

C. 多用户单任务操作系统　　D. 多用户多任务操作系统

（13）Word 能检测上文中具有编号或项目符号的段落与左页边距之间的间距,并为您改变段落的（　　）。

A. 右缩进量　　B. 左缩进量　　C. 行间距　　D. 字间距

（14）在 Word 中，若想同时移动多个图形，又要保持它们之间的相对位置不变,可将这些图形先进行（　　）操作。

A. 对齐　　　　B. 超链接　　　C. 组合　　　　D. 旋转

（15）在 Excel 中，当公式引用了无效的单元格时，产生的错误值是（　　）。

A. #VALUE!　　B. #REF!　　　C. #NULL!　　　D. #NUM!

（16）在 Excel 数据清单中，按某一字段内容进行归类，并对每一类做出统计的操作是（　　）。

A. 分类汇总　　B. 分类排序　　C. 筛选　　　　D. 分列

（17）如果要从一个幻灯片淡入到下一个幻灯片,应使用（　　）栏目中的命令。

A. 插入　　　　B. 切换　　　　C. 幻灯片放映　　D. 设计

（18）在幻灯片放映中，要回到前一张幻灯，不可以的操作是（　　）。

A. 按 PgUp 键　　　　　　　　B. 按 P 键

C. 按 backspace 键　　　　　　D. 按空格键

（19）在 Access 中，数据库对象导出到另一数据库中，在功能上是（　　）。

A. 转换成 txt 数据格式　　　　B. 转换成 Excel 数据格式

C. 转换成 Word 文本格式　　　D. 复制和粘贴

（20）如果一张数据表中要存放不超过 64KB 的文本，那么在 Access 中，存放该文本的这一字段的数据类型应该为（　　）。

A. 备注　　　　B. 超链接　　　C. OLE 对象　　D. 文本

第18套

（1）人工智能是让计算机能模仿人的一部分智能。下列（　　）不属于人工智能领域中的应用。

A. 机器人　　　B. 信用卡　　　C. 人机对弈　　D. 机械手

（2）（　　）称为完整的计算机软件。

A. 供大家使用的软件　　　　　B. 各种可用的程序

C. 程序连同有关的说明资料　　D. CPU 能够执行的所有指令

（3）IP 地址是由（　　）组成的。

A. 三个黑点分隔主机名、单位名、地区名和国家名 4 个部分

B. 三个黑点分隔 4 个 0~255 数字

C. 三个黑点分隔 4 个部分，前两部分是国家名和地区名，后两部分是数字

D. 三个黑点分隔 4 个部分，前两部分是国家名和地区名代号，后两部分是网络和主机码

（4）URL 的含义是（　　）。

A. 信息资源在网上什么位置和如何访问的统一的描述方法

B. 信息资源在网上什么位置及如何定位寻找的统一的描述方法

C. 信息资源在网上的业务类型和如何访问的统一的描述方法

D. 信息资源的网络地址的统一的描述方法

（5）电子数字计算机工作最重要的特征是（　　）。

A. 高速度　　　　　　　　　　B. 高精度

C. 存储程序和程序控制　　　　D. 记忆力强

（6）十六进制数 2A3C 转换成十进制数是（　　）。

A. 11802　　　B. 16132　　　C. 10812　　　D. 11802

（7）在媒体概念中，显示器属于（　　）媒体。

A. 存储　　　B. 感觉　　　C. 表示　　　D. 表现

（8）（　　）的任务是将计算机外部的信息送入计算机。

A. 输入设备　　B. 输出设备　　C. 软盘　　D. 电源线

（9）管理计算机的硬件设备，并使软件能方便、高效地使用这些设备的是（　　）。

A. 数据库　　　B. 编译程序　　C. 编译软件　　D. 操作系统

（10）当电子邮件在发送过程中有误时，则（　　）。

A. 电子邮件将自动把有误的邮件删除

B. 邮件将丢失

C. 电子邮件会将原邮件退回，并给出不能寄达的原因

D. 电子邮件会将原邮件退回，但不给出不能寄达的原因

（11）Windows 的任务列表不可用于（　　）。

A. 启动应用程序　　　　　　　B. 修改文件属性

C. 切换当前应用程序窗口　　　D. 平铺程序组窗口或排列程序组图标

（12）以下属于 Windows 通用视频文件的是（　　）。

A. bee.txt　　　B. bee.avi　　　C. bee.doc　　　D. bee.bmp

（13）在 Word 中，使用（　　）命令，可以对文本快速应用标题，项目符号和编号列表，边框，数字，符号和分数等格式。

A. 键入时自动套用格式　　　　B. 格式刷

C. 自动更正　　　　　　　　　D. 自动计算

（14）在 Word 中，利用（　　）栏目内的功能区，可以插入艺术字、文本框、剪贴画和自选图形。

A. 图片　　　B. 插入　　　C. 设计　　　D. 格式

（15）在 Excel 中，用 Shift+鼠标选择多个单元格后，活动单元格的数目（　　）。

A. 仍是一个单元格　　　　　　B. 是所选择的单元格总数

C. 是所选单元格的区域数　　　D. 是用户自定义的个数

（16）在 Excel 的数据清单中，当以"姓名"字段作为关键字进行排序时，系统可以按"姓名"的（　　）排序。

A. 机内码　　　B. 部首偏旁　　　C. 区位码　　　D. 笔画

（17）对于打印幻灯片,下列叙述正确的是（　　）。

A. 一般不可以打印非连续的幻灯片

B. 对于某个范围的连续编号，输入该范围的起始编号和终止编号即可

C. 可以打印连续和不连续混合的幻灯片

　　D. 以上说法都不对

（18）如果要选择一组连续的幻灯片,可以先单击第一张幻灯片的缩略图,然后（　　）。

　　A. 在按住 Shift 键的同时,单击最后一张幻灯片的缩略图

　　B. 在按住 Ctrl 键的同时,单击最后一张幻灯片的缩略图

　　C. 在按住 Alt 键的同时,单击最后一张幻灯片的缩略图

　　D. 在按住 Tab 键的同时,单击最后一张幻灯片的缩略图

（19）在 Access 某课程表中要查找课程名称中包含"计算机"的课程,对应"课程名称"字段的正确准则表达式是（　　）。

　　A. "计算机"　　　　　　　　B. "*计算机*"

　　C. Like "*计算机*"　　　　　D. Like "计算机"

（20）在 Access 中,不能实现导入操作的是（　　）。

　　A. 表　　　　B. 查询　　　　C. 窗体　　　　D. 数据库

第 19 套

（1）在 Access 中,设某表中有一个"姓名"字段,查找姓氏的记录准则应该是（　　）。

　　A. Not "张"　　　　　　　　B. Like "张"

　　C. Left([姓名],1)= "张"　　　D. "张"

（2）在 Access 中,数据保存在（　　）中。

　　A. 表　　　　B. 窗体　　　　C. 查询　　　　D. 报表

（3）关于 PowerPoint 启动,正确的说法是（　　）。

　　A. 启动后就打开一个已经存在的空演示文稿

　　B. 启动后就启动了"内容提示向导"

　　C. 启动后就出现设计模板供选择

　　D. 以上皆错

（4）要使某个对象出现在幻灯片母版上,应从（　　）栏目中选择"幻灯片母版"。

　　A. 插入　　　　B. 设计　　　　C. 视图　　　　D. 格式

（5）在 Excel 中,设 A1 单元格的内容为 10,B1 单元格的内容为 20,在 C1 单元格中输入"=B2-Al",按 Enter 键后,C1 单元格的内容是（　　）。

　　A. 10　　　　B. -10　　　　C. ####　　　　D. B2-A1

（6）在 Excel 的单元格内输入日期时,年月日分隔符可以是（　　）（不包括引号）。

　　A. "/" 或 "-"　　　　　　　B. "," 或 "/"

　　C. " /" 或 "\"　　　　　　　D. "\" 或 "-"

（7）一般情况下,在 Word 中,对话框内容选定之后都需单击（　　）按钮操作才会生效。

　　A. 保存　　　　B. 确定　　　　C. 帮助　　　　D. 取消

（8）在 Windows 中,下列不能用媒体播放机播放的文件是（　　）。

　　A. bee.wav　　　B. bee.mid　　　C. bee.avi　　　D. bee.doc

（9）匿名 FTP 的用户名是（　　）。

A. Guest   B. Anonymous   C. Public   D. Scott

（10）Telnet 的功能是（　　）。

    A. 软件下载   B. 远程登录   C. WWW 浏览   D. 新闻广播

（11）当电子邮件在发送过程中有误时，则（　　）。

    A. 电子邮件将自动把有误的邮件删除

    B. 邮件将丢失

    C. 电子邮件会将原邮件退回，并给出不能寄达的原因

    D. 电子邮件会将原邮件退回，但不给出不能寄达的原因

（12）下列文件格式中，属于图像文件的是（　　）。

    A. PNG   B. AVI   C. WAV   D. SWF

（13）有些高级语言源程序在计算机中执行时，采用的是解释方式。在解释方式下，源程序由_____边解释边执行。

    A. 编译程序   B. 解释程序   C. 操作系统   D. 汇编程序

（14）二进制数 10111101111 转换成十六进制数是（　　）。

    A. FE5   B. 2757   C. 17B3   D. 5EF

（15）通常我们所说的 32 位机，指的是这种计算机的 CPU（　　）。

    A. 是由 32 个运算器组成的   B. 能够同时处理 32 位二进制数据

    C. 包含有 32 个寄存器   D. 一共有 32 个运算器和控制器

（16）对于下列有关软件的叙述，正确的是（　　）。

    A. 所有软件都可以自由复制和传播

    B. 受法律保护的计算机软件不能随意复制

    C. 软件没有著作权，不受法律的保护

    D. 应当使用自己花钱买来的软件

（17）计算机病毒是一种（　　）。

    A. 计算机程序   B. 生物病毒   C. 虚拟病毒   D. 包含有害言论的文档

（18）TCP/IP 是一种（　　）。

    A. 网络操作系统   B. 网桥

    C. 网络体系结构   D. 路由器

（19）Windows 的特点包括（　　）。

    A. 图形界面   B. 多任务   C. 即插即用   D. 以上都对

（20）编辑 Word 文档的过程中,如果要调整纸张的大小,可以通过（　　）菜单命令实现

    A. 页面设置   B. 字体   C. 段落   D. 打印预览

第 20 套

（1）目前大多数数字电子计算机，就其工作原理而言，基本上采用的是科学家（　　）提出的存储程序控制原理。

    A. 比尔·盖茨   B. 冯·诺依曼

    C. 乔治·布尔   D. 艾仑·图灵

（2）计算机内存中的只读存储器简称为（　　）。

    A. EMS   B. RAM   C. XMS   D. ROM

（3）在计算机应用中，"计算机辅助制造"的英文缩写是（　　）。

    A. CAD   B. CAM   C. CAI   D. CAT

（4）640KB 等于（　　）字节。

    A. 655360   B. 640000   C. 600000   D. 64000

（5）二进制数 101.011 转换成十进制数是（　　）。

    A. 5.175   B. 5.75   C. 5.125   D. 5.375

（6）绿色电脑是指（　　）电脑。

    A. 机箱是绿色的   B. 显示器背景色为绿色

    C. 节能   D. CPU 的颜色是绿色

（7）在媒体概念中，内存和光盘属于（　　）。

    A. 感觉系统   B. 传输媒体   C. 表现媒体   D. 存储媒体

（8）以下协议中，用于邮件接收的协议是（　　）。

    A. POP3   B. SMTP   C. MIME   D. X.400

（9）当今的信息技术，主要是指（　　）。

    A. 计算机技术   B. 网络技术

    C. 计算机和网络通信技术   D. 多媒体技术

（10）下面是某单位的主页的 Web 地址 URL，其中符合 URL 格式的是（　　）。

    A. Http//www.hziee.edu.cn   B. Http:www.hziee.edu.cn

    C. Http://www.hziee.edu.cn   D. Http:www.hziee.edu.cn

（11）将存有文件的磁盘格式化后，在下列叙述中正确的是（　　）。

    A. 磁盘上的原有文件仍然存在

    B. 磁盘上的原有文件全部被删除

    C. 磁盘上的原有文件没有被删除，但增加了系统文件

    D. 磁盘上的原有文件没有被删除，但清除了计算机病毒

（12）在 Windows 中，一个文件夹中可以包含（　　）。

    A. 文件   B. 文件夹   C. 快捷方式   D. 以上三个都可以

（13）在 Word 中，选择"复制"或（　　）命令，可以将选定的文字放到剪贴板上。

    A. 粘贴   B. 剪切   C. 清除   D. 替换

（14）在 Word 中，要检查文档的真实布局情况，应选用（　　）方式。

    A. 大纲视图   B. 页面视图   C. Web 版式视图   D. 阅读版式视图

（15）在 Excel 中，使用函数 SUM(A1:A4)等价于（　　）。

    A. SUM(A1*A4)   B. SUM(Al+A4)

    C. SUM(A1/A4)   D. SUM(A1+A2+A3+A4)

（16）当工作表区域较大时，可利用（　　）命令将窗口分为两个窗口，便于浏览编辑。

    A. "视图"/"窗口"/"新建窗口"

    B. "视图"/"窗口"/"重排窗口"

C. "视图" / "窗口" / "拆分"

D. "视图" / "窗口" / "冻结窗格"

（17）PowerPoint 的占位符不可以容纳（　　　）。

    A. 对象　　　　　　B. 标题　　　　　C. 文本　　　　　D. 幻灯片

（18）下列退出 PowerPoint 的方法中，不正确的是（　　　）。

    A. Alt+F4

    B. 双击控制菜单栏中的 Microsoft PowerPoint 图标

    C. 文件菜单中的关闭命令

    D. 文件菜单中的退出命令

（19）在 Access 中，以下关于数据表主关键字的叙述，错误的是（　　　）。

    A. 使用自动编号是创建主关键字最简单的方法

    B. 不能确定任何单字段的值的唯一性时，应将两个或更多的字段组合成为主关键字

    C. 作为主关键字的字段中不允许出现重复值

    D. 作为主关键字的字段中允许出现 Null 值

（20）在 Access 中，书写查询准则时，文本值应该用（　　　）括起来。

    A. 括号　　　　　B. 双引号　　　　C. 半角的井号(#)　D. 单引号

第 21 套

（1）通常我们所说的 32 位机，指的是这种计算机的 CPU（　　　）。

    A. 是由 32 个运算器组成的　　　　B. 能够同时处理 32 位二进制数据

    C. 包含有 32 个寄存器　　　　　　D. 一共有 32 个运算器和控制器

（2）二进制数 10111101111 转换成十六进制数是（　　　）。

    A. FE5　　　　　B. 2757　　　　　C. 17B3　　　　　D. 5EF

（3）对于下列有关软件的叙述，正确的是（　　　）。

    A. 所有软件都可以自由复制和传播

    B. 受法律保护的计算机软件不能随意复制

    C. 软件没有著作权，不受法律的保护

    D. 应当使用自己花钱买来的软件

（4）计算机病毒是一种（　　　）。

    A. 计算机程序　B. 生物病毒　　　C. 虚拟病毒　　　D. 包含有害言论的文档

（5）有些高级语言源程序在计算机中执行时，采用的是解释方式。在解释方式下，源程序由（　　　）边解释边执行。

    A. 编译程序　　B. 解释程序　　　C. 操作系统　　　D. 汇编程序

（6）TCP/IP 是一种（　　　）。

    A. 网络操作系统　　　　　　　　B. 网桥

    C. 网络体系结构　　　　　　　　D. 路由器

（7）下列文件格式中，属于图像文件的是（　　　）。

A. PNG   B. AVI   C. WAV   D. SWF

（8）当电子邮件在发送过程中有误时，则（　　）。

    A. 电子邮件将自动把有误的邮件删除

    B. 邮件将丢失

    C. 电子邮件会将原邮件退回，并给出不能寄达的原因

    D. 电子邮件会将原邮件退回，但不给出不能寄达的原因

（9）Telnet 的功能是（　　）。

    A. 软件下载   B. 远程登录   C. WWW 浏览   D. 新闻广播

（10）匿名 FTP 的用户名是（　　）。

    A. Guest   B. Anonymous   C. Public   D. Scott

（11）Windows 的特点包括（　　）。

    A. 图形界面   B. 多任务   C. 即插即用   D. 以上都对

（12）在 Windows 中，下列不能用媒体播放机播放的文件是（　　）。

    A. bee.wav   B. bee.mid   C. bee.avi   D. bee.doc

（13）编辑 Word 文档的过程中，如果要调整纸张的大小，可以通过（　　）菜单命令实现。

    A. 页面设置   B. 字体   C. 段落   D. 打印预览

（14）一般情况下，在 Word 中，对话框内容选定之后都需单击（　　）按钮操作才会生效。

    A. 保存   B. 确定   C. 帮助   D. 取消

（15）在 Excel 的单元格内输入日期时，年月日分隔符可以是（　　）（不包括引号）。

    A. "/"或"–"   B. ","或"/"

    C. " /"或"\"   D. "\"或"–"

（16）在 Excel 中，设 A1 单元格的内容为 10，B1 单元格的内容为 20，在 C1 单元格中输入"=B2-A1"，按 Enter 键后，C1 单元格的内容是（　　）。

    A. 10   B. –10   C. ####   D. B2-A1

（17）要使某个对象出现在幻灯片母版上，应从（　　）栏目中选择"幻灯片母版"。

    A. 插入   B. 设计   C. 视图   D. 格式

（18）关于 PowerPoint 启动，正确的说法是（　　）。

    A. 启动后就打开一个已经存在的空演示文稿

    B. 启动后就启动了"内容提示向导"

    C. 启动后就出现设计模板供选择

    D. 以上皆错

（19）在 Access 中，数据保存在（　　）中。

    A. 表   B. 窗体   C. 查询   D. 报表

（20）在 Access 中，设某表中有一个"姓名"字段，查找姓氏的记录准则应该是（　　）。

    A. Not "张"   B. Like "张"

    C. Left([姓名],1)="张"   D. "张"

第22套

（1）计算机自诞生以来，无论在性能、价格等方面都发生了巨大的变化，但是在（ ）方面并没有发生多大的改变。

    A. 耗电量　　　　B. 体积　　　　C. 运算速度　　　　D. 基本工作原理

（2）以下4个数中最大的是的是（ ）。

    A. 10010110B　　　B. 224O　　　　C. 152D　　　　D. 96H

（3）运行一个程序文件时，它被装入到 （ ） 中。

    A. RAM　　　　B. ROM　　　　C. CD-ROM　　　D. EPROM

（4）计算机病毒是一种（ ）。

    A. 生物病毒　　　B. 虚拟病毒　　　C. 计算机程序　　　D. 包含有害言论的文档

（5）以下哪一个软件系统不属于系统软件的范畴。

    A. 操作系统　　　B. 编译系统　　　C. 数据库系统　　　D. 财务系统

（6）已知英文大写字母 A 的 ASCII 码为十进制数65，则英文大写字母 E 的 ASCII 码为十进制数（ ）。

    A. 67　　　　　B. 68　　　　　C. 69　　　　　D. 70

（7）把微处理器、存储器和 I/O 接口电路等制作在一块集成电路芯片上，这样的芯片叫作（ ）。

    A. 单片机　　　　B. 单板机　　　　C. 计算器　　　　D. 便携式计算机

（8）下列文件格式中，属于图像文件的是 （ ）。

    A. JPG　　　　　B. AVI　　　　　C. WAV　　　　　D. SWF

（9）为网络提供共享资源并对这些资源进行管理的计算机称为（ ）。

    A. 网卡　　　　B. 服务器　　　　C. 工作站　　　　D. 网桥

（10）（ ）是属于局域网中外部设备的共享。

    A. 将多个用户的计算机同时开机

    B. 借助网络系统传送数据

    C. 局域网中的多个用户共同使用某个应用程序

    D. 局域网中的多个用户共同使用网上的一个打印机

（11）在 Windows 中，有些文件的内容比较多，即使窗口最大化，也无法在屏幕上完全显示出来，此时可利用窗口（ ）来阅读整个文件的内容。

    A. 边框　　　　B. 控制菜单　　　C. 滚动条　　　D. 最大化按钮

（12）对于 Windows 中的任务栏，描述错误的是（ ）。

    A. 任务栏的位置、大小均可以改变

    B. 任务栏无法隐藏

    C. 任务栏中显示的是已打开文档或已运行程序的标题

    D. 任务栏的尾端可添加图标

（13）下面关于 Word 中字号的说法，错误的是（ ）。

    A. 字号是用来表示文字大小的　　　B. 一般情况下，Word 的默认字号是五号字

C. 24 磅字比 20 磅字大 　　　　　　D. 六号字比五号字大

（14）在 Word 中，（　　）的作用是控制文本内容在屏幕上显示的位置。

　　　A. 滚动条　　　　B. 控制框　　　C. 标尺　　　　D. 最大化按钮

（15）在 Excel 中，设 E 列单元格存放工资额，F 列用以存放实发工资。其中当工资额>800 时，实发工资＝工资额－（工资额－800）×税率；当工资额≤800 时，实发工资＝工资总额。设税率＝0.05。则 F 列可根据公式实现。其中 F2 的公式应为：（　　）。

　　　A. =IF(E2>800,E2-(E2-800)*0.05,E2)

　　　B. =IF(E2>800,E2,E2-(E2-800)*0.05)

　　　C. =IF("E2>800",E2-(E2-800)*0.05,E2)

　　　D. =IF("E2>800",E2,E2-(E2-800)*0.05)

（16）在 Excel 中，要使单元格 Al 成为活动单元格，可以按（　　）键。

　　　A. Shift+Home　　　B. Home　　　C. Alt+Home　　　D. Ctrl+Home

（17）在默认设置的情况下,演示文稿结束后,将返回到原来的视图中,这时回到（　　）。

　　　A. 第一张幻灯片中

　　　B. 最后一张幻灯片中

　　　C. 开始执行"幻灯片放映"时的那张幻灯片

　　　D. 开始执行"幻灯片放映"时的那张幻灯片的下一张

（18）在 PowerPoint 中，"视图"这个名词表示（　　）。

　　　A. 一种图形　　　　　　　　　B. 显示幻灯片的方式

　　　C. 编辑演示文稿的方式　　　　D. 一张正在修改的幻灯片

（19）在 Access 某数据表中要查找专业名称中包含"环境"的专业，对应"专业"字段的正确准则表达式是（　　）。

　　　A. " 环境 "　　　　　　　　　B. " *环境* "

　　　C. Like " *环境* "　　　　　　D. Like " 环境 "

（20）除新建空白数据库外，Access 数据库中至少包含一个（　　）对象。

　　　A. 查询　　　　B. 窗体　　　C. 报表　　　D. 表

第 23 套

（1）在计算机内部，一切信息的存取、处理和传送都是以（　　）形式进行的。

　　　A. EBCDIC 码　　　B. ASCII 码　　　C. 十六进制　　　D. 二进制

（2）随机存储器简称为（　　）。

　　　A. CMOS　　　　B. RAM　　　C. XMS　　　　D. ROM

（3）目前微型计算机中采用的逻辑元件是（　　）。

　　　A. 小规模集成电路　　　　　　B. 中规模集成电路

　　　C. 大规模和超大规模集成电路　　D. 分立元件

（4）Java 是属于一种（　　）。

　　　A. 操作系统　　　　　　　　　B. 字表处理软件

　　　C. 数据库管理系统　　　　　　D. 编程语言

（5）（   ）是字母锁定键，当连续输入大写字母或连续输入小写字母时，可以用它进行方式切换。

    A. Tab   B. Esc   C. NumLock   D. Caps Lock

（6）当电子邮件在发送过程中有误时，则（   ）。

    A. 自动把有误的邮件删除   B. 原邮件退回，并给出不能寄达的原因

    C. 邮件将丢失   D. 原邮件退回，但不给出不能寄达的原因

（7）计算机的驱动程序是属于下列哪一类软件（   ）。

    A. 应用软件   B. 图像软件   C. 系统软件   D. 编程软件

（8）下列文件格式中，属于动画文件的是（   ）。

    A. BMP   B. AVI   C. WAV   D. SWF

（9）计算机联网的主要目的之一是（   ）。

    A. 共享资源   B. 防止病毒   C. 提高可移植性   D. 协同工作

（10）计算机通信协议中的 TCP 称为（   ）。

    A. 传输控制协议   B. 网间互联协议

    C. 邮件通信协议   D. 网络操作系统协议

（11）个人电脑能一边听音乐，一边玩游戏，这主要体现了 Windows 的（   ）。

    A. 多媒体技术   B. 自动控制技术

    C. 文字处理技术   D. 多任务技术

（12）在 Windows 中，单击徽标键将出现（   ）。

    A. 已经打开的各个文档文件的文件名

    B. 系统中可执行的各个程序名

    C. 具有"系统"属性的应用程序名

    D. 开始菜单

（13）下面关于 Word 中的"格式刷"工具的说法，不正确的是（   ）。

    A. "格式刷"工具可以用来快速设置文字格式

    B. "格式刷"工具可以用来快速设置段落格式

    C. "格式刷"工具可以用来复制文字

    D. 双击"格式刷"按钮后，可以多次复制同一格式

（14）Word 是在（   ）操作系统之中运行的大型应用软件系统。

    A. DOS   B. Office   C. Windows   D. Excel

（15）在 Excel 工作表中，单元格 C4 中有公式"=A3+\$C\$5"，在第 3 行之前插入一行之后，单元格 C5 中的公式为（   ）。

    A. =A4+\$C\$5   B. =A4+\$C\$6   C. =A3+\$C\$6   D. =A3+\$C\$5

（16）在 Excel 工作表中，要向某单元格内作为数字输入 2010，能正确输入的形式（   ）。

    A. '2010'   B. -2010   C. #2010   D. =2010

（17）PowerPoint 文档不能保存为（   ）文件。

    A. 演示文稿   B. 文稿模板   C. PDF 文件   D. TXT 纯文本

（18）PowerPoint 快捷键 Ctrl+X 用来（   ）。

A. 剪切选定的对象　　　　　B. 撤销上一次动作

C. 重复上一次动作　　　　　D. 复制选定的对象

（19）一个关系数据库的表中有多条记录，记录之间的相互关系是（　　）。

A. 前后顺序不能任意颠倒，一定要按照输入的顺序排列

B. 前后顺序可以任意颠倒，不影响库中的数据关系

C. 前后顺序可以任意颠倒，但排列顺序不同，统计处理结果可能不同

D. 前后顺序不能任意颠倒，一定要按照关键字段值的顺序排列

（20）在 Access 中，设某表中有一个"姓名"字段，查找姓边的记录准则应该是（　　）。

A. Not "边"　　　B. Like "边"　　　C. Left([姓名],1)="边"　　D. "边"

第 24 套

（1）计算机硬件系统由（　　）组成。

A. 控制器、显示器、打印机和键盘

B. 控制器、运算器、存储器、输入输出设备

C. CPU、主机、显示器、硬盘和电源

D. 主机箱、集成块、显示器和电源

（2）磁盘存储器存、取信息的最基本单位是（　　）。

A. 字节　　　B. 字长　　　C. 扇区　　　D. 磁道

（3）二进制 8 位能表示的数用十六进制表示的范围是（　　）。

A. 07H～7FFH　　　　　B. 00H～0FFH

C. 10H～0FFH　　　　　D. 20H～200H

（4）目前在下列各种存储设备中，读取数据快慢的顺序为（　　）。

A. U 盘、硬盘、内存和光盘　　　B. U 盘、内存、硬盘和光盘

C. 内存、U 盘、硬盘和光盘　　　D. 光盘、硬盘、U 盘和内存

（5）操作系统中对数据进行管理的部分叫作（　　）。

A. 数据库系统　　B. 文件系统　　C. 检索系统　　D. 数据存储系统

（6）计算机向用户传递计算、处理结果的设备被称为（　　）。

A. 输入设备　　B. 输出设备　　C. 存储设备　　D. 中央处理器

（7）应用部门委托他人开发软件，如无书面协议明确规定，则该软件的著作权属于（　　）。

A. 受委托者　　B. 委托者　　C. 双方共有　　D. 进入公有领域

（8）下列文件格式中，属于视频文件的是（　　）。

A. BMP　　　B. AVI　　　C. WAV　　　D. GIF

（9）"ftp://ftp.download.com/pub"指向的是一个（　　）。

A. FTP 站点的一个文件夹　　　B. FTP 站点

C. FTP 站点的一个文件　　　　D. 地址表示错误

（10）"ftp://ftp.download.com/pub"指向的是一个（　　）。

A. FTP 站点的一个文件夹　　　B. FTP 站点

C. FTP 站点的一个文件　　　　　D. 地址表示错误

（11）"ftp://ftp.download.com/pub" 指向的是一个（　　）。

    A. FTP 站点的一个文件夹　　　　B. FTP 站点

    C. FTP 站点的一个文件　　　　　D. 地址表示错误

（12）以下对 Windows 文件名取名规则的描述哪一个是不正确的。（　　）

    A. 文件名的长度可以超过 11 个字符

    B. 文件的取名可以用中文

    C. 在文件名中不能有空格

    D. 文件名的长度不能超过 255 个字符

（13）Word 中，如果用户选中了大段文字，不小心按了空格键，则大段文字将被一个空格所代替。此时可用（　　）操作还原到原先的状态。

    A. 替换　　　　B. 粘贴　　　　C. 撤销　　　　D. 恢复

（14）在 Word 中，按（　　）键与复制按钮功能相同。

    A. Ctrl+C　　　　B. Ctrl+V　　　　C. Ctrl+A　　　　D. Ctrl+S

（15）在 Excel 中，当公式中出现被零除的现象时，产生的错误值是（　　）。

    A. #N/A!　　　　B. #DIV/0!　　　　C. #NUM!　　　　D. #VALUE!

（16）在复制 Excel 公式时，为使公式中的（　　），必须使用相对地址(引用)。

    A. 单元格地址随新位置而变化　　　B. 范围不随新位置而变化

    C. 单元格地址不随新位置而变化　　D. 范围大小随新位置而变化

（17）PowerPoint 在不同的编辑位置，提供预设的编辑对象，这些对象用虚线方框标识，这些方框被称为（　　）。

    A. 文本框　　　　B. 单元格　　　　C. 图表　　　　D. 占位符

（18）要为放映幻灯片提供不同的播放顺序，可采用（　　）。

    A. "设置切换效果"的功能　　　　B. "插入超级链接"的功能

    C. 隐藏幻灯片　　　　　　　　　D. 将演示文稿内的幻灯片打包

（19）在 Access 中，新数据库的默认文件名是（　　）。

    A. 文档 1.accdb　　　　　　　　B. Database1.accdb

    C. Book1.accdb　　　　　　　　D. 数据库 1.accdb

（20）在 Access 中，若要查询某字段的值为 JSJ 的记录，在查询设计视图对应字段的准则中，错误的表达式是（　　）。

    A. JSJ　　　　B. "JSJ"　　　　C. "*JSJ*"　　　　D. Like "JSJ"

第 25 套

（1）微型计算机的更新与发展，主要基于（　　）变革。

    A. 软件　　　　B. 微处理器　　　　C. 存储器　　　　D. 硬盘的容量

（2）计算机内所有的信息都是以（　　）数码形式表示的。

    A. 八进制　　　　B. 十六进制　　　　C. 十进制　　　　D. 二进制

（3）计算机一旦断电后，（　　）中的信息会丢失。

A. 硬盘　　　　B. 软盘　　　　C. RAM　　　　D. ROM

（4）计算机辅助设计的英文缩写是（　　　）。

A. CAD　　　　B. CAI　　　　C. CAM　　　　D. CAT

（5）下列一组设备中包括输入设备、输出设备和存储设备的是（　　　）。

A. CRT、CPU、ROM　　　　　　B. 鼠标器、绘图仪、光盘

C. 磁盘、鼠标器、键盘　　　　　D. 磁带、打印机、激光打印机

（6）以下计算机语言中，（　　　）不属于高级语言。

A. C 语言　　　　B. 汇编语言　　　C. BASIC 语言　　D. JAVA 语言

（7）对于 R 进制来说，其基数（能使用的数字符号个数）是（　　　）。

A. R-1　　　　B. R+1　　　　C. R　　　　D. 2R

（8）媒体是（　　　）。

A. 表示信息和传播信息的载体　　B. 各种信息的编码

C. 计算机输入的信息　　　　　　D. 计算机屏幕显示的信息

（9）防止计算机中信息被窃取的手段不包括（　　　）。

A. 用户识别　　　B. 权限控制　　　C. 数据加密　　　D. 病毒控制

（10）在一个 URL："http://www.hziee.edu.cn/index.html"中的 "www.hziee.edu.cn"是指（　　　）。

A. 一个主机的域名　　　　　　B. 一个主机的 IP 地址

C. 一个 Web 主页　　　　　　　D. 一个 IP 地址

（11）在 Windows 中，可以用"媒体播放机（Windows Media Player）"播放的是（　　　）。

A. PPT 文件　　　B. 文本文件　　　C. Excel 文件　　　D. 视频文件

（12）在 Windows 中，可以用"媒体播放机（Windows Media Player）"播放的是（　　　）。

A. PPT 文件　　　B. 文本文件　　　C. Excel 文件　　　D. 视频文件

（13）在 Windows 中，为了查找文件名以"A"字母打头的所有文件，应当在查找名称框内输入（　　　）。

A. A　　　　B. A*　　　　C. A?　　　　D. A#

（14）Word 窗口中打开了两个文件,要将它们同时显示在屏幕上可使用（　　　）命令。

A. 新建窗口　　　B. 全部重排　　　C. 拆分　　　D. 三个都可以

（15）在 Excel 中，若想在活动单元格中输入系统日期，可以按下（　　　）。

A. Ctrl+n　　　B. Ctrl+;　　　C. Ctrl+.　　　D. Ctrl+,

（16）在 Excel 中，使用图表向导为工作表中的数据建立图表，正确的说法是（　　　）。

A. 只能建立一张单独的图表工作表

B. 只能为连续的数据区建立图表

C. 图表中的图表类型一经选定建立图表后，将不能修改

D. 当数据区中的数据系列被删除后，图表中的相应内容也会被删除

（17）PowerPoint2010 演示文稿默认的文件扩展名是（　　　）。

A. .ppt　　　　B. .potx　　　　C. .pot　　　　D. .pptx

（18）PowerPoint 中，SmartArt 的作用是（　　　）。

A. 剪辑视频

B. 图形美化

C. 压缩演示文稿便于携带

D. 用于表示演示流程、层次结构、循环或关系

（19）在 Access 中，书写查询准则时，文本值应该用（　　）括起来。

A. 括号　　　　　　　　　　　B. 双引号

C. 半角的井号(#)　　　　　　　D. 单引号

（20）通过（　　）可以将 Access 数据库中的数据发布在因特网上。

A. 数据访问页　　B. 查询　　C. 窗体　　D. 报表

第 26 套

（1）下列对第一台电子计算机 ENIAC 的叙述中，（　　）是错误的。

A. 它的主要元件是电子管　　B. 它的主要工作原理是存储程序和程序控制

C. 它是 1946 年在美国发明的　　D. 它的主要功能是数学计算

（2）在计算机中，用文字、图像、语言、情景、现象所表示的内容都可称为（　　）。

A. 表象　　　B. 文章　　　C. 消息　　　D. 数据

（3）计算机存储器中的一个字节可以存放（　　）。

A. 一个汉字　　　　　　　　B. 两个汉字

C. 一个西文字符　　　　　　D. 两个西文字符

（4）记录在磁盘上的一组相关信息的集合称为（　　）。

A. 数据　　　B. 外存　　　C. 数据库　　　D. 文件

（5）十进制数 49.875 转换成八进制数是（　　）。

A. 7.61　　　B. 16.7　　　C. 160.7　　　D. 61.7

（6）ASCII 码是一种对（　　）进行编码的计算机代码。

A. 汉字　　　B. 字符　　　C. 图像　　　D. 声音

（7）操作系统中对数据进行管理的部分叫作（　　）。

A. 数据库系统　　B. 文件系统　　C. 检索系统　　D. 数据存储系统

（8）下列文件格式中，（　　）表示图像文件。

A. *.DOC　　B. *.XLS　　C. *.BMP　　D. *.TXT

（9）http://www.zj.edu.cn 是（　　）在因特网上某一地址的描述。

A. UPS　　　B. CRT　　　C. URL　　　D. ISP

（10）在 Internet Explorer 浏览器中，"收藏夹"收藏的是（　　）。

A. 网页地址　　B. 网站的内容　　C. 网站地址　　D. 网页内容

（11）在 Windows 的"资源管理器"中，选择（　　）查看方式可以显示文件的"大小"和"修改时间"。

A. 大图标　　　B. 小图标　　　C. 列表　　　D. 详细资料

（12）在 Windows 资源管理器中，用鼠标选定多个不连续的文件，正确的操作是（　　）。

A. 单击每一个要选定的文件

B. 单击第一文件，然后按住 Shift 键不放，单击每一个要选定的文件

C. 单击第一文件，然后按住 Ctrl 键不放，单击每一个要选定的文件

D. 双击第一文件，然后按住 Shift 键不放，双击每一个要选定的文件

（13）在 Word 中编辑表格时，当光标在某一单元格内，按（　　）键可以将光标移到下一个单元格。

    A. Ctrl   B. Shift   C. Alt   D. Tab

（14）在 Word 中，图形对象被选中时，其四周会出现（　　）。

    A. 图形边框   B. 线型框   C. 控制柄   D. 光标

（15）在 Excel 中，如果某个单元格中的公式为"=$C7"，这里的$C7 属于（　　）引用。

    A. 相对   B. 绝对

    C. 列相对行绝对的混合   D. 列绝对行相对的混合

（16）在 Excel 中，要使某个单元格中的文字能根据单元格的大小自动换行，可利用"单元格格式"对话框的（　　）选项卡，选择"自动换行"。

    A. 数字   B. 对齐   C. 图案   D. 保护

（17）在 PowerPoint 中提供了几十种"设计模板"，用户可运用"设计模板"创建演示文稿，这些模板预设了（　　）。

    A. 字体和配色方案   B. 格式和花边

    C. 格式和配色方案   D. 字体、花边和配色方案

（18）PowerPoint 中可以对幻灯片进行移动、删除、添加、复制、设置动画效果，但不能编辑幻灯片具体内容的视图是（　　）。

    A. 普通视图   B. 大纲视图   C. 幻灯片视图   D. 幻灯片浏览视图

（19）Access 中表和数据库的关系是（　　）。

    A. 一个数据库可以包含多个表   B. 一个表只能包含两个数据库

    C. 一个表可以包含多个数据库   D. 一个数据库只能包含一个表

（20）如果一张数据表中存有照片，那么在 Access 中，存放照片的这一字段的数据类型应该为（　　）。

    A. 备注   B. 超链接   C. OLE 对象   D. 文本

14.2　多　选　题

（1）下面选项中，属于互联网基本服务的是（　　）。

    A. WWW   B. FTP   C. E-mail   D. GPS   E. BToB

（2）下列属于操作系统功能的是（　　）。

    A. 文件管理   B. 存储管理   C. 设备管理   D. 数据库管理

（3）大数据的典型应用有（　　）。

    A. 管理信息系统   B. 疾病疫情预测

C. 股票市场预测　　　　　　D. 电子商务网站

（4）计算机的三类总线中，包括（　　　）。

A. 数据总线　　B. 地址总线　　C. 控制总线　　D. 传输总线

（5）下列有关汉字内码的说法，正确的是（　　　）。

A. 内码一定无重码　　　　　　B. 内码就是区位码

C. 使用内码便于打印　　　　　D. 内码每字节的最高位为 1

（6）下列软件中，属于系统软件的是（　　　）。

A. C++编译程序　　　　　　　B. Excel

C. 学籍管理系统　　　　　　　D. 财务管理系统

E. linux

（7）计算机软件包含（　　　）。

A. 程序　　　B. 输入数据　　C. 输出数据　　D. 相关文档　　E. 编译器

（8）以下扩展名对应类型的文件中可能存在病毒的是（　　　）。

A. EXE　　　　B. DOCX　　　　C. TXT　　　　D. BMP

（9）多媒体数据压缩技术，一般分为（　　　）。

A. 有损压缩　　B. 快速压缩　　C. 无损压缩　　D. 不可逆压缩

（10）下列叙述中正确的是（　　　）。

A. 任何二进制整数都可以完整地用十进制整数来表示

B. 任何十进制小数都可以完整地用二进制小数来表示

C. 任何二进制小数都可以完整地用十进制小数来表示

D. 任何十六进制整数都可以完整地用十进制整数来表示

（11）下列选项中，属于 CPU 组成部件的是（　　　）。

A. 控制器　　B. 寄存器组　　C. ROM 存储器　　D. 运算器　　E. USB

（12）常见的数据库类型有（　　　）。

A. 层次型　　B. 阶梯型　　C. 网状型　　D. 独立型　　E. 关系型

（13）下列各组软件中属于应用软件的是（　　　）。

A. 视频播放系统　　　　　　　B. 数据库管理系统

C. 导弹飞行控制系统　　　　　D. 语言处理程序

E. 航天信息系统

（14）下列的各种表示中，（　　　）是存储器容量单位。

A. KB　　　　B. MB　　　　C. GB　　　　D. MHz

（15）属于系统软件的有（　　　）。

A. 字处理软件　　B. Linux　　C. UNIX　　　D. 学籍管理系统

E. Windows

（16）算法的三种基本结构是（　　　）。

A. 顺序结构　　B. 分支结构　　C. 循环结构　　D. 上下结构

E. 左右结构

（17）信息技术是有关信息的（　　　）等技术。

A. 获取　　　　B. 存储　　　　C. 传递　　　　D. 处理　　　　E. 应用

14.3　判　断　题

（1）信息安全是指信息网络中的硬件、软件受到保护，使其不被破坏和更改。
（　　）

（2）云计算一般把计算资源放到 Internet 上。（　　）

（3）硬盘属于外部存储器。（　　）

（4）文件系统为用户提供了一个简单、统一的访问文件的方法。（　　）

（5）网页文件的扩展名是".html"".htm"，还有".asp"和".php"等。（　　）

（6）算法的 5 个重要的特征是确定性、可行性、输入、输出、有穷性/有限性。
（　　）

（7）算法复杂度主要包括时间复杂度和空间复杂度。（　　）

（8）多媒体数据之所以能被压缩，是因为数据本身存在冗余。（　　）

（9）正数的原码、反码、补码表示都相同。（　　）

（10）相对于有线局域网，可移动性是无线局域网的优势之一。（　　）

（11）数据总线用于单向传输 CPU 与内存或 I/O 之间的数据。（　　）

（12）算法的有穷性是指算法必须能在执行有限个步骤之后终止。（　　）

（13）第二代计算机的主要元件是电子管。（　　）

（14）Internet 起源于美国的 ARPAnet。（　　）

（15）信息安全主要保证信息的保密性，但不能保证信息行为人否认自己的行为。
（　　）

（16）如果数据是有序的，可以采用二分查找算法以获得更高的效率。（　　）

（17）数字化的图像不会失真。（　　）

（18）云计算通常提供基础设施即服务(IaaS)、平台即服务(PaaS)、软件即服务(SaaS)。
（　　）

（19）网络通信可以不遵循任何协议。（　　）

（20）数据挖掘的目标不在于数据采集策略，而在于对已经存在的数据进行模式的发掘。（　　）

（21）队列是一个非线性结构。（　　）

（22）相对于有线局域网，可移动性是无线局域网的优势之一。（　　）

（23）Linux 是一个开源的操作系统，其源码可以免费获得。（　　）

（24）BaiduAI 是专注于技术研发的通用人工智能企业。（　　）

（25）负数求补的规则为：对原码，符号位保持不变，其余各位变反。（　　）

（26）信息安全是国家安全的需要，是组织持续发展的需要，是保护个人隐私与财产的需要。（　　）

（27）相对于有线局域网，可移动性是无线局域网的优势之一。（　　）

（28）主板的作用相当于人的大脑，控制着整台微机的运行。　　　　　　（　　）

（29）计算机病毒是一段可自我复制的指令或者程序代码。　　　　　　　（　　）

（30）多媒体技术促进了通信、娱乐和计算机的融合。　　　　　　　　　（　　）

（31）物联网的英文名称是"The Internet of Things"，它只能实现物与物之间的通信。　　　　　　　　　　　　　　　　　　　　　　　　　　　　　　（　　）

（32）计算思维最根本的内容，即其本质是抽象和自动化。　　　　　　　（　　）

（33）根据传递信息的种类不同，系统总线可分为地址总线、控制总线和数据总线。

　　　　　　　　　　　　　　　　　　　　　　　　　　　　　　　　　（　　）